U0381238

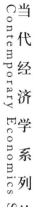

当代经济学系列丛书

Contemporary Economics Series

陈昕 主编

国家出版基金项目
NATIONAL PUBLICATION FOUNDATION

当代经济学文库

中国历史气候变化的政治经济学

基于计量经济史的理论与经验证据

赵红军 著

格 致 出 版 社

上 海 三 联 书 店

上 海 人 民 出 版 社

主 编 的 话

上世纪 80 年代，为了全面地、系统地反映当代经济学的全貌及其进程，总结与挖掘当代经济学已有的和潜在的成果，展示当代经济学新的发展方向，我们决定出版"当代经济学系列丛书"。

"当代经济学系列丛书"是大型的、高层次的、综合性的经济学术理论丛书。它包括三个子系列：(1) 当代经济学文库；(2) 当代经济学译库；(3) 当代经济学教学参考书系。本丛书在学科领域方面，不仅着眼于各传统经济学科的新成果，更注重经济学前沿学科、边缘学科和综合学科的新成就；在选题的采择上，广泛联系海内外学者，努力开掘学术功力深厚、思想新颖独到、作品水平拔尖的著作。"文库"力求达到中国经济学界当前的最高水平；"译库"翻译当代经济学的名人名著；"教学参考书系"主要出版国内外著名高等院校最新的经济学通用教材。

20 多年过去了，本丛书先后出版了 200 多种著作，在很大程度上推动了中国经济学的现代化和国际标准化。这主要体现在两个方面：一是从研究范围、研究内容、研究方法、分析技术等方面完成了中国经济学从传统向现代的转轨；二是培养了整整一代青年经济学人，如今他们大都成长为中国第一线的经济学家，活跃在国内外的学术舞台上。

为了进一步推动中国经济学的发展，我们将继续引进翻译出版国际上经济学的最新研究成果，加强中国经济学家与世界各国经济学家之间的交流；同时，我们更鼓励中国经济学家创建自己的理论体系，在自主的理论框架内消化和吸收世界上最优秀的理论成果，并把它放到中国经济改革发展的实践中进行筛选和检验，进而寻找属于中国的又面向未来世界的经济制度和经济理论，使中国经济学真正立足于世界经济学之林。

我们渴望经济学家支持我们的追求；我们和经济学家一起瞻望中国经济学的未来。

陆昕

2014 年 1 月 1 日

前　言

　　本书主要是在过去这些年历史学家、地理学家、气候科学家、经济学家等有关中国历史气候变化研究的基础上，运用现代经济学理论与实证分析方法，特别是计量经济史学分析方法，来系统地探讨中国历史气候变化背后的政治经济学理论，发现其中隐含的规律、其可能提供给我们的经验、教训，试图为历史气候变化以及当代的气候变化经济学研究贡献中国理论、中国证据与中国对策。

　　全书的核心内容是要回答如下重要问题：气候变化对历史时期中国经济发展与社会稳定的影响途径和机制是什么？历史上的中国人是如何应对气候变化的负面影响的？玉米引种与美洲白银是清代两大"外来的"经济冲击，却又是中国人对经济系统面临气候或环境压力所做出的一种行为应变和制度应变，这些冲击或者应变是怎样影响了当时我国气候变化与经济发展、社会稳定之间关系的？历史气候变化的过程中，中国政府治理的作用体现在哪些方面？它与当时世界各国政府应对气候变化的治理机制之间存在着什么样差异？这对当代的启示是什么？中国历史气候变化与经济发展、社会稳定之间的关联关系，对今天以及今后的我们如何应对气候变化有何启示？在这一过程中，中国可以向未来世界贡献什么样的中国理论与经验？

本书的研究内容，应该是国内外有关历史气候变化的政治经济学研究中最为前沿的一本著作，主要体现在以下三个方面：第一，研究内容的创新性，主要体现在我们没有就历史气候变化本身是什么而展开研究，而重点研究了中国历史气候变化背后的政治经济学，也就是历史气候变化对经济发展、物价稳定、社会稳定、都城变迁等政治经济重大问题的短期和长期影响。第二，研究方法的创新性，主要体现在相对于历史学和历史地理学的研究而言，本书基于大量量化数据分析，得出了更加稳健也更有实证支撑的有趣结论；相对于气候科学家的研究而言，本书运用了大量时间序列数据和面板数据以及相应的模型分析方法，考察了多因素相互作用条件下气候环境对经济发展和社会稳定的影响。第三，研究结论的创新性主要体现在，针对气候变化这一未来人类必须面对的最大环境问题，截至目前，我们对未来的知晓程度仍然要远远低于对过去的知晓程度。然而，目前国内社会科学界特别是经济学界普遍抱有一种"忘记过去，忘记历史"的研究倾向，没有对过去的气候变化进行很好的研究，特别是没有运用大量的量化数据对过去真实发生的事件及其对经济发展、社会稳定等重大问题的影响进行过坚实的研究。相对于目前有关历史气候变化的研究，我们基于中国历史上大量真实的数据分析，给出了我们的研究结论。

本书运用的研究方法主要有：（1）计量经济史学分析法，主要是基于中国历史经验、历史数据、气候重建数据、经济发展，包括物价数据、玉米引种面积与时间、社会稳定等数据，进行了相应的理论推理和实证研究，而不是限于简单的描述或者在少量的经验证据的基础上进行演绎推理。前一种推理方法已经成为国内外经济学与社会科学界的主流分析方法。（2）实证分析方法，主要是我们综合运用时间序列数据分析方法、面板数据分析方法，从时间上和空间上对气候变化与经济发展、社会稳定的复杂关系进行了多重检验。（3）历史唯物主义和辩证唯物主义，是马克思主义哲学和政治经济学最基本的分析方法。本书之所以题为《中国历史气候变化的政治经济学》，就是要抱着尊重历史、客观地分析历史，从历史中学习，从经济、社会和政治规律中学习的态度和想法，然后博采国内外之众长，为当代的我国所用。

本书的贡献主要体现在理论研究方面，也即我们针对中国历史气候变化背后一系列政治经济反应、人类的制度与经济应对措施等进行了较为详实与全面的研究，相对于现有相关研究而言，本书的研究更加全面与丰富，也更加综合。具体而言，我们不仅通过历史案例研究建立了关于历史气候变化的政治经济学分析框架（主要体现在第三章），而且我们还研究历史气候变化进程中人类在环境、人口压力下所采用的经济与制度反应，比如玉米引种是否对历史气候变化的政治经济学机制产生影响，这是发生于明清时期的重要问题（主要体现在第四章）；还有清代大量的美洲白银流入国内，这既是中国社会经济系统对外部环境变化的一种反应，也会影响气候变化与经济发展、社会稳定背后的关联机制，我们在之后的第五、六、七、八章进行了详细讨论。除此之外，我们还对气候变化与社会稳定的关系、与历代都城兴衰变迁的关系进行了实证研究，这主要是第九、十、十一章的内容。特别是，据我们的文献涉猎以及在多次国际会议上的论文报告，我们有关中国历代都城地理位置变迁的研究，应该是国内外有关这一问题最为系列与深刻的研究之一。最后我们还对历史气候变化中政府治理的国内外的经验教训、做法与制度应对的差异进行了详述与国际比较。当然在文末是全书内容的总结，对当今应对气候变化的政策启示以及未来的研究思路。

总之，虽然有关本书内容创新性、前沿性的说法有待读者以及时间的检验，但我们对此充满信心，满怀期待。当然，其中的不足和缺陷，我们也一定欣然接受。

ABSTRACT

On the basis of the studies on China's historical climate change by historian, geographers, climate scientists, economists during the past decades, this book aims to employ theoretical and empirical methodology in modern economics and systematically discuss the theoretical finding of political economics behind China's historical climate change, including its regularities, experiences and lessons, and tries to provide China's theoretical implication, China's evidences, and Chinese solutions to the studies of historical climate change and modern economic study on climate change.

The core contents this book tries to answer include the following important questions, what are the influencing channels and mechanisms behind the historical climate change's impact on China's economic development and social stability? How did Chinese ancestors, including governments deal with the negative impact of climate change during the history? Corn introduction, and American silver inflow, though they were two main economic shocks from outside world in the Qing dynasty, became

1

one of the most important behavioral and institutional responses to the climate changes and environment changes. How did these shocks and institutional responses affect the economic development and social stability, as well as the relationship between climate change, development and stability? How important, and in which way did the role of Chinese government governance present in the process of historical climate change? Is there any difference between Chinese and foreign governmental governance in this aspect? What kind of implication did it has to modern situation? Is there any policy implication to us and our response to climate change nowadays? In this process, what kind of Chinese theoretical and empirical contribution will China provide to the world and the future?

The contents in this book is supposed to be one of the most pioneering studies in the field of the political economics on historical climate change, which can be seen from the following three aspects. First, the topics of this book are very innovative in the way that we don't study what is historical climate change but rather the political economics behind China's historical climate change, namely, the core questions such as the short run and long run impact on economic development, price inflation, social stability, and location change of capital cities in Chinese history. Second, our study methodology is innovative in the way that we base our study on many quantitative data and draw some interesting conclusion more robustly with more empirical evidences compared to the study of history and historical geography. In relative to the study of climate scientists, this book takes use of many time series data and panel data as well as related regression methodology and examines the impact of climate condition on economic development and social stability when multiple factors are interacting with each other. Third, the conclusions are also innovative because human being had relatively more knowledge regarding historical climate change than the knowledge of climate change in future. However, contemporary social sciences especially economics tend to have an overwhelming inclination of "forgetting the past, forgetting history", and therefore don't conduct very good study on historical climate change especially the fact of climate change in the past and its impact on economic development and social stability from an angel of very rich quantitative data. In relative to the study of historical geographical study, we don't give superficial conclusions but provides our conclusion with more data and empirical evidences.

The methodology used in this book include, (1) quantitative economic history, or cliometrics, which depends on more data such as historical data, Chinese historical experiences, climate reconstruction data, economic development data including price level, plantation area of corn introduction and social stability data etc., rather than very simple description and few empirical evidence to derive theoretical inference and conduct empirical study, obviously, this kind of research methodology has become mainstream methodology in economics and social sciences; (2) positive analysis approach, which mainly employs time series and panel data analysis and conducts multiple tests on the complicated relationship among climate change, economic development and social stability from temporal and spatial aspect; (3) historical materialism and dialectical materialism, which are the basic analytical methodology in Marxist philosophy and political economics. The reason we take the political economics of historical climate change in China as the book name is that we want to learn something from history, that is, we have to respect history first, learn historical lessons and experiences from history, and apply these useful researches both in China and abroad into modern practices in China.

The contribution of this book primarily lies in theoretical study, namely, we have conducted many elaborative and comprehensive study on a series of political and economic responses, human institutional and economic responses following Chinese historical climate change. In relation to current study, this study in this book is more comprehensive and rich. Specifically, we not only study the political economic framework of historical climate change using historical cases (mainly in Chapter 3), but also study the economic and institutional responses of human being under the environment and population pressure in the process of historical climate change, for example, whether the corn introduction impacted the political economic mechanism of historical climate change, which was an important problem in the Ming and Qing dynasties(in Chapter 4). Furthermore, substantial American silver flew into China in the Ming and Qing dynasties, which was not only a response of Chinese social and economic system towards external economic change, but also impacted the mechanism among climate change, economic development and social stability. We have conducted related studies in the following chapters such as Chapter 5, 6, 7, 8. In addition, we also conducted the study of the relationship between climate change and social stability, or the change of capital cities location in Chinese history and its rise and fall, which are the topics of Chapter 9, 10 and 11. Specifically, according to our literature review and many presentation in domestic and international conferences, our study on capital city location in Chinese history is supposed to be one of the best studies in this field. Finally, we also compared the lessons, experiences, and governance, and institutional responses in China and abroad, and presented international comparisons. Certainly, the conclusion was drawn at the end of this book, and some policy implications towards nowadays climate change and study direction in future are also presented.

In brief, the saying of the innovation of its contents, the advance of this study in this book, is and will be tested by readers or the test of time. We are full of confidence and expectation regarding this aspect. Certainly, we are also glad to receive and accept many study shortcomings and inadequacy in this book.

目 录

1

导论   1

1.1 中国历史气候变化的时间界定与内涵外延   1

1.2 忘记历史气候变化的危险所在   4

1.3 历史气候变化的政治经济学内涵   7

1.4 历史气候变化政治经济学研究的优势与意义   9

1.5 研究方法、内容与研究结论   11

1.6 创新之处与理论贡献   16

2

中国历史气候变化的政治经济学研究：文献综述   18

2.1 文献综述的方法论基础   18

2.2 中国历史地理学的相关研究   19

2.3 中国气候、灾害学的相关研究   20

2.4 中国历史气候变化的政治经济学基础性研究   21

2.5 近年来经济学的有关研究   24

2.6 文献评述   25

3

中国历史气候变化的政治经济学分析框架：基于北宋经验的案例分析　27

3.1　引言　27

3.2　气候变化影响古代农业社会的政治经济学框架　29

3.3　11 世纪后中国的气候变冷对农业经济的影响　30

3.4　气候变化下的水文、土壤和植被的恶化　32

3.5　11 世纪后游牧民族与汉族力量对比的适应性变化　34

3.6　中国人口和经济重心的被迫南移　36

3.7　传统政府治理模式面临的挑战　38

3.8　气候变迁之影响机制、应对措施及其现代启示　41

3.9　结论　43

4

玉米在中国引种是否终结了中国的"气候—治乱循环"？　44

4.1　引言　44

4.2　文献综述　46

4.3　背景介绍和理论假说　48

4.4　数据介绍　52

4.5　计量分析　55

4.6　总结和政策评论　62

5

美洲白银输入、气候变化与江南的米价——来自清代松江府的
经验证据　64

5.1　引言　64

5.2　文献综述　66

5.3　研究区域背景介绍　68

5.4　研究假说、数据与回归方法　69

5.5 实证分析结果 75

5.6 结论 86

6

白银流出入、气候变化与米价:来自宁波的经验证据 88

6.1 引言 88

6.2 1864—1919 年流入流出宁波的外国银元和银条数量 89

6.3 1865—1930 年的宁波贸易情况 92

6.4 宁波当地银铜比价变化情况 96

6.5 数据、模型、变量与统计量信息 97

6.6 基准回归结果 100

6.7 时间差异性的回归结果 102

6.8 对米价影响的动态分析 104

6.9 对宁波通商口岸作用的讨论 106

6.10 研究结论 108

7

美洲白银流入、气候变化与清代物价革命——来自清代中国 12 省 114 府的经验证据 110

7.1 引言 110

7.2 文献综述 112

7.3 清代的经济背景与研究区域 115

7.4 模型设定、实证策略与数据来源 120

7.5 实证结果与分析 127

7.6 结论 137

8

长三角气候变化、人口、货币与米价关系的实证检验:1638—1935 139

8.1 引言 139

8.2 文献综述   141

8.3 理论框架   146

8.4 变量与数据说明   150

8.5 实证模型与结果   154

8.6 结论与启示   169

9

气候变化是否影响了中国过去千年间的农业社会稳定?   172

9.1 引言   172

9.2 文献综述   174

9.3 理论分析框架   176

9.4 实证假说与变量选择   179

9.5 历史气候变化与社会不稳定关系的实证研究   184

9.6 结论及其政策启示   201

10

气候变化、通货膨胀与社会动乱关系实证分析:来自清代华北平原的经验证据   205

10.1 引言   205

10.2 有关气候变化、通货膨胀与社会动乱的现有文献   207

10.3 研究区域的基本情况   209

10.4 研究假说、变量描述与数据来源   209

10.5 实证研究   216

10.6 结论及其启示   223

11

谁影响了中国历代都城地理位置的变迁?   225

11.1 引言   225

11.2 文献综述   228

11.3 一个有关中国都城地理位置变迁原因的说明   233

11.4 变量、数据描述与资料来源   236

11.5 实证结果   242

11.6 结论和启示   261

12

历史气候变化中政府治理作用的评述与国际借鉴   263

12.1 中国历史气候变化中政府治理作用的评述   263

12.2 历史气候变化中政府治理作用的国际借鉴   269

12.3 国际经验对中国应对环境、气候危机的启示   277

13

基本结论、政策启示与未来研究方向   282

13.1 全书的基本结论   282

13.2 对应对未来气候变化的政策启示   285

13.3 未来研究方向   287

参考文献   288

后记   304

CONTENTS

1

Introduction   1

1.1 The Definition of China's Historical Climate Change and its

Connotation   1

1.2 The Risk of Forgetting Historical Climate Change   4

1.3 The Political Economics of Historical Climate Change   7

1.4 The Advantage and Relevance of the Political Economics of

Historical Climate Change   9

1.5 Study Method, Contents and Conclusion   11

1.6 Innovation and Theoretical Contribution   16

2

The Study of the Political Economics on China's Historical Climate Change:

Literature Review   18

2.1 The Methodological Foundation of Literature Review   18

2.2 The Related Study in Historical Geography in China   19

2.3 The Study of Climatologist, Disaster Science in China   20

2.4 The Fundamental Study on the Political Economics of China's

Historical Climate Change   21

2.5 The Study of Economists in Recent Years   24

2.6   Literature Review   25

3

The Framework of the Political Economics on China's Historical Climate Change: A Case Study on the Experiences and Lessons in the Northern Song Dynasty   27

3.1   Introduction   27

3.2   The Framework of the Political Economics on the Climate Change's Impact on Agricultural Society in History   29

3.3   The Impact of the Colder Climate Change in China after the 11th Century on Agricultural Economy   30

3.4   The Deterioration of Hydrology, Soil and Vegetation under Climate Change   32

3.5   The Adaptive Change of Strength Comparison between Nomads and Han Nationality after the 11th Century   34

3.6   The Forced Southern Shift of China's Population and Economic Center   36

3.7   The Challenge of Traditional Governance Pattern   38

3.8   The Influencing Mechanism, Counter Measure and Modern Implication of Climate Change   41

3.9   Conclusion   43

4

Whether did Corn Introduction in China End the Cycle of Climate-Stability or Chaos in China?   44

4.1   Introduction   44

4.2   Literature Review   46

4.3   Historical Background and Theoretical Hypothesis   48

4.4   Data Introduction   52

4.5   Econometric Tests   55

4.6   Conclusion and Policy Implication   62

5

**American Silver Inflow, Climate Change, and Rice Price in Southern
China—Empirical Evidence from the Songjiang Prefecture in the Qing
Dynasty**   64

5.1   Introduction   64

5.2   Literature Review   66

5.3   The Background of Study Area   68

5.4   Study Hypothesis, Data and Methodology   69

5.5   The Empirical Results   75

5.6   Conclusion   86

6

**American Silver Inflow and Outflow, Climate Change, and Rice Price—the
Empirical Evidence from the Ningbo Prefecture in the Qing Dynasty**   88

6.1   Introduction   88

6.2   The Inflow and Outflow of Foreign Silver Currency and Silver
            Bullion in Ningbo, 1864—1919   89

6.3   Trade in Ningbo, 1865—1930   92

6.4   The Change of Local Silver-Copper Exchange Rate in Ningbo   96

6.5   Data, Model, Variables, and Statistics   97

6.6   Benchmark Regression   100

6.7   Regression Result of Time Variance   102

6.8   The Dynamic Analysis of the Impact on Rice Price   104

6.9   The Discussion of the Function of Ningbo Treaty Port   106

6.10   Conclusion   108

7

American Silver Inflow, Climate Change and the Price Revolution in the Qing Dynasty—the Empirical Evidence from 12 Province, 114 Prefectures in the Qing Dynasty

American Silver Inflow, Climate Change and the Price Revolution in the
Qing Dynasty—the Empirical Evidence from 12 Province, 114 Prefectures
in the Qing Dynasty   110
7.1   Introduction   110
7.2   Literature Review   112
7.3   The Economic Background in the Qing Dynasty and Study Area   115
7.4   Model Specification, Empirical Strategy and Data Source   120
7.5   Empirical Result and Analysis   127
7.6   Conclusion   137

8

The Empirical Test of the Relationship among Climate Change, Population, Currency and Rice Price in Yangzi Delta Region: 1638—1935

The Empirical Test of the Relationship among Climate Change, Population,
Currency and Rice Price in Yangzi Delta Region: 1638—1935   139
8.1   Introduction   139
8.2   Literature Review   141
8.3   Theoretical Framework   146
8.4   Variable and Data   150
8.5   Empirical Model and Result   154
8.6   Conclusion and Implication   169

9

Did Climate Change Impact Social Stability of Agricultural Society in Past 2000 Years?

Did Climate Change Impact Social Stability of Agricultural Society in
Past 2000 Years?   172
9.1   Introduction   172
9.2   Literature Review   174
9.3   Theoretical Analytical Framework   176
9.4   Empirical Hypothesis and Variables   179

9.5   The Empirical Result   184

9.6   Conclusion and Policy Implication   201

10

Climate Change, Inflation and Social Revolt: Empirical Evidence from

the Northern China Plain in the Qing Dynasty   205

10.1   Introduction   205

10.2   Literature Review   207

10.3   Study Area   209

10.4   Theoretical Hypothesis, Variable, and Data   209

10.5   The Empirical Result   216

10.6   Conclusion and Implication   223

11

Who did Affect the Evolution of the Change of China's Capital City

Location in Various Dynasty?   225

11.1   Introduction   225

11.2   Literature Review   228

11.3   An Explanation of the Reason of the Evolution of Chinese Capital

city Location   233

11.4   Variable, Data and Data source   236

11.5   The Empirical Result   242

11.6   Conclusion and Implication   261

12

The Comment on the Role of Governmental Governance in Historical

Climate Change and International Reference   263

12.1   The Comment on the Role of Governmental Governance in

Historical Climate Change 263

12.2   The International Reference of the Role of Governmental

Governance in Historical Climate Change 269

12.3   The Implication of International Experience to China in Dealing

with Environmental and Climate Crisis 277

13

Basic Conclusion, Policy Implication, and Study Direction in Future 282

13.1   The Conclusion in This Book 282

13.2   The Policy Implication to the Measurement Dealing with Climate

Change in Future 285

13.3   Study Direction in Future 287

References 288

Postscript 304

导论

1.1　中国历史气候变化的时间界定与内涵外延

本书所称中国历史气候变化,特指自我国大一统的秦王朝开始,直至20世纪70年代为止的整个历史时期,在当今中国领土和地理范围内发生的所有气候变化现象,包括气温、降水、降雪、自然灾害等的变化与波动情况。与此相对应的另一个概念就是我们所谓的"中国当代气候变化"——一般而言,主要是指过去30—50年时间内发生在中国领土和地理范围内的所有气候变化现象。

本书要研究我国自秦代以来所有历史时期的气候变化,那么,我们最好就将之命名为中国历史气候变化。值得注意的是,如果我们按照研究者讨论问题时,一件事情发生与否来定义过去、现在和未来的话,那么,只要是讨论问题时已经发生过的事情,均属于过去或者历史的时间范畴,而只要是还未发生的事情,那就属于未来,而只有当下正在发生的事情才属于现代或者当代。

除了这一时间概念上的界定之外,事实上,一旦我们讨论到气候变化,必不可少地还涉及其内涵和外延问题。政府间气候变化专门委员会(Intergovernmental Panel on Climate Change，IPCC)在定义"气候"时这样说道，"所谓气候，通常是指总体的或者平均的天气状况(average weather)，或者更具体地来看，是指较长时间内，通常是几十年内[一般而言，世界气象组织(World Meterological Organization，WMO)定义为 30 年]以一系列天气指标的均值以及变化值来描述的天气状况。所谓的数量指标，通常而言是指地表变量，比如温度、降雨、刮风、下雪等。但从广义的角度看，所谓气候，是指气候系统的状态。"①类似的是，在谈到"气候变化"这一词汇时，气候变化专门委员会同时提供了两种版本的定义。首先是联合国气候变化框架协议(Framework Convention on Climate Change，UN，FCCC)中界定的"气候变化"——除了在较长时间内所观察到的自然气候变化之外，还包括由于直接或者间接由人类活动所导致的全球大气和天气改变。其次，它还提供了气候变化专门委员会所定义的以及常用的"气候变化"概念——气候变化是指起因于气候系统内部的变化或者气候系统组成部分之间相互作用的变化，或者起因于自然原因或者人类活动原因所导致的外部压力变化，等等，在此基础上所形成的可观测到的气候指标或者记录的变化。为了更加清楚地界定"气候变化"的定义，气候变化专门委员会还进一步阐述说，总体上来说，要分清楚到底是哪一种原因导致了这些气候变化，恐怕是非常困难的。因此，IPCC 所报告的未来气候变化的报告、推断等，一般而言仅仅考虑温室气体以及其他人类相关因素对气候变化的影响。

参照了以上有关气候、气候变化的定义后，我们将本书所谓的"气候变化"定义为，不仅包括由于自然原因，或者气候系统内部组成成分的变化所导致的气候变化，而且还包括由于人类活动所导致的气候系统在较长时期内的显著变化。这些变化到底将以什么样的指标进行衡量呢？很显然，气温、降雨、刮风、下雪、旱涝灾害等都可以是衡量气候变化的相关量化指标。

从外延的角度来看，这一气候变化概念囊括了本章所说的历史气候变化与当代气候变化。如果要从导致气候变化的原因的角度，对气候变化进行简单分类的话，历史气候变化，可能在更大程度上是由于自然原因，在较小

---

① 参见 IPCC 官方网站：http://ipcc.ch/pdf/glossary/ipcc-glossary.pdf。

程度上是由于人类原因所导致的。但随着时间由远古、古代到近代的变化，很显然，自然性原因所扮演的作用在不断弱化，相反，人类活动的影响却变得越来越大，以至于到了当代，我们毫无疑问地一致认为，当代的气候变化，在其主要的意义上，恐怕都是指由于人类活动所导致的气候变化。因为无论我们采用什么样的指标来衡量，一个不可否认的事实是，人类活动本身已经完全改变了地球，也改变了气候系统本身。在清楚了有关气候变化的内涵与外延后，我们就可以将关注的重心放在气候变化所造成的各种政治经济学影响上。

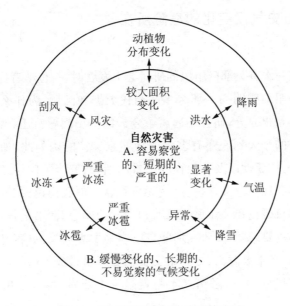

图 1.1　历史气候变化的外延关系图

综上所述，我们绘制了图 1.1 的历史气候变化的外延关系图。从该图中我们可以清楚地看出，中国历史上的气候变化其实通常包含两个部分：一个是容易觉察的、相对短期的、比较严重的气候变化。通常这种气候变化是以自然灾害的形式表现出来，比如，洪灾、旱灾、风灾、冰雹、地震、山林火灾等；另一个部分是不容易觉察的、相对长期的、缓慢变化的气候变化，比如，温度的缓慢上升往往为人们所忽视；降雨的逐年增多人们虽然意识到，但并没有采取足够或者及时的反应来应对；森林植被越来越少，人们对此往往置若罔闻,或者虽然意识到严重性,但却无动于衷或无力应对,等等。很显然,在这两个部分之间是存在着相互转化的可能性的。比如,当降雨变得严重,并影响到农业生产以及人们生活时,它就转变为洪灾;当刮风强度超过一定程度,它便转变为风灾;当冰雹过大并造成重大损害时便成为冰雹灾害。相反,洪灾、风灾与冰雹灾害等也可以减轻为没有重大危害的降雨、刮风与小冰雹。很显然,正是由于其外延的这种不断变化以及相互之间的随时随地的转化,因此,人类可能只会关注其中一个部分而忘记另一个部分。

1.2 忘记历史气候变化的危险所在

记得我在一次有关部门组织的研讨会上发言时,一位学者提出了一个尖锐疑问:"我们眼前明明摆了那么多的当代数据和问题,为什么你要去研究那些数据并不是很充分,而且还远离了今天的历史问题? 还有,这样的研究对于改革开放的今天到底还有多大的借鉴意义?"的确如此,如果只从研究的难度、数据的可获性以及方便程度来看的话,研究当下问题的确显得更加可行也更加具有现实意义,这一点我无可否认。但我想说的是,如果全中国的经济学家都只研究和关注那些眼前和当下的问题,而不是长远的、也更具有长远意义的重要问题,只研究那些自己容易发表成果、更容易获得成果的问题,而不是具有重大意义、尽管难发表也更难获得成果的问题的话,那么,对一个国家和民族而言,恐怕这本身就是一个非常危险,也更值得深思的问题。

第一,短视误国误民,读史使人明智。唐太宗曾言:"以铜为镜,可以正衣冠;以古为镜,可以知兴替;以人为镜,可以明得失。"《资治通鉴》的主题更是"鉴往世之兴衰,考古今之得失"。如果大家都只关注眼前问题的研究,而忽视对过去问题的研究,这样,人们就会在认识上、记忆上逐渐淡忘历史与现实之间的内在和本质联系,于是,在未来的某一时刻人们也就有更大的概率继续犯那些曾经犯过的错误。在动物世界中,有关对过去的记忆常常是通过基因或者本能的形式在代际遗传的。但与动物世界有所不同的是,人类世界具有认识、记录和研究历史的更强能力,因此,假若人类也和动物一样仅仅借助基因或者本能来传承对过去的记忆,恐怕这不能不说是一种文明的悲哀甚至是一种生理上的退化。对整个人类的生存概率来说,很显然,研究历史、关注历史,让人类抱有历史情怀,这将大大提高整个人类的生存概率。从另一方面来看,恐怕这也是人类社会之所以区别于动物世界的最大不同。

第二,从人类经济、社会、制度复杂系统演化的角度看,人类经济社会中的每一个个体,包括个人、企业、组织、制度本身就是过去痕迹在个体层面的一个累积。例如,现代高速火车所用的铁路衡量标准,源于两千多年前马车所使用的车轮尺度(霍奇逊,2008:3)。现代电脑键盘的 QWERTY 结构也带有历史偶然性的痕迹。①你、我、生物与植物,都是历史基因的延续。在经济学看来,这就是路径依赖(path dependence)。在制度、社会、组织、个体的长期演化中,毫无疑问,路径依赖将扮演重要作用。有关这一点,还有一个非常深刻的经济学例子值得经济学家谨记,那就是约翰·梅纳德·凯恩斯在1933 年关于马尔萨斯的论文中写的一段话——"如果马尔萨斯,而不是李嘉图成为 19 世纪经济学前进的起点的话,那么,我们可以想象今天的世界将比实际的更加丰富多彩"(霍奇逊,2008:6)。凯恩斯这段话的意思表明,他对过去一百多年过度强调的经济学一般化研究表现出了某种程度上的遗憾。然而,正如著名的经济史学家霍奇逊所认为的那样,凯恩斯尽管已经认识到这种强调理论一般化、忘却历史特征的重大错误,但他也犯了两个具有李嘉图主义色彩的"关键错误":一个是他忽略了德国历史学派和该学派主张的可以取代李嘉图的简约主义(deductivsim)的理论。另一个错误是他的《就业、利息与货币通论》一书。书名中的"通"(general)就有忘记不同国家国情、历史,而大有一般化的意味(霍奇逊,2008:6)。

如上的论述意味着,在经济学的研究中,忘记历史恐怕就是某种程度的背叛。我认为,这一点对于气候变化的研究来说,就更是如此。在漫长的历史时期,人类遭遇了无数次的气候变化及其所带来的经济系统、社会系统的缓慢变化、冲击、破坏甚至灾难,但人类似乎并没有从这些冲击和灾难中汲

---

① 　参见 David(1985),文中对目前世界各国的键盘布局结构进行了解释,认为历史偶然性和路径依赖是经济学中的一个重要特征和现象,是经济学研究者不能忽略的一个重要问题。

取有益的经验与教训,以至于这样的问题在世界各国重复上演。贾雷德·戴蒙德在《崩溃:社会如何选择成败兴亡》一书中记载的兴衰成败,其中绝大多数是忘却历史的真实结果(戴蒙德,2011)。如今,看看这些令人惨痛的教训,这不能不令人感到很大程度的惋惜和遗憾。

第三,从经济学的观点看,眼前的问题往往可能是相对短期的问题,或者可能只是某一个相对具体的问题,即便是一个相对长期的问题,它至多是这个长期问题的一个时间截面,而远不是它的整体与全貌。这样的话,经济学家就眼前问题给出的各种政策建议,在短期内看可能是有效的,但若放在长期视野内看却可能是有偏的甚至是非常错误的。

就拿气候变化这个现象来说,在中国历史上的南北朝是一个相对寒冷的时期,当时的六月天经常降雨甚至降雪,风沙也比较大,于是北魏孝文帝从朝代安全的角度就决定将国都从平城迁到了洛阳。[①]同样,北宋建都于中原地带的开封,由于不断受到北方少数民族战乱的影响,南宋就被迫迁都临安,这些举动从短期看都是非常理性的,也是某种程度上的无奈之举,因为不迁都,老百姓就难以安定生产与生活,国家就难以国泰民安。可是从长远看,这却可能是非常不利于朝代的长治久安的。

以宋代迁都为例,首先,迁都传递给老百姓的印象是,国家只是被动地应对气候变化或者应对北方民族的南迁,而远没有积极主动地采取足够的军事、经济、政治政策来应对外部环境的变化,那么,作为个体的老百姓怎么可能以"小我"的力量来对抗这种大自然与外部环境的巨大变化呢?很显然,从长远看,迁都可能是对整个社会预期和信心的一种极大的打击。其次,它传递给北方民族的信息是,都城南迁意味着军事上的撤退,这给了北方民族乘胜追击甚至取汉族朝廷而代之的信心。从经济学的角度看,在经济发展的进程中,特别是紧要的关头,信心很可能比黄金显得更加重要。

第四,经济学的经典理论[②]和现代信息经济学都表明,由于信息和知识

---

① 《资治通鉴》卷一三八《齐纪(四)·世祖武皇帝(下)》载"永明十一年五月丙子……魏主以平城地凉,六月雨雪,风沙常起,将迁都洛阳。"

② 比如,哈耶克于1936年发表的《经济学与知识》提出了知识分工的概念。1945年,他在《知识在社会中的应用》一文中进一步阐释了知识分子及其对于社会的意义。

在人际分布的不均等性质,所以,每个人、每一类人,无论普通个体还是专业学者,每个行为主体对个人所掌握的特定信息而言都拥有相对于他人的一定比较优势,但相对于浩渺与无限广阔的大自然来说,他们难道不是那个摸象的盲人之一吗? 这就意味着,如果我们要弄清我们眼前复杂世界的本来面目以及背后的本质规律的话,就必须进行相互之间的知识分工:一方面,通过学者之间的知识分工,加深对特定领域规律的认识程度;另一方面,在知识分工的基础上,还必须通过综合、对比与交流、研讨甚至学术争鸣等方式,加深彼此对于现实世界整体的认识,否则,很可能就会陷入"盲人摸象"的逻辑陷阱和现实难题当中。

1.3　历史气候变化的政治经济学内涵

所谓历史气候变化的政治经济学,主要是指以历史时期的气候变化及其对一国经济、社会——诸如小农生产与生活、土壤、植被、水文的变迁,自然灾害、人口迁移、游牧民族与汉族之间的冲突与战争,国内战争,宏观经济波动,社会稳定,都城地理位置变迁,政府治理模式,等等——所带来的一连串影响和冲击为研究对象的学问。之所以称为历史气候变化的政治经济学,主要目的是区别于中国历史气候变化的历史地理学研究以及历史气候变化的有关自然科学研究。

中国历史气候变化的历史地理学是专门研究中国历史上气候变化的记载及其相互之间的关系,以及中国历史气候变化在空间、地理上的表现形式及其演变的学科。目前,在我国国内综合性大学普遍开设历史地理学这个专业和相应的学科,它是历史学一级学科中的二级学科子类,主要的研究对象就是研究历史时期的地理环境及其演变规律的学科,它不仅是地理学科一个年轻的分支学科,而且与传统的地理学研究有着密切的关联关系。

历史气候变化的自然科学研究,主要是运用地理学、生物学、地质学等自然科学的方法,相对精确地测定和度量历史气候变化的程度、深度和广度,工作重点是古气候数据的重建以及量化处理等。比如,科学家利用冰核、树木年轮、圆柏年轮、孢子、碳元素测定等方法来重建古气候的相关数据,包括温度,降水、季风、旱涝、灾害等,来描述历史气候变化的基本情况和变化趋势。

为了清楚地显示历史气候变化的政治经济学研究与历史地理学以及自然科学相关研究的区别,图1.2给出了我们所归纳的历史气候变化政治经济学的大体研究内容以及与历史地理学、历史气候变化的自然科学研究之间的区别所在。

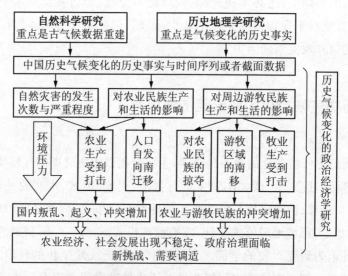

图1.2　历史气候变化的政治经济学研究及其差别

从图1.2中可以清楚地看出,历史气候变化的政治经济学的研究范围与历史地理学和历史气候变化的自然科学研究侧重点存在不同。历史地理学和历史气候变化的自然科学研究的成果,比如,古气候的重建数据,有关历史气候变化的历史记录,都是历史气候变化政治经济学的基本研究素材,但历史气候变化的政治经济学在此基础上更进一步,主要侧重于分析气候变化基础上的一系列经济、社会和政治影响及其在时间上的继起和相互关联关系,以及政府的治理模式、管理体制面临的挑战和调整。比如,在受到气候变化的冲击下,人类怎样作出应对,是自上而下,还是自下而上,是采取被动应对,还是主动应对的方式,它对中国历史、经济发展进程会产生什么样的影响,如此等等,都是历史气候变化政治经济学应该研究的内容。

换句话说,历史气候变化的政治经济学主要是研究气候变化背景下的人类社会经济活动、制度、政策调整、社会互动等,重在考察历史气候变化背景下的政治经济学影响,而历史气候变化的历史地理学以及自然科学研究,则侧重其对人类活动的历史演进和空间变化的影响以及历史气候变化相关的科学证据。

1.4　历史气候变化政治经济学研究的优势与意义

通过以上论述,我们认为,研究中国历史气候变化的政治经济学将具有以下几个方面的优势与现实意义:

第一,相对于有关气候变化的当代研究而言,中国历史气候变化的研究覆盖了自秦汉以来长达 2 000 多年有文字记载的历史,其中不仅包含了大量有关中国农业经济社会发展、变化、转折、演变的丰富文字信息,而且也包含了大量与之相关的土地、人口、自然灾害、生产、消费、战争、制度、措施、自然环境变化等的长时间定量信息,这些信息对于研究中国农业经济的发展、变化,与之相关的生产、经济结构转变、政府治理模式转变,自然环境变迁与人类社会活动之间在长时间内的互动关系等重大问题都具有非常重要的意义。相较而言,有关当代气候变化研究的优点是当代人类的统计手段更加高明,数据覆盖信息更加全面丰富,但其缺陷是,短时间的数据分析难以透视和分析气候变化影响人类经济社会的整个动态过程,当然也难以对在此基础上所发生的相应的制度、政策的调适过程进行很好的考察研究。也不可能分析气候变化在长期内对自然灾害、人类社会稳定乃至王朝兴衰、制度变迁等重大政治经济学问题的影响。

第二,中国历史气候变化的政治经济学研究隐含着与西方非常不同的发展逻辑和路径,这对于理解过去两千年间人类社会不同的发展和演进道路,对于理解气候变化的不同经济学研究与模型,以及当代不同国家针对气候变化的不同政策和措施等,都具有非常重要的借鉴和启示意义。

在历史上绝大多数时间内,我国都是由一个相对集权的中央政府统领全国,其中汉族文化居于主导地位,当然其中也融合了诸多少数民族的文化与制度基因。从整个经济结构角度看,我国历史上是以农业为主的经济结构,小农家庭构成社会主要的生产单位,在此基础上的小商人、地主、官僚构成社会的重要阶级。这和欧洲历史上文化多元,政治分割,地理相对隔绝,经济结构、文化、统治方式也相对支离破碎的文明特征形成了非常鲜明的对比。从气候变化政治经济学研究的对比来看,欧洲由于经济模式和文化的多元化,从长时间视野看,我们很难看到一个系统的、全面的气候变化影响经济社会的政治经济学图景,相反,在中国历史气候变化的政治经济学研究中,我们不仅能看到气候变化对农业生产、植被和土壤变迁的影响,还能看到气候变化对游牧民族活动区域的影响,对移民的影响,对物价波动的影响,以及对中国都城地理位置兴衰变迁的影响,甚至从更加长远的角度来看,还能看到气候变化对中国经济重心在南北东西地理转移的影响,这些都是非常重要的政治经济学动态过程。

由于中国文明在整个历史时期的相对完整、统一,中国文字系统对于历史记载更全面丰富,这些都使得我们在研究历史气候变化的问题上,相对于欧洲等其他国家,具有更大的比较优势。如果我们将西方气候变化的经济学版本主要归结为工业化基础上温室气体所导致的人为影响,中国历史气候变化的经济学版本则可以包含两个维度,一个就是针对历史气候变化的经济学研究,比如分析外生的气候变化、自然环境变化导致的对农业经济社会、人类生产、生活、消费、人口迁移、经济重心在地理空间上的转移,宏观经济波动以及整个农业社会稳定,王朝兴衰与都城在地理空间上的变迁等一系列动态的结果。另一个维度,就是针对中国工业化进程对气候变化的经济学影响进行全面分析。比如,其中工业化进程是否对环境造成负面影响?这种影响到底有多大?等等。

第三,今天的全球气候变暖是地球上温室气体累积带来的一个直接后果,而这种后果又是叠加在地球气候系统本身特有的自然变化过程之上的。因此,从长远趋势来看,为了了解世界和我国今后气候变化的趋势,就非常有必要掌握气候变化的自然过程,而这个自然过程就是我们现在对之理解和研究还非常有限的"来者"(满志敏,2009:2)。难道我们要坐等这个"来者"真实发生之后,再对它进行研究吗?可喜的是,中国历史气候变化的研究就提供了这样一个难得的机会,这不仅是因为中国历史气候变化的时间过程比较长,而且也因为中国历史气候变化的过程,在很大程度上是外生的气候变化与自然变化的过程,这主要是因为中国历史上一直是以农业为主的,今天所谓的"环境相对友好型"经济模式。不可否认的是,中国这个以农业为主的"环境相对友好型"的经济模式还是对环境的恶化以及历史气候变化本身产生了一定的作用,使之成为外生性兼具内生性的气候变化过程。但无论如何,中国历史气候变化的政治经济学研究是当今世界上有关过去气候变化的核心课题,也是历史上最为久远、时间跨度最长,历史记录保存最全的气候变化的研究之一。①

从中国的实际情况看,"七五"期间,国家自然科学基金委和中国科学院联合支持了"中国气候与海面变化及其趋势和影响的初步研究"的重大项目,其中我国历史气候变化是四大课题之一。1989 年,国际地圈生物圈(IG-BP)中国委员会第二次全委会讨论的主要议题之一就是"古气候与古环境的变化为现代气候和环境变化的背景应该受到重视"。"八五"期间有关中国历史气候变化的研究也是重要的课题之一。20 世纪 90 年代至今,有关中国历史气候变化的研究一直是国家自然科学基金委重点支持的专门领域(满志敏,2009:3)。但有关研究多半是自然科学方面的研究,而较少有社会科学领域的研究。本研究就是从政治经济学的角度探讨中国历史气候变化的政治经济学,希望一方面借助这些自然科学的研究成果,同时在这些研究的基础上,分析和考察中国历史气候变化对经济、社会、政治等方面的政治经济学影响,为我国未来的气候变化经济学研究奠定相应的经济学与社会科学基础。

1.5　研究方法、内容与研究结论

本书主要运用现代经济学的分析方法,也就是,首先,我们要在自然科

---

① 满志敏指出,在国际上,关于过去环境变化的研究已被确定为国际地圈生物圈(IGBP)的三项核心计划之一,同时,IGBP 计划的有关技术报告以及核心计划 PAGES 也指出,过去 2000 年全球变化序列应列为优先考虑的课题之列。

学和历史地理学的基础上弄清中国过去若干世纪气候变化的基本事实,这些事实包括各朝代气候变化的基本趋势以及大体的原因。其次,我们还要收集并整理反映这些历史的数据,这些数据包括自然科学研究中有关我国古气候重建数据,比如 10 年时间频率的气温数据、降水数据、降雪异常数据;其他与气候变化密切相关的政治经济学变量的数据,比如,中国历代人口数据,中国历代战争、农民起义数据,中国历代天灾人祸的数据,中国历代的米价数据,中国历代都城地理位置与变迁的数据,中国历代的人口迁移数据,等等。这些数据中的相当部分我们已经获得。在此基础上,我们就可以运用现代经济学的实证分析方法,主要是多元回归计量分析方法,检验气候变化对这些变量的影响,从而归纳气候变化的政治经济学影响以及宏观结果。

历史地理学家主要通过历史记录、历史记载获得中国历史气候变化的事实,对相关的历史事实进行考证,往往注重考据挖掘,而本研究主要通过分析这些数据对其他宏观经济和社会稳定等相关变量的影响;相对于自然科学使用的数据重建等方法,本课题重在变量之间的逻辑关系,而自然科学方法对变量关系的把握大多运用平稳自助法(Bootstrap Method)或者交叉相关函数法(Cross-correlation Functions)讨论时间序列变量之间的相关程度。用一句比较概括的语言来描述本书运用的基本分析方法,可以称为数量经济史或者计量经济史分析方法。到底什么是计量经济史(cliometrics)?按照维基百科的解释,它又可以称为新经济史,或者数量经济史,也就是系统地运用经济理论、计量经济学方法或者其他正规的数学模型方法来研究历史。

我们还综合运用比较分析、历史分析以及辩证唯物主义与历史唯物主义方法。辩证唯物主义和历史唯物主义是我们分析方法的哲学统领,全书坚持用理论联系实际,用实际衡量理论,用数据度量现实,用现实反观数据,同时还结合历史分析、现实分析、国际比较分析,探讨现有的理论是否能够解释现实,中国的现实又发展出什么样的理论创见?

从基本研究内容看,本书将围绕着以下核心问题展开讨论:

第 2 章,主要是中国历史气候变化政治经济学研究的相关文献综述。将对跟中国历史气候变化相关的政治经济学研究进行一个较为全面的文献综述,主要目的是弄清楚目前国内外这方面研究的现状、进展、存在问题,从而在此基础上建构本章的基本分析框架与相关的理论推理或命题。

第3章,主要是本书给出的中国历史气候变化的政治经济学分析框架。这个分析框架以北宋的经验证据为基础,对中国历史气候变化背后的政治经济学框架进行初步的分析和展示。这部分内容之所以选题于此,在于北宋时期是中国社会从传统迈向近代的一个分水岭,也是中国传统经济重心从北往南转移的重要分界线。为什么中国传统经济社会的重心会发生从北向南这一革命性的变迁? 其实,背后最深层次的原因就是气候变化这种环境的冲击,加上中国不断膨胀的人口压力与不断扩张的农业垦殖活动,对自然环境的破坏日益加深,在此基础上,自然灾害频率不断增长,游牧民族迫于生计对中原民族的掠夺和战争也不断增加,中原民族出于自保目的被动向南向东迁移,于是中原政权日益重视开拓南方,国家也越来越倚重南方经济。本章将主要系统地考察这一变化的整个过程,及其对于国家、政府治理体系和治理能力所造成的巨大冲击。

这个分析框架主要的核心内容表明:(1)气候变化包括温度、降雨、降雪等自然条件的变化,构成农业经济时代国家宏观经济波动与社会不稳定的深层次影响因素;(2)其影响途径之一为,通过作用于农业生产要素投入或者劳动力的生产效率而影响农业生产,进而影响到宏观经济波动与国家的社会稳定,包括内乱的发生;(3)影响途径之二为,通过影响游牧民族的生产、生活等活动的地理区域,进而影响游牧民族与中原民族之间的关系,也就是我们后面所说的外患的发生频率开始不断增加;(4)影响途径之三为,通过直接影响自然灾害的发生频率,而影响宏观经济的波动与国家的社会稳定。这样,气候变化与人口迁移、汉族与少数民族之间的冲突、汉民族国家内部的叛乱、冲突,气候变化与农业生产、物价变化、自然灾害、都城地理位置在长期的变化和迁移、国家的社会不稳定等就被牵扯进来了。

第4章,利用长时期面板数据对明清海外玉米在中国的引种对中国农民起义发生率的影响进行了实证研究。结果发现,玉米播种时间和农民起义发生率之间存在着U形关系,这意味着玉米在国内的引种,确实有利于降低气候灾害引发的农民起义发生率,但这种效应是逐渐递减的。但到了清朝中后期,玉米播种时间更久的地区甚至更易受水旱灾害的影响,也可能引发更多的农民起义。这说明,以玉米为代表的美洲作物的引种并未能让中国像欧洲那样完全摆脱"气候—治乱循环",相反则意味着它的出现在短期内减弱了农民起义的发生率,但它带来的人口增长却使得这些地区对资源环境的应对能力随着时间而减弱。本章的发现对于理解中国历史上治乱循环的形成机制、正确认识 15 世纪后的"哥伦布大交换"对中国经济社会的影响,以及如何正确客观地评价抗灾作物引植对中国经济社会的影响等都具有非常重要的意义。

第 5 章,以清代江南松江府 1736—1911 年这 175 年的时间序列数据为基础,检验气候变化、美洲白银输入对米价的影响。基于白银流入存量、银铜比价的研究发现,海外白银输入存量显著地抬高了大米的平均价格水平,却抑制了大米价格的波动幅度,而银铜比价这种半市场化的内部汇率体制却在一定程度上缓解了米价水平的上升,并助推了米价的波动幅度。这一发现意味着,中国银铜双本位的内部汇率体制发挥了应对国外经济冲击的正面作用,但同时也对国内物价水平的波动产生了推波助澜的作用,因为它本身就是市场力量和非市场力量综合作用的结果,气候对米价的影响在本部分研究中并不显著,可能的原因是气候数据质量问题,另一方面,也可能是因为我们的研究区域气候条件较好,波动较小。

第 6 章,以来自宁波的经验和数据来系统地讨论外国银元进出口、银条进出口、宁波当地的银铜比价以及气候相互作用下的宁波米价变迁问题。我们发现,宁波外国银元进出口、银条进出口基本上是对宁波与世界以及全国贸易进出口的一个自然结果,而这一结果就导致宁波的银铜比价对此作出了调整。总体上看,对宁波细籼米价格造成显著影响的因素,一是,宁波当地的银铜比价。二是全国性的银铜比价。前者的作用为正,后者的作用为负,意味着宁波银铜比价的调整是对全国货币性因素的一个反向调节,这说明宁波货币市场的有效性可能要高于全国水平。三是,当地的气候因素也对米价产生了负面影响。

第 7 章,为了进一步检验美洲白银输入、气候变化背景下的米价波动情况,这一章进而采用南方 12 省 114 府的数据进行检验。在这一章中,我们构建了两个反映各府美洲白银流入密度的核心解释变量,研究发现,美洲白银流量密度和存量密度对米价均产生了显著的正面影响,会推动每仓石米价上升 0.427 和 149.6 银分左右,说明的确是美洲白银输入导致了清代的物价革命;不仅如此,该影响在 1840 年前后还存在着明显的差异,之前强,之后弱,这意味着美洲白银冲击加上武力侵略完全打破了清代经济体的原有平衡;相对于白银冲击对米价的稳健影响而言,人口、自然灾害、战争瘟疫等传统因素的影响并不稳健。文章为清代物价革命的经典假说提供了再一次的计量检验证据。

第 8 章,基于长三角地区气候变化、人口、金银比价与米价关系的研究发现,金银比价是影响这一地区米价的重要货币性因素,人口尽管同时也是大米生产的重要供给侧因素,但其作用则更多地表现为推动米价上升的重要需求性力量。这说明,在考察米价的影响因素时,人口这一传统因素对米价的作用不可忽视;除此之外,战争也是影响这一地区米价的重要因素。气候变化的作用,在这部分的检验中并未得到计量支持,这并不意味着气候变化对米价没有影响,而意味着可能是我们的数据质量、数据覆盖面尚不全面,因而今后还需要更多数据的进一步检验。

第 9 章,以整个中国历史时期的气候变化与社会不稳定作为研究对象,系统考察气候变化,包括温度异常、降雪异常对中国历史时期内乱、外患以及总的人祸次数的影响。研究发现,温度升高有利于降低内乱和外患的发生频率,而温度降低则增加内乱、外患的发生频率。降雪异常对内乱的影响并不显著,但对外患的发生频率有着显著的影响;并且这些气候变量的影响往往会延续 10—20 年之久。除此之外,自然灾害对社会不稳定也有影响。人口、米价对社会稳定的影响等也在控制之中。

第 10 章,以华北平原气温、降雨、旱灾、涝灾、通货膨胀、人口等所有影响社会动乱的因素对研究对象,分析它们的综合作用对社会动乱的影响。研究发现与前面章节基本一致的结论,即气候变量对社会动乱有影响,但其作用似乎弱于自然灾害,原因可能是我们的温度降雨等变量序列来自某一个地点,因而对这一地区的代表性较差,相反我们的自然灾害变量则覆盖了较为广阔的地域,因而其代表性更好。另外,按照我们前面有关气候变化的分类,气温、降雨等是气候变化中短期的不易觉察与重视的、有较小影响的部分,相反自然灾害则是其中有较大影响、容易觉察并为人们所重视的部分。这部分的结果在一定程度上验证了这一点。此外,人口、通货膨胀等均发挥着至关重要的作用。

第 11 章,完全站在一个新的视角,也就是中国历朝历代都城地理位置变迁的视角,来系统地考察影响都城地理位置来回变迁移动的影响因素。结果发现,古代中国作为一个农业为主的帝国,其都城的地理位置布局往往受到两方面因素的影响,一是经济因素,二是文化和军事因素。我们发现,那些距离国家经济中心比较近的城市拥有更大的概率被选择为一个朝代的都城,另外,那些距离皇帝出生地或者"龙兴之地"比较近的城市被选择为国家都城的概率更高。这意味着,中国这个农业帝国的都城选址具有不同于西方的文化和制度特征,却拥有与西方一样的经济特征。这从另外一个角度证明本书所说的气候变化政治经济学分析框架的合理性,因为气候变化对宏观经济和社会稳定的影响是长期的、缓慢的,但它的作用完全不能忽视。从长远看,当经济受到影响后,都城的地理位置自然也就成了受影响的内生变量。此外,中国儒家文化、官本位的文化特征,在都城选址中也体现得非常明显,那就是,它不是脱离实际的,而是有着实实在在的经济、军事安全目的的。

第 12 章,主要对历史气候变化过程中的政府治理的作用进行简短评述,对不同国家地区应对气候变化或环境危机的做法与案例进行比较,在此基础上总结这些国际经验对中国应对环境、气候危机的启示。

第 13 章,系统总结本书的主要研究结论与对中国应对未来气候变化的政策启示,之后说明未来可能的研究方向。

1.6　创新之处与理论贡献

本书的研究内容,应该是国内外有关历史气候变化的政治经济学研究中最为前沿的,主要体现在以下三个方面:

第一,研究内容的创新性,主要体现在我们没有就历史气候变化本身是什么而展开研究,而重点研究了中国历史气候变化背后的政治经济学,也就是历史气候变化对经济发展、物价稳定、社会稳定、都城变迁等的短期和长期影响问题。

第二,研究方法的创新性,主要体现在相对于历史学和历史地理学的研究而言,本书基于大量量化数据分析,得出了更加稳健也更有实证支撑的结论;相对于气候科学家的研究而言,本书运用了大量时间序列数据和面板数据以及相应的模型分析方法,考察了多因素相互作用条件下气候环境对经济发展和社会稳定的影响。

第三,研究结论的创新性,主要体现在针对气候变化这一未来人类必须面对的最大环境问题而言,截至目前,我们对未来的知晓程度仍然要远远低于对过去的知晓程度。然而,目前国内社会科学界特别是经济学界普遍抱有一种"忘记过去,忘记历史"的研究倾向,没有对过去的气候变化进行很好的研究,特别是没有运用大量的量化数据对过去真实发生的事件及其对经济发展、社会稳定等重大问题的影响等进行过坚实的研究。相对于目前有关历史气候变化的研究而言,我们基于中国历史上大量真实的数据分析,给出了我们的研究结论。

本书的贡献主要在于理论研究方面,也即我们针对中国历史气候变化背后一系列政治经济反应、人类的制度与经济应对措施等进行了较为详实与全面的研究,相对于现有相关研究,更加全面与丰富,也更加综合。我们不仅通过历史案例研究建立了关于历史气候变化的政治经济学分析框架(主要体现在第3章),而且我们还研究历史气候变化进程中人类在环境、人口压力下所采用的经济与制度反应,比如玉米引种是否对历史气候变化的政治经济学机制产生影响,这是发生于明清时期的重要问题(主要体现在第四章);还有清代大量的美洲白银流入国内,这既是中国社会经济系统对外部环境变化的一种反应,也会影响气候变化与经济发展、社会稳定背后的关联机制,我们在之后的第5、6、7、8章对此进行了详细讨论。除此之外,我们还对气候变化与社会稳定的关系、与历代都城地理位置变迁的关系进行了实证研究,这主要是第9、10、11章的内容。特别是,据我们的文献涉猎以及在多次国际会议上的报告,我们有关中国历代都城地理位置变迁的研究,应该是国内外有关这一问题最为系列与深刻的研究之一。最后我们还对历史气候变化中政府治理的国内外经验教训进行了详述与国际比较。当然在文末是我们全书内容的总结,对当今应对气候变化的政策启示以及未来的研究思路。

中国历史气候变化的政治经济学研究：文献综述

2.1 文献综述的方法论基础

有关中国历史气候变化的研究有很多，但直接涉及中国历史气候变化之政治经济学的研究却并不多见，主要的原因有两方面：第一，有关中国历史气候变化本身，大多数的证据仍然相对缺乏量化数据支持。这恐怕是由中国历史记载的性质所决定的——即我们的各种历史记述绝大多数都是文字描述性的，而不是数据统计性的。近年来，虽然历史学家、地理学家、气候科学家、自然科学家等获得了越来越多有关中国历史气候变化的量化数据序列，但相对于中国的漫长历史、广阔地域而言还显得非常之不足，因而，有关历史气候变化本身还需要更多的数据和研究支持。

第二，当前有关中国历史气候变化本身的研究虽已十分丰富，但有关历史气候变化背后政治经济学影响的研究却不可避免地涉及多学科、多视野、多方法和诸多研究领域。比如，它可能涉及气候变化对自然灾害的影响，涉及对农业生产的影响，涉及对游牧民族生产和生活影响的研究，涉及汉族和游牧民族关系的研究，涉及中国经济重心转移的研究，也可能涉及中国政府管理体制的调整，政府管理对自然灾害应对体制的调整；从更长的时间段来看，它还可能涉及对一个国家、地区宏观经济以及社会稳定的影响等很多问题。可以这样说，这些问题中的每一个都需要中外学者进行长期、持续的跟踪研究，才能窥见历史气候变化对政治经济影响的真容。

综上所述，历史气候变化的政治经济学研究是建立在历史气候数据研究与政治经济学影响史料研究这两大基础之上的，因此，我将按照如下的几个部分来对这一领域的文献进行一个初步的综述。

2.2　中国历史地理学的相关研究

国内有关历史气候变化的研究，大多数是历史地理学家进行的。比如，满志敏（2009）系统介绍中国历史气候变化的研究成果。这些成果包括了气候资料数据问题的介绍、研究历史气候变化的条件均一性原理、物候资料的限制因子原理、气候冷暖以及影响的同步性原理、人类影响的差异性原理以及生物响应气候冷暖变化的不对称原理等五大原理。这正是作者赖以进行分析的整个理论基础。此外，该书还分别针对每个朝代的气候冷暖情况进行了专门研究，判断夏至明清时期各个朝代气候变化的基本特征；之后，又介绍了历史灾害资料的数据、东部不同地区旱涝演变的时间序列数据。接着，还介绍了历史气候变化对农业过渡带的影响、中世纪温暖期气候与华东沿海环境变化的关系、气候变化对动植物分布的影响、极端年份的气候状况，等等。

虽然这部著作对中国历朝历代的气候变化现状、特征、趋势、数据序列以及相关的影响进行了全面的研究，但就中国历史气候变化背后的政治经济学影响而言，内容就显得有所欠缺。比如，历史气候变化对政治、经济、社会等诸多方面的影响，这本著作只涉及游牧—农耕过渡带、动植物分布两个方面，对人口变迁、经济重心转移、宏观经济与社会稳定的影响基本没有太多提及。

当然除了满志敏(2009)之外,还有很多相关的著作或者研究,在此不一一赘述。

2.3　中国气候、灾害学的相关研究

除了历史地理学有关研究之外,还有一类非常宝贵而有意义的研究不可忽视,那就是有关气候、灾害的基础性研究工作。

在这一领域,中国地质学家竺可桢开了研究中国古代气候变化研究的先河。比如,1925 年,他在《科学》杂志上发表了《南宋时代气候之揣测》。1926年,他发表了《中国历史上气候的变迁》的论文,专门讨论中国历史气候变迁的趋势及其在不同时代的变化情况。1936 年,他发表《前清北京之气象记录》,探讨了北京在清朝前期的气候、气象变迁。1972 年,他在《考古学报》发表了《中国近五千年来气候变迁的初步研究》,系统地研究了考古时期(约公元前 3000—公元前 1000 年)、物候时期(公元前 1100—公元 1400 年)、方志时期(1400—1900 年)、仪器观测时期(从 1900 年开始)的中国气候变迁。牟重行(1996)以竺可桢(1972)的研究为基础,根据大量的历史资料,对中国近五千年气候变迁进行了详细地考证。

比较有代表性的是由施雅风任总主编的"中国气候与海面变化及其趋势和影响"丛书,共四卷,第一卷讨论了中国历史气候变化,第二卷讨论了中国海面变化,第三卷讨论了全球气候变暖,第四卷讨论了气候变化对西北华北水资源的影响。就历史气候变化的研究来看,他们的研究与历史地理学的研究形成了明显的互补关系。他们研究的优点是,更多地运用气候重建的数据来说明不同地区、不同时期的气候变化状况,而不仅仅是运用历史资料来证明气候变化。就历史气候变化的影响来看,则主要讨论了农牧过渡带、亚热带经济作物界线的迁徙、气候变化对农业的影响、气候带变迁对野生动物分布界线的影响、气候变化对中国生态和环境的影响。

与历史地理学有关研究相比,自然科学研究更加注重量化数据的搜集、历史气候序列的重建,在此基础上比较关注气候变化对自然、生态和环境的影响,而较少关注其对人类社会、经济、政治等问题的影响,这是由其学科视

野所决定的。

在这一领域最具代表性的研究成果是，中央气象局气象科学研究院1981年主编的《中国近五百年旱涝分布图集》，该图集汇聚了上百位气象科学家的研究成果，最终获得1470—1970年五百年全国120个城市年度的旱涝分布等级数据以及降雨、气温等分布图。可以说，这是目前中国历史气候变化领域最具代表性也最有意义的研究工作。近年来，国内外科学家、经济学家基于此做出了很多应用研究。比较有代表性的应用包括Keller与Shiue(2007)和Jia(2013)。前者参照了中国南方地区120多个府的旱涝指数，对比了18世纪中国和西欧的市场发展。后者运用四个世纪267个府的旱涝灾害数据，探讨了这种气候灾害对这一时期农民起义发生率的影响。结果发现，旱灾灾害显著地影响了所在地区的农民起义发生率。玉米的引种在这一过程中起到了减少灾害影响，进而发挥了减少农民起义发生率的对冲作用。

2.4　中国历史气候变化的政治经济学基础性研究

有关历史气候变化的政治经济学研究，其实从很早的时候就开始了。比如，美国著名的地理学家亨廷顿在《亚洲的脉动》(*The Pulse of Asia：a Journey in Central Asia Illustrating the Geographic Basis of History*)一书中认为，13世纪蒙古人的大规模向南向西向东的扩张主要是由于他们居住地气候干旱、牧场条件变坏所致。他在1915年出版的《文明与气候》(*Civilization and Climate*)一书中，更进一步提出人类文明只有在刺激性的气候条件下才能发展的学说。尽管亨廷顿是一名地理学家，但他的这一研究其实已经涉足历史气候变化的政治经济学研究本身了。

国内有关历史气候变化的政治经济学研究一开始并不是由经济学家所进行的，而是由少数具有更广泛研究兴趣的地理学家、历史学家、气候科学家所进行的。

比如，陈高傭(2007)和赵文林(1985)认为，历史上蒙古草原、中原地区游牧民族向南的迁移与中国当时的气候变化有一定联系，但他们并未对此进行充分详细地论证。在此基础上,方金琪等学者(Fang & Liu, 1992)讨论了气候变化对我国历史时期人口迁移的影响。虽然作者的单位是南京大学大地海洋科学系,但他们的研究已经涉及气候变化的政治经济学研究了。作者并不否认人口迁移的经济原因以及人口自身行为决策作用的影响,但认为人口迁移背后还有一种自然性的气候变迁或者环境变化因素,他发现,游牧民族的南迁与气候变化有关,此外,汉族内部的人口迁移也与气候变化有关。

布雷特·欣施(Hinsch, 1988)认为,中国是一个以农为本的国家,其北方地区在气候变化面前显得比较脆弱。从新石器时代到清朝,中国气候温暖期与寒冷期的周期性变化,也是游牧文明与农耕文明两种文明形态的较量和整合过程。一般的规律是,在温暖期,中国经济繁荣,民族统一,国家昌盛;在寒冷期,气候变化引起经济衰退,游牧民族南迁,农民起义、国家分裂、经济文化中心南移。他认为,历史时期,气候变化是中国北方政治命运的决定性因素之一,并强调将世界气候作为一个整体历史事件研究的重要性。

王业键、黄莹珏(1999)考察了清代气候冷暖、自然灾害、粮食生产与粮价变动之间的关系。他们发现,华东、华北地区的气候冷暖周期与旱涝多寡存在关联。一般的规律是冷期自然灾害较多,暖期自然灾害较少。长江三角洲地区的粮价高峰大多出现在自然灾害多的年份;但从长期看,气候变迁与粮价之间并没有明显关联关系。这一研究相对于前面的研究而言,运用了更多的量化数据进行分析,并且分析的广度和深度也进一步延伸。

任美锷(2004)将社会科学与自然科学研究相结合,分析了黄土高原地区的社会经济发展较长江三角洲地区更为落后的气候原因,他认为,这可能是由于全新世大暖期的气候变化所导致的。他结合中国历史上三次移民潮对东部地区经济、社会、政治的影响认为,气候变化这一深层次的原因难以忽视。

许靖华(1998)基于古气候研究发现,截至目前的人类历史上出现了四个全球气候变冷时期,分别是公元前2000年、公元前800年、公元400年与公元1600年左右的几个世纪,这种准周期性的变化与太阳活动的周期性变化有关，其结果是农业生产受到影响，于是冷期饥荒发生率增加，接着民族大迁移便发生了。

章典等（2004）利用古气候重建记录，考察了气候变迁对中国唐末到清朝的战争、动乱和社会变迁的影响。结果发现，冷期战争频率显著高于暖期。70%—80%的战争高峰期、大多数的朝代变迁和全国范围的动乱都发生在气候冷期。他们的研究发现，由于冷期温度下降导致土地生产力下降，从而引起生活资料的短缺。在这种生态压力和社会背景下，战争高峰期和全国范围内的社会动乱随之发生。在许多情况下，导致了王朝灭亡和新朝代的建立。

王俊荆等（2008）讨论了气候变迁与中国战争史之间的关系，认为气候向冷的变迁会给农业社会带来巨大打击，从而会成为战争爆发的导火索。他们的研究表明，二者之间存在着较强的关联关系。

卜永坚（2010）以1705—1708年江南太仓直隶州、松江府的饥荒为研究对象，研讨了当时的粮食价格涨跌、政府赈济措施以及各种地方集团的应变之道，并进而探讨了国家、市场与社会的互动关系问题。

程明道（2012）有关《气候变化与社会发展》的研究利用气候变化和气象灾害的数据，探讨了气候变化与王朝强盛、朝代更迭、北方少数民族政权、社会动荡与繁荣之间的关系。他认为，气候变化会影响农业生产与社会的整体生存环境，在此基础上，社会政治文化等也会受到影响，所以在气候变化与社会发展两大系统之间存在着系统的关联。一般的规律是，气候温暖对应于朝代兴起与强盛，而气候变冷对应于社会动荡与北方少数民族政权的更迭甚至朝代更迭，但气候与社会变迁、朝代兴亡之间却不存在决定性影响，其中政府领导集团的腐败程度与社会贫富悬殊程度是重要因素。当皇帝贤明、吏治清廉、社会和谐时，气温变冷与王朝更迭之间可能并不存在决定性影响；相反，当皇帝昏庸、吏治腐败、社会贫富悬殊之时，温度的降低就会触发社会动荡、王朝更迭的浪潮。

其实程明道（2012）已经提出一个气候变化与社会发展关系的理论框架，但他对气候变化与社会发展之间的逻辑关系，特别是其中的逻辑链条并未进行详细地检验和考察，所以，他的分析框架并不算是一个标准的政治经济学分析框架。不过，他的研究为我们后续的研究奠定了基础。

2.5 近年来经济学的有关研究

除了以上由历史学家、地理学家以及气候学家所进行了代表性研究外，近年来不少经济学家开始涉足这一研究领域。不过，他们的研究与上述研究通常存在两大不同：第一，运用了更多数据进行更加严谨的计量经济学研究，在此基础上获得相关的研究结论；第二，经济学家有关历史气候变化的政治经济学分析更加注重气候变化对经济社会政治影响的分析中，那些相对容易量化的部分。

Chu 和 Lee(1994)构建了一个饥荒、人口压力与人口动态学的王朝兴衰模型，实证检验了饥荒、人口压力与动乱之间的关系。他们认为，在一定的人口压力条件下，饥荒的发生就会导致社会动乱。

Bai 和 Kung(2011)基于中国历史上过去两千年的旱涝灾害指数数据，通过实证研究发现，降雨减少与少数民族向汉族聚居区的进攻呈正相关关系，而降雨增多与少数民族向汉族聚居区的进攻呈负相关关系。

赵红军(2012)基于公元前 246—公元 1911 年的时间序列数据的实证分析发现，在气候变化与农业社会的不稳定之间存在稳健的关联关系。一般而言，较低的温度与较高的内乱外患发生频次相关联，相反，较高的温度与较低的内乱外患发生频率相联系。即使控制了人口、米价等因素后，这一关联关系仍然存在，并且长期存在。文章建构了气候变化影响农业社会稳定的政治经济学分析框架，并运用实证数据对此进行了检验。

Jia(2014)基于中国过去四个世纪 267 个府的数据实证检验了气候灾害、玉米引种与农业起义发生率之间的关系。她发现，在玉米引种之前，干旱会显著地提高农民起义的发生概率，相对于平均的农民起义发生概率而言，干旱会将农民起义发生概率提高一倍左右。但是在玉米引种之后，干旱只能提高农民起义发生的概率 0.2 个百分点。这说明，玉米的引种，作为政府以及农民对干旱的一个应对行为，很好地抵御了气候变化对农民起义发生概率的影响。

Chen(2014)基于公元前 221 年至今的气候—王朝生命周期数据的研究

发现,较少的降雨增加了游牧民族向汉族的进攻概率;另外,一个汉族朝代相对于游牧民族的历史越长,它遭受游牧民族征服的概率就越高,这证明了王朝生命周期假说。Chen(2015)基于公元25—1911年的面板数据,通过实证研究发现,较严重的饥荒和王朝历史与农民起义之间存在正相关关系,而政府的灾害赈济能力却在其中扮演了非常显著的减轻效应。他发现,气候变化会影响饥荒,饥荒会影响农民起义,在这一逻辑链条中,政府应对自然灾害的能力,即政府能力至关重要。

Zhao(2016)运用来自1736—1911年华北地区22个府的面板数据检验发现,相对于金融和货币性因素对粮价的影响而言,气候因素的作用要弱一些,但仍然是非常稳健的;同时人口等传统因素也对粮食价格发挥了显著的影响。这说明,气候变化会对一国宏观经济比如粮食价格产生影响这一逻辑链条应该是成立的,但很显然,其他传统的影响因素仍然发挥作用。赵红军等(2017)基于清代松江府175年数据的实证研究发现,气候因素对当地粮价的影响似乎并不稳健,相反,来自美洲白银的输入却对粮食价格产生了显著的影响。这些研究表明,在我们考察气候变化、宏观经济与社会稳定的逻辑链条当中,有必要考察其他相关因素的影响,因为其他因素诸如人口、外来的货币流入或者政府的干预等完全可能改变气候变化背后的政治经济学机制。

2.6 文献评述

综上,我们发现,现有有关历史气候变化的政治经济学研究,在早期阶段主要是由气候学家、历史学家以及自然科学家进行的。但是这些早期的研究更多是在进行我国历史气候变化基本事实的探讨、量化的数据序列的重建等方面的工作。在此基础上,学界有关中国历史气候变化的事实越来越丰富,但这些早期的研究更多涉及的是气候变化本身以及相关的生态和环境影响研究。后来随着研究数据序列的丰富以及研究事实越来越清楚,历史学家、气候科学家有关历史气候变化政治经济学影响的研究也越来越多。在这期间,已经出现了越来越多经济学家的身影。相对以前气候学家、历史学家、历史地理学家的研究而言,经济学的研究更加注重量化事实基础上的气候变化对宏观经济、社会稳定、王朝兴衰等重要经济社会问题影响的研究,研究的方法也越来越倾向于使用多元回归分析方法,试图探讨气候变化与宏观经济、外来货币冲击、政府的应对等相互作用下的宏观经济社会后果。

截至目前,一个基本的共识是,气候变化对经济社会的宏观影响大小,在很大程度上取决于政府在气候变化面前合理、恰当和及时的应对。当政府能够采取及时、合理和恰当的应对措施时,人类社会就能在很大程度上应对和渡过气候冲击对人类经济社会的负面冲击,反之,当政府不能采取恰当、合理和及时的应对措施时,传统的气候治乱循环很可能就会发生。另外还有一个基本共识是,在气候变化与其相关的政治经济学影响之间存在着多通道、多途径,因而是非常复杂的,因此,这就要求研究者同时考察它们相互作用条件下的作用机制,因而从这一角度看,传统的单变量的时间序列分析或者平稳自助法之类的分析工具的有效性就会降低,需要能够同时考察这种相关因素,同时还能较好地分析气候变化之影响的多元回归分析。很显然,在这一视野下,本书所说的计量经济史的分析方法便有了其用武之地。

中国历史气候变化的政治经济学分析框架:基于北宋经验的案例分析[*]

3.1 引言

在对中国气候变化、经济发展与传统治理模式的长时期视角考察中,两宋时期无疑是一个让历史学家、经济史学家感到惊讶和困惑的时期。历史学家黄仁宇在《中国大历史》一书中写道:"公元960年宋代兴起,中国好像进入了现代……行政之重点从抽象原则到脚踏实地,从重农政策到留意商业,从一种被动的形势到争取主动,如是给赵宋王朝产生了一种新观感。"(黄仁宇,1997:128)陈寅恪也认为:"华夏民族之文化,历数千载之演进,造极于赵宋之世。"(陈寅恪,1980:245)不仅如此,国外学者也持大体类似的观

* 本章曾发表于《社会科学》2011年第12期,此处内容有所修订。

点。美国历史学家罗兹·墨菲称："从很多方面来看,宋朝算得上一个政治清明、繁荣和创新的黄金时代"(墨菲,2010)。日本历史学家宫崎市定在《东洋近代史》中写道:"宋代(简直)是十足的东方文艺复兴时代。"①著名的经济史学家安格斯·麦迪森在核算各国的长时期 GDP 后也确认,中国的人均GDP 在宋朝以前一直维持在 450 美元的水平,到了两宋时期,就上升到 600美元的水平(麦迪森,2008:19)。

两宋时期,中国为什么会出现这一系列经济和统治模式转变的新气象?而宋朝之后的中国发展模式为什么会突然全面向内转型?目前学界对此问题的大多数认识往往就事论事,大多以宋朝的科技、生产率进步、水稻早熟品种、商业、城市发展等因素作为理论出发点,代表性的文献有黄仁宇(1997),L.斯塔夫里阿诺斯(2006),Spence(1999),M. Elvin(1973),柳平生和葛金芳(2009)以及麦迪森(2008)等。

以上论者所持的农业技术进步,水利工程的建设、工业企业的兴起、城市化和科技领域的技术进步等观点,虽然能够较好地解释宋朝经济、商业的繁荣,但却不能圆满地解释为什么不是宋朝之前而是宋朝才出现这种"经济革命"和治理模式转变的根本原因。

在本书的分析框架下,之所以在两宋时期出现了这种生产率的改进,商业和城市的勃兴,政府治理模式上的新气象,主要源于公元 11 世纪后中国气候的显著变冷,在此条件下中国的水文、土壤和植被等自然条件也都发生了显著的恶化。接着,农业民族和游牧民族之间的关系也日益紧张,汉族出于维持稳定生产和生活的目的便大批南迁,日益集聚到水路交通更加便利、人口更加稠密也更适合农业生产的南方地区,这样,所谓的"经济革命"就随之出现。在此条件下,大宋王朝出于国家生存延续之目的,针对不同的生产、生活空间、地理、资源和生态条件,对传统的政府治理模式进行适度调整似乎在所难免。

我以为,如果不理解这一气候环境的显著变迁及其对自然、资源、农业生产、人口等的一系列经济社会的动态反应,就难以真正理解,中国为什么在两宋时期出现经济革命和政府治理模式新气象的根本原因。此外,因为

---

① 转引自四川大学古籍整理研究所(1980:Ⅱ)。

对人类经济社会的长期影响而言,公元 11 世纪后的气候变冷恰是和当今的气候变暖相类似的气候变化过程,但在这一气候变化面前,当时的政府是否做出反应,做出了怎样的反应,如何对其政府治理模式进行适度调适等,这些非常宝贵的历史经验和教训,对于今天的世界和我国如何应对气候变化,怎样对政府治理进行改造与创新,都具有非常重要的历史和实证借鉴意义。

3.2 气候变化影响古代农业社会的政治经济学框架

其实从很早的时期起,就有哲学家、历史学家讨论过气候变化及其对人类经济社会发展的影响问题。比如,孟德斯鸠(2009)就认为:"在北部的气候条件下,那里的人们拥有较少的恶习,更多的美德、诚心和真诚,而越往南走,人们的美德就越少,情欲就越旺盛……温度是如此的炽烈,以致人们的身体被炙烤得有气无力……会导致人们毫无好奇心,更无力进行有意义的事业。"亨廷顿在《亚洲的脉动》一书中指出,13 世纪蒙古人之所以大规模向外扩张主要是由于他们居住地气候干旱、牧场条件变坏所致。这些讨论对于我们理解气候变化之影响问题颇有裨益,但他们的讨论大多比较粗放。特别是,到目前,还没有人从这一角度讨论公元 11 世纪后的气候变化对作为最为古老的农业经济体的中国经济社会的影响,以及当时政府对这一变化的调适和应对举措进行一个完整的理论研讨。具体而言,本书的理论框架可概括为:

首先,气候的变化必然会影响古代最为重要的农业生产活动所赖以进行的生产要素的效率,比如土地的生产力会由于降水的增加、温度的提高而变化;而作为生产要素投入的劳动力以及管理者的体力、精神状况也会受到气温、降雨、降雪、季风等气候变化的影响;由于农业是我国古代经济发展赖以发展的最重要的支柱产业,因此我们判断,当农业生产受到较严重打击并且已经影响到农民的生存与生产时,粮食的价格很可能就会上升。更加严重的是,若国家的赈灾活动难以应付时,大面积的饥荒就可能发生,这样,整个农业经济社会的发展与社会稳定就会在很大程度上受到影响。

其次,在中国历史上,除了农业以外,还有一个重要的产业就是少数民族所从事的游牧业,它是一个完全"靠天吃饭"的行业。考察一下中国历史上主要游牧民族的活动区域就会知道,这些游牧民族大多生活在中国西北部的广阔地区。当气候变得更加恶劣的时候,这些游牧民族的游牧生产活动就必然受到比农业民族更加严重的影响,原因是他们不像农业民族那样有定居农业的支持而在客观上降低了对气候等自然条件的依赖,因此,气候的恶化就会迫使游牧民族在空间上进行迁移。可以想象,当气候变化不利于他们时,从事牧业的少数民族应对气候变化的理性反应通常就是向南、向东迁移,这样便必然与定居于东面、南面的农业民族遭遇,于是,双方之间的冲突和战争就难以避免,严重的话,农耕民族国家的经济和社会稳定就会受到严重威胁。

再次,在农业生产和牧业生产都受到气候变化影响的条件下,从事农业活动的民族与从事牧业的民族相比,政府在内部稳定的作用上表现更为突出。原因是,当农业生产受到气候变化较大影响的情况下,灾荒虽可能出现,但如果政府减免地租、税赋、出面赈灾,农民的家庭生产和生活负担就能暂时得到减轻,气候变化的负面影响就能得到减轻,反之,当地租、税赋难以减免甚至还可能增加的情况下,农民的生产和生活就必然受到重大影响,大面积的饥荒就可能形成。另外如果气候变化的负面影响在较长时间持续,政府统治和管理不能很好地调适时,农民个体理性选择的结果往往也是人口迁移,汉民族国家内部的冲突、内乱由此发生,而国家稳定就会受到严重威胁。

最后,更为关键的是,上述所有有关气候变化对农业生产、汉族与游牧民族,以及汉族内部关系的影响,必然会对传统的政府统治模式造成严重冲击,并促使新的统治模式在系统内部逐渐出现,或者迫使统治者对原有的政府治理模式做出新调整。如果统治者调适恰当,经济和社会就可能渡过难关,反之,就可能因噎梗食,带来国家乃至政权的倒台。两宋的灭亡,当然与此紧密相连,此后的发展道路更是出现 180 度大转向。

3.3　11 世纪后中国的气候变冷对农业经济的影响

据竺可桢的研究发现,中国历史上的商、周、秦、汉、隋、唐均属于气候较为温暖的时期,平均温度要高于现代 1 ℃左右,而从 11 世纪开始,中国逐步转入寒冷期,平均温度比今天低 1 ℃左右(竺可桢,1972)。图 3.1 给出了中国五千年来的温度变化趋势。由图 3.1 可见,11 世纪是个重要分水岭。

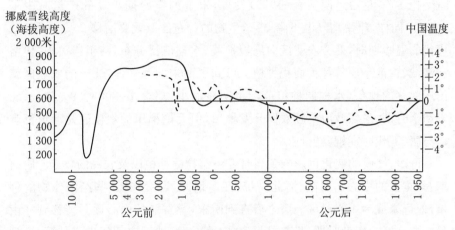

图 3.1 我国五千年来温度变化情况

注：图中的实线表示挪威雪线高度,中国五千年来的温度变化用虚线表示。
资料来源：竺可桢(1972)。

在日常生活中,虽然温度上下 1 ℃对人类的生活并不会产生太大的影响,但若连续多年的平均气温向下 1 ℃的变化,却会对内陆地区以及较为干旱的中国北方地区的农业生产带来十分严峻的影响：

首先,就是农作物的生长期受到影响。比如唐朝的韩鄂在《四时纂要》中的"四月"条下谈到麦之贵贱与储藏,这说明,唐代的小麦收获季节是在四月。而《宋史》卷四《太宗纪一》和卷五《真宗纪一》的记载则说,宋太宗和宋真宗几次在汴京郊区视察小麦的时间是五月,这说明,北宋与唐相较而言,小麦收获的时间已大大推迟。另外,唐朝的《两税法》规定,夏税不得超过每年六月,秋税不得超过每年十一月,但到北宋时,夏税缴纳完毕的时间,南北三个不同地区的夏税征收时间分别变成了七月十五日、七月三十日和八月五日,秋税则被推迟到十二月十五日,后来甚至又推迟了一个月。[①]这说明,北宋的谷物收获期要大大迟于唐代,南宋时连江南冬小麦的收获期也因温

---

① 《宋史》卷一七四《食货上二》,卷一七六《食货上四》。

度的变化而受到了影响(郑学檬,2003:29)。

其次,气候的这一变化还影响到粮食作物、经济作物的产量以及区域分布特征。张家城(1982)的研究发现,我国的气温每变化1℃,农作物的产量就变化10%左右。倪根金(1988)发现,宋金的寒冷期小麦的产量减少了8.3%。同样,年平均气温下降2℃,生物的分布区域就要南移2—4个纬度。唐代的温暖期时,北方农业区向周边扩展,水稻广泛分布,甚至连关中、伊洛河流域、黄淮平原等都大面积种植。可到了两宋的寒冷期,北方的农业区就出现南移的现象,水稻的种植范围也明显缩小(郑学檬,2003:39—40)。北宋和金时期,虽然政府奖励农民开发稻田,但无论稻田的规模还是产量都难以与唐、五代时期媲美。

再次,气候的变化也影响到当时经济作物的种植以及农民的收入。唐前期,桑蚕业的中心在河南、河北一带,江南地区虽然已有这些经济作物的种植,但远未成为中心产区。唐之后直到南宋,桑蚕业的中心逐渐转移到江南的太湖地区。唐朝时期,只有灵州(今宁夏灵武)地区向朝廷进贡甘草,可到了宋朝气候变冷以后,甘草的种植范围已经大大南移到原州(今平凉、镇原)、环州(今环县)、丰州(今府谷、准格尔旗附近)一带,这些地区已开始成为甘草的进贡地。[1]喜温果树,比如柑橘的种植范围也从唐朝时的长安退缩到秦岭以南[2],唐代史料基本上没有任何柑橘冻害的记录,但到了12世纪初以后,史书中却有多次记载长江中下游及其以南柑橘遭受毁灭性冻害的记录(郑学檬,2003:40),这说明,宋以后的气候变冷影响了这些经济作物的生长与繁殖,而以这些经济作物为辅助收入的农民收入自然也就受到了严重影响。

3.4 气候变化下的水文、土壤和植被的恶化

11世纪后我国气候的变冷,除了短期内对农业生产的影响之外,在中长

---

① 参见《元和郡县图志·关内道》与《宋史·地理志》。

② 比如杜甫的《病橘》一诗就提到唐玄宗在长安城中的蓬莱殿种植柑橘。段成式的《酉阳杂俎》(卷十八)中说,天宝十年(公元751年)秋,宫内有几棵柑橘树结果150多颗,味道与江南进贡的柑橘没有什么两样。

期还影响了水文、土壤和植被的变迁,进而影响长期的农业生产和农民、游牧民族的生活。

在秦汉、隋唐时期,黄河中下游地区的水资源相当丰富,湖泊众多,星罗棋布,后来由于气候在 11 世纪的变冷以及人类的持续农业开发,水体已大大减少,湖泊也不断消亡。据《水经注》《元和郡县志》《元丰九域志》记载,山西境内的湖泊在北朝时候有 16 个,唐代时有 7 个,而到了宋代就只剩下 3 个了。河北的情形类似,北朝时尚有湖、渊、泽、池①不下十余处,到唐代时湖泊还不少,宋金之后,这些湖泊多数都湮灭了。同时,由于人类在黄河中上游的过度开发,黄河泛滥的次数开始不断增多。唐、五代 343 年间,河北有 41年遭水灾,13 年遭旱灾。宋、辽、金 319 年间,河北有 43 年遭水灾,35 年遭旱灾,河北的农业从此一蹶不振(郑学檬,2003:42—43)。

除了水文的变化以外,随着气候的显著变冷以及人类几千年来的开发,土壤的质地也发生了很大变化。北方黄土高原的水土流失日益严重,养分流失,土质变差。汉代时,关中地区的黄土是农业生产的最好土壤,但黄壤的自然肥力随着垦耕年限的延长而不断下降。更加严重的是,疏松的黄壤最易遭受水土流失。唐代时,黄土高原沟壑纵横现象仍不严重,但北宋以后就日益加剧,黄土高原面积开始缩小,且沟壑纵横的局面已然形成(史念海,1981:1—31)。

植被也是如此,黄土高原、关中盆地和华北平原是北方农业发展最早的地区,随着气候变冷与人类的农业生产活动,这些地区也成为森林最早遭到破坏的地区。吕梁山原来是森林茂密的地区,唐朝时,六盘山、陇山、岐山的森林还不少,但到了宋朝就不见六盘山、岐山有森林的记载了,关中平原到唐宋时已几乎没有森林了(史念海,1981:261—279)。

水文、土壤和植被的变化跟公元 11 世纪后气候由热向冷的变化有很大关系,与人类的掠夺式开发方式也存在着重要的因果关系。毕竟人类最早生活在关中平原、黄河中上游地区,因此人类对这一地区自然、土壤和植被

---

① 湖是指陆地上和聚的大水。渊,《说文》谓:"渊,回水也。"从古文字形来看,⊠外面的大框是水漂,里面是打旋的水,说明渊是很深的水体。泽是水积聚的地方,意味着面积较大的水体。池多指人工挖掘的水池,池塘。

的破坏也最早。但如果不是 11 世纪的气候变冷，北方的自然、土壤、植被大幅度的变化可能就不会在两宋时期到来，换句话说，公元 11 世纪的气候变冷使得人类对自然开发的负面影响更早地到来了。

3.5　11 世纪后游牧民族与汉族力量对比的适应性变化

表 3.1 给出了影响整个中国历史进程的游牧民族与汉民族之间的关系。从表 3.1 可见，11 世纪以前，那些建立于中国西北部的游牧民族，尽管曾对中国造成了一定的影响，但始终未建立起统治汉民族的强大政权。从 11 世纪的北宋开始，契丹、党项、回鹘、女真、蒙古、满族一度成为严重影响中国的游牧民族，契丹、女真、党项曾建立与汉民族相互对峙的政权，而蒙古和满族甚至胜过汉族，建立了统一中国、影响欧亚的大帝国。这些游牧民族为什么能够在 11 世纪以后而不是之前做到这些呢？

表 3.1　影响中国历史进程的游牧民族

民族	语言	活动年代与地区	对汉民族国家的影响
匈奴	突厥语（土耳其语）	公元前 3 世纪建立政权，活动于中国的西北地区	对西汉和东汉政权有所影响，但被后者打败而灭
月氏	约相当于印欧语系	公元前 2 世纪，位于中国西北部的甘肃地区，后来迁至大夏（Bactria），后再迁至印度西北，建立贵霜王朝	对中国有所影响，但在强大汉政权面前，逐步西迁、南迁，没有对汉政权产生重大影响
鲜卑	蒙古语	3—4 世纪，位于中国北方	4 世纪时曾进入中原，但没有带来很大影响
拓跋	蒙古语	北魏时期，中国北方	386—534 年曾在中国北方建立北魏政权，学习汉文化
突厥	突厥语	公元 552 年建国，600—744 年分裂为南、北两部，659 年之后融入印欧各民族，活动于中国西北地区	唐朝时期曾进入中国，但是没有取得太多胜利，受到唐政府的降伏
回鹘	土耳其语	744—840 年灭东突厥后建立政权，后为吉尔吉斯人所逐，与 840 年后在塔里木盆地建立政权	对中国西北边疆有所影响，但未影响唐朝大局
契丹	蒙古语	947—1125 年在中国北方建立辽国，为女真人所灭后建立西辽（1124—1211）	北宋时影响中国北方，与北宋形成对峙之势

（续表）

民族	语言	活动年代与地区	对汉民族国家的影响
女真	通古斯语	在中国北方建立金朝(1122—1234)	北宋、南宋时期影响中国北方,与两宋形成对峙之势
党项	藏语	在中国西北地区建立西夏王朝(1038—1227)	曾经与北宋和南宋形成对峙之势
蒙古	蒙古语	1271—1368 建立元朝	成为影响整个欧亚的大帝国
满族	满洲语	1644—1911 年建立清朝	成为影响整个中国的大帝国,后期衰败不堪

资料来源:费正清(2002:174—175),并经过本章作者的重新整理。

我以为,造成这种力量对比变化的原因主要在于,一是游牧民族在北,汉民族在南,这样,在气候显著变冷、土壤、水文和植被恶化的条件下,越是往北,其受到气候变化的影响就越显著;二是游牧民族的生存手段相对单一,对自然的依赖性强,而汉民族则是定居农业民族,应对自然变化的能力要相对强一些。这样,如果给定公元 11 世纪以后气候变冷的基本事实,那么,我们就必然得出游牧民族在气候变化下生存压力更大,因而向南扩张更加积极的基本结论。

实际情况正是如此,11 世纪开始的气候变冷,使得中国的平均气温下降了 1℃,这对于处于西部、北部的游牧民族的打击就显得特别严重,很多草地出现了沙化,而原先的一些绿洲也逐渐干涸,于是向南移动便成为他们的一种自然反应。游牧民族向南移动主要表现为两方面:一是纯粹逐水草而居,因为越往南,水草的生长受气候变化的影响就越小,因而游牧生活就越容易继续[1]。二是袭击与掠夺向定居南边的农业民族。比如,建立于公元 947 年的辽国最初位于辽河西北流域以及辽河支流沙拉木伦河地区,后来它就不断向南扩张到了河北等中原北部地区。后来,女真人迅速兴起,并在建立金国后开始向羸弱的宋朝大举进攻,夺取了北京、河北、太原、开封、长江中下游地区等大片土地。

这些游牧民族之所以具有如此摧枯拉朽的巨大战斗力,主要原因在于这

---

[1]　Hinsch 也认为,生态的变化使得中国北方民族的生存压力加大而南迁。此外,中原地区也因为气候的变化而遭受经济上的损失,于是在军事上就变得更加脆弱,参见 Hinsch(1988)。

些游牧民族所具有的相对军事优势。"游牧者尽管在物质文化上发展缓慢些,但他一直有很大的军事优势。他是马上弓箭手。这一专门化兵种是由具有精湛的弓箭技术和具有令人难以置信的灵活性的骑兵组织,这一兵种,赋予了他胜过定居民族的巨大优势,这就像火炮赋予了近代欧洲胜过世界其他地区的优势一样……"(格鲁塞,2006:6—7)。

此外,游牧民族依赖于畜群这单一的资源生存,在长期的生产和生活的实践中,还锻炼出从牲畜身上获取自己的衣食、居室材料、燃料和交通工具的能力;还有,由于他们逐水草而居的特点,也使得他们必须具有精确的认识方向和计算距离的能力,锻炼出远见、自信、肉体和精神上的韧性等优良品质以及游牧首领对于下属的强制性权威(汤因比,2005:115),这些都是一种准军事性组织所必备的基本条件,在现代火炮技术为农业定居社会所掌握之前,游牧民族常常就成为影响农业定居文明的重要竞争性体系。[1]

3.6　中国人口和经济重心的被迫南移

在以上的自然变化以及游牧民族向南迁移的双重压力下,北方广大地区的农民纷纷南迁,并造成了中国人口和经济重心的南移。

从南、北方的人口分布来看,1080年(元丰三年),江南七路(两浙、江南东—西、荆湖南、福建、广南东—西)有 6 880 194 户,14 260 436 口。同年,北方八路(京畿、京东、京西、河北、河东、陕西、淮南、荆湖北)有 6 323 879 户,12 807 221 口。南方比北方多了 556 315 户、145 326 口。到了崇宁元年(1102 年),南北户数与元丰三年相比,均有增长。江南的两浙、江南东—西、荆湖南四路平均增长 22.99%,其余三路资料缺乏。到南宋时,南方户数继续稳定增长。绍兴三十二年(1162 年),与元丰三年相比,江南七路除江南东

---

① McNeill 也表达过类似的观点:"实际上,游牧民族享有非常大的优势,以至于他们总是像试图征服和利用牲畜那样去对待他们的同类。人类在旧世界之后的历史,是由农业所能支撑的较多人口和畜牧主义要求的更强的政治军事组织之间的相互作用所决定的。"参见 McNeill(1979:23—25)。

路减少9.27％，广东南路减少30.9％之外，其余五路平均增长26.46％，江南西路、福建路较元丰时期则分别增加了61.2％和58.13％。就整个江南地区而言，户数较前有所增长（郑学檬，2003：15—16）。表3.2是梁方仲（1980）有关北宋和南宋南方各路每平方千米人口密度的对比变化情况的研究成果。从表3.2亦可见，1102年至1223年，南方各路中的绝大多数比如两浙路、江南东路、江南西路、荆湖南路、福建路、成都府路、潼川府路、利州路、广南西路的人口密度较前明显上升。这说明，北宋后人口向南聚集的趋势一直在持续。

表3.2　北宋1102年与南宋1223年南方各路人口密度对比

（单位：人口/平方千米）

南方各路名称	北宋1102年	南宋1223年
两浙路	30.7	32.9 ↑
淮南东路	16.1	7.4 ↓
淮南西路	16.4	8.4 ↓
江南东路	24.9	27.9 ↑
江南西路	27.7	37.7 ↑
荆湖北路	10.6	7 ↓
荆湖南路	17	22.5 ↑
福建路	16	25.4 ↑
成都府路	45.5	57.8 ↑
潼川府路	27.9	38.9 ↑
利州路	8	9.5 ↑
广南东路	6.7	4.5 ↓
广南西路	4.4	5.5 ↑

资料来源：梁方仲（1980：164，甲表40）。

从亩产量来看，也是如此。吴存浩（1996：63—84）发现，从全国的水平看，我国自汉代以后粮食亩产就稳步上升，汉代每市亩为110市斤，北魏为120市斤，唐代为124市斤，宋代为142市斤，明清为155市斤。从南方稻作区的情况看，唐代以前没有详细的数字，唐代每市亩产稻368市斤，宋代稻作区单产突飞猛进，达到了688市斤，明清为419市斤。赵冈（2001，20—32）也发现，两汉和隋唐时期，我国的粮食亩产基本维持在110—125市斤左右，可到了宋代以后，粮食亩产一下子上升到183市斤以上。这种亩产量的提高与当时的耕作方式存在关联，但也与人口迁移到南方后所面临的更适宜农业生产的气温、降水等地理条件存在着必然联系。

南方农产品的商业化水平也高于北方。宋代南方的商业性农业和多种经营呈现一派繁荣景象,像桑树、苎麻、棉花、桐树、荔枝、龙眼、甘蔗、大豆等的种植已使部分农民以商品化生产为生,他们与市场的联系比传统自然经济下的农民更加频繁,以农产品为原料的手工业生产,如丝织、麻织、棉织、制茶、榨糖、榨油、制盐、冶铁、制瓷等发展(郑学檬,2003:17)。

从手工业的情况看,北宋时,年产布帛 50 万匹以上的地区,江南有两浙(191 万匹)、江南东(82 万匹)、江南西(50 万匹)三路,北方有河北东(92 万匹)、京东东(70 万匹)、河北西(50 万匹)三路。如果进行南北的比较,则南方比北方多了 100 多万匹(郑学檬,2003:17—18)。

由于经济重心的南移,从 11 世纪以后,政治上也开始有所反映,比如江南地主集团崛起并成为改革的中坚就是一个标志。进入宋以后,南方人在政治上扮演的作用越来越重要。范仲淹是吴郡人,欧阳修是江西人,蔡襄是福建人,杜衍是浙江山阴人,余靖是岭南人,都是当时的名臣。这些人大多是地主阶级中的改革派,范、杜、余都参与过庆历新政。而王安石变法中的参与者也大多是江南人士。宋真宗以后,担任宰相的人大多是江南人士,而唐代江南人士位居此要职的则只有十分之一(陈正祥,1983:22;郑学檬,2003:22—23)。特别值得注意的是,以王安石为代表的变法派所提出的一些有利于商品经济发展的改革措施,和以司马光为代表的守旧派所持有的轻视工商形成了鲜明的对比,其实这正是南、北商品经济发展不同水平在政治上的一种反映(谷霁光,1978)。

3.7　传统政府治理模式面临的挑战

从政府治理的角度看,由于气候的变迁,土壤、水文、植被的恶化,游牧民族的大批南迁,汉民族出于生产和生活的目的而大批南迁。这样,政府为了财政稳固和国家长治久安的目的,理应在整个统治方式和政策上有所调整,这才能与时俱进。

政府可以采取的措施可能有:(1)从短期看,加强国家的军事动员,加强对军队和士兵的军事训练,以应对游牧民族南迁对北方农业生产的破坏,坚决维护汉民族的生产与生活稳定。(2)从中长期看,由于不少人口已经迁移到气候更加湿润,河流密布、更加适合农业生产的南方,所以国家就要找到对更高效率农业生产方式、更多的经济作物种类进行有效征税的管理方式,这样才能在与游牧民族的竞争和对抗中胜出。(3)当时的气候变冷在很大程度上是一种自然性的环境变迁,政府理应对这一自然变迁的性质和影响有清醒的认识,加强在这方面的研究,并适时地推出一整套在农业生产的同时提出保护环境、注重绿化、减少对大自然的人为破坏、减少水土流失等人与自然和谐相处的应对方案。但在当时的条件下,这样的调整不仅不太可能,而且也实现不了。其原因有三:

3.7-1 传统政府治理模式的惯性特征难以改变

北宋以前的政府治理模式总体上是重农抑商,到北宋和南宋人口和经济重心南移以后,这种重农抑商的做法理应有所弱化,并转而开始重视工商、弱化农本。事实上,两宋时期已出现此新气象,但重农抑商的基本国策和政府治理的中央集权特征并没有发生实质性的变化。随着科举制度的完善,平民子弟逐步登上中国的政治舞台,权力日益集中在皇帝和百官手中,豪门巨族的政治影响开始逐步下降,旧式贵族逐步融入缙绅阶级和地主阶级,分散的小块土地代替大批集中的土地而成为常见的土地所有形式,这些新的缙绅阶级对土地的依赖性大大减轻,但这些人只有通过科举考试才能进入官僚化的体制框架当中,结果,商人在政治上较弱的地位不能成为改变中央集权治理模式农本化特征的主要动力。

3.7-2 技术条件的局限阻碍政府快速有效地对新的气候和生态条件做出反应

从技术层面看,当时的政府要想对迅速变化的气候变迁做出合理有效的反应,就必须拥有一系列相应的技术条件,这样才能克服政府在管理上的缺陷。首要的问题就是如何找到向南方广大城市经济、商业经济征税的更好方法。这些城市和工商经济的流动性较强,如何向他们征税?如何才能获取稳定的税收?这些本身就不是一件易事。其次,官方要对这些城市和工商经济进行征税还要拥有较为先进的信息收集手段,比如,每一纳税人的财产有多少?是什么性质的?交易一般在何时进行?每次交易的物品有哪些？交易的数额有多少？如此等等,可在当时的交通和信息条件下,政府无从获知这些相关的信息。第三,正常的商业和交易活动涉及人员众多,交易活动量大、性质复杂,政府既然要向这些人征税,就必须公正无偏地提供商业交易活动中的公共秩序和解决纠纷的法律原则,可这些在当时的政治和文化传统下,根本无法想象(黄仁宇,1992:157—161)。

3.7-3 不匹配的经济—国防政策组合

从军事和财政政策实践角度看,由于传统的政府统治惯性,两宋的统治者就在进退两难之中选择了一种奇怪的政策组合。从经济上看,它积极实行财政集权,不断加强对地方钱物的控制,设置转运司负责财赋的征缴和对地方财政的管理,明确规定纳税人以及课税范围,通过明确的土地丈量确定征税基础,明确规定税率,及时对商业和集市商业活动、对外贸易进行征税(朱红琼,2008:74—94)。但在军事上,两宋却奉行防御性的国防政策,不断弱化军人的地位。两宋时期,政府为什么会采取这种经济—军事如此不匹配的政策组合呢?

首先,从两宋国家的策略来看,当时统治者的基本理念是"国家稳定是压倒一切"。因为经济上的财政集权可以扩张中央的经济权力,可以弱化地方的实力。毕竟唐朝集军事、行政、经济于一体的藩镇割据,最终导致了唐朝的灭亡,这种中央和地方关系上的强枝弱干不利于国家的稳定与统一的印象到宋时仍历历在目。北宋的建国皇帝赵匡胤本人就是先朝的一员武将,正是通过黄袍加身的非正常手段,他才得以攫取皇帝之位的。因此,在北宋建国之初,他就极力尚文轻武,宋太祖临死前有遗嘱告诫后人,子孙相传,绝不能杀一个读书人。他极力奖励文人,认为武人没有读书,不谙熟为政之道,甚至还可能祸国殃民。理学得以在宋朝百年之后兴起,而读书人提倡尊王攘夷,懂得夷夏之分,认为应回归历史传统(钱穆,2001a:86—88),这当然符合中央集权政府的需要。

其次,从军队的管理与人员组成角度来看,赵匡胤总结了五代以来各朝各国兵制的经验教训,放弃了唐朝的府兵制,采取募兵制,但这样做却有其重大缺陷:

(1)招募军队的目的本应该是对付外来侵略,可在募兵制下,军队的目的定位于"防盗"与安内,这就失去了建军的目的。

(2)在募兵制下,这些游民进入军队以后给军队带来的最大消极因素是,他们可以终生从军,甚至可以在军中结婚生子,行军打仗时还携带家眷,这不仅造成战斗力的低下,而且还增加了国家的财政负担。

(3)宋代的本意是想让军队整肃这些游民,消除社会动荡的根源,但最后却造成了军队的游民化。有记载称,宋代军队纪律极坏,士兵烧杀抢掠,破坏社会的稳定,军事逃亡哗变数量之多为历朝之最(钱穆,2001a:86—88)。

(4)两宋时期国家为了削弱军队叛乱的可能性,还在管理上实行兵将分离的政策。军队一批一批的调动,将官却不能调动,这样,兵将互不熟悉,缺乏相互之间的默契和长期训练,因而是战斗力不强的原因之一;另外,宋代军队分为禁军和厢军,前者是实力比较强的军队,后者却根本不用上阵打仗,只在地方上当差役(钱穆,2001a:86—88)。结果是,军队规模无限增大,国家财政负担不断加重,军队的功能弱化。于是,宋朝就成为因养兵而亡国的朝代。

在本章的分析框架下,两宋政府不能有效地调动广大的人员、资源,不能有效地进行应对气候和自然变化与外部军事威胁的集体性行动,这正是导致宋朝走向灭亡的重要原因。

3.8　气候变迁之影响机制、应对措施及其现代启示

从上文的讨论中,我们可发现,自然环境变迁的确是影响人类社会长期发展、演进的重要变量。其背后的经济影响机制可被归纳为:11世纪后的气候变冷⇒影响了土壤、植被、水文的区域特征⇒影响了农作物、经济作物的生长期与产量、区域分布,影响了游牧民族的生存条件⇒游牧民族的被迫南迁和向农业民族的侵略,农业民族的适应性南迁⇒人口和经济重心的南移⇒对当时的政府统治模式造成冲击和挑战。

值得注意的是,在这一气候变迁的经济影响机制展开的过程中,人类经济活动的负面影响也参与其中。但需要指出的是,本章的目的并不是否认人类制度在长期经济发展进程中的重要作用,片面强调"气候或环境决定

论",重点是指出,在古代农本经济条件下,人类的农业生产活动对自然环境的破坏力还是相对有限的,相反,一些自然性周期性的气候变化尽管缓慢而不易觉察,但人们如果不重视其对环境的负面影响,不加强对气候变化的经济学和历史学研究,它很可能就会成为在人类对自然环境负面作用的条件之外"压垮骆驼的最后一根稻草"。

有关本章所归纳的气候变化之经济影响机制的问题,也已经得到近年来新出现的一些经济学文献的进一步证实。[①]

表3.3总结了11世纪后的气候变冷与当今的气候变暖及其各自产生的原因、影响的范围、作用于经济发展的机制以及人类的应对措施等信息。

表 3.3　古、今两次气候变迁的影响机制及其应对举措

名　　　称	公元 11 世纪后中国的气候变冷	当代的全球气候变暖
产生的原因	在很大程度上是一种自然的现象,是世界气候循环的一部分	工业革命以来,人类生产能力、消费能力大大提升,资源消耗、污染水平大幅度提升后的负面结果
影响范围和严重性	世界少数地方	整个世界
作用于经济发展的机制	(1) 影响农业国的农业产量或生产率 (2) 影响游牧民族(国家)的牧业生产和人民生活 (3) 影响人口的迁移 (4) 影响农业国和游牧民族的关系 (5) 对国家的政府统治形成挑战	(1) 直接影响沿海国家的生产、生活、生存 (2) 影响生物的多样性、森林、植被和整个生态循环 (3) 影响不同国家的国际关系 (4) 对国际社会和不同国家的政府治理形成挑战 (5) 影响人类的生存与可持续发展
应对举措	当时的认识有限,难以进行有效率的集体行动,而以人口和家庭的个体性反应为主,来自政府的集体性行为是缺乏,缺乏相应的国际合作,对一些国家(两宋、辽、西夏和金)的生存造成致命打击	很多国家签订应对气候变暖的行动计划 很多国家合作和协调行动展开

由表3.3可见,11世纪中国的气候变迁是一种局部性的气候变化,它的影响范围相对较小,严重程度也较轻,只对当时两宋的农业生产、游牧民族

[①]　见 Adams 等 人(1990),Mendelsohn 等 人(2001),Deschenes 和 Greenstone (2007),Guiteras(2007),Intergovernmental Panel on Climate Change(2007),Currierro 等 人(2002),Deschenes 和 Moretti(2007),Field(1992),Jacob 等 人(2007)等。

与农业定居民族的生产、生活带来了影响,使得他们的相对力量对比发生了适应性变化。当时由于人类认识的局限,相应的集体性行动很少,对那时国家的统治形成严重挑战,甚至成为两宋国家灭亡的前提性原因。而当代的气候变暖则更具全球性,影响范围广泛,对人类社会的生产、生存,生物的多样性、国际关系乃至整个生态循环都造成严重的影响。所幸的是,与八九百年前的两宋时期相比,今日人们的认识能力已大大提升,各国的科学技术水平和知识创造能力已今非昔比,国际社会有关气候变暖的负面影响已形成广泛共识。接下来,不同国家乃至整个国际社会所要做的已不再是旷日持久的讨论,而是对相关政策措施和行动计划不折不扣的执行,否则,整个人类的命运将发生巨大的转变,自身的生存也就成为问题。

3.9 结论

总之,本章认为,(1)虽然 11 世纪后中国的气候变迁不同于今日的全球气候变暖,但通过回顾这段历史,却可以更加深刻地理解在此基础上所发生的经济动态影响,从而真正找到两宋时期出现"经济革命"和政府统治和政策调适新气象的前提性原因。(2)通过回顾这段历史也可以发现,在剧烈的气候变迁面前,政府提供相关公共产品,鼓励研究和科学探索,增强国家实力,尽快转变政府治理行为,调整政策方案,以提高政府应对这种气候和自然变化的能力十分具有重要性。(3)虽然 11 世纪后中国的气候和环境变迁和两宋的衰败早已成为历史,但通过研究发现,气候等自然环境变化的确是影响人类社会长期经济发展的重要变量之一。虽然这些影响的形式有所不同,发挥作用的时间比较缓慢甚至难以觉察,但作用的基本途径却是共通的,影响也是深远的。这就表明,在长期经济发展的进程中,如果人类不注意自身经济行为的负面性,不顾忌气候外部环境的外生或内生性缓慢变迁,不能采取恰当而合理的应对措施,而听之任之,其结果就很可能会重蹈中国历史上国家衰亡的覆辙。

玉米在中国引种是否终结了中国的"气候—治乱循环"?*

4.1 引言

  1 500 年前后,人类社会开始了从传统社会向现代社会转型的历程。随着新大陆的发现和通往亚洲的新航路的发现,整个世界被首次联系在了一起,新旧大陆之间在农作物、人口、制度等方面展开了一场史无前例的"哥伦布大交换"(Columbian Exchange)(Crosby, 1973)。在这场大交换中,玉米、甘薯、土豆等美洲作物被引入欧亚大陆,从而重塑了"旧大陆"的生产、生活方式。关于"哥伦布大交换"对经济社会各方面产生的影响,已经有了广泛的研究(Nunn & Qian, 2010; Hersh & Voth, 2009)。不过,关于其对"旧大陆"社会治乱所产生的影响,目前的研究还较为缺乏。

---

* 本章作者陈永伟、黄英伟与周羿,曾发表于《经济学(季刊)》2014 年第 3 期,在收入本书时经本书作者修订。

在传统社会中,社会的治乱状况是和农业的丰歉紧密相联的。由于农业状况在很大程度上受到气候波动的影响,因此从整体上看,传统社会中的经济社会发展便呈现出了一种"气候—治乱循环的局面":在气候适宜的时期,农业生产状况良好,整个社会能承受的人口数量也较多,"大治"的局面就会出现;而当气候变得恶劣后,农业遭到破坏,社会冲突也随之出现,"大乱"的局面随之到来。纵观人类历史,无论是非洲的古埃及,欧洲的古罗马,还是东方的中国,在其发展过程中都呈现出这种"气候—治乱循环"(Diamond,2005;Fagan,2009;Büntgen et al.,2011)。

在"哥伦布大交换"将美洲作物引入"旧大陆"后,这种和气候波动紧密相联的"治乱循环"发生了变化。例如,沃曼(Warman,2003)就指出,以玉米为代表的美洲作物凭借突出的抗灾性能,为气候变化引起的农业产量周期提供了平滑作用,这为欧洲社会秩序的稳定起到了关键作用,也为工业革命和资本主义的发展奠定了基础。而Fan(2010)则指出,自美洲作物在明朝中叶传入中国后,气候因素对社会秩序的影响大大降低了。但也有不少学者认为以上观点并不正确。陈亚平(2003)、郭松义(2010)等认为,美洲作物的引种使得山区流民的队伍大为增加,从而给社会治安埋下了严重隐患。而由于美洲作物的过度种植引发的水土条件破坏,则使得气候灾害对农业生产的影响变得更为明显,从而引发了更为严重的社会动荡。如果以上观点成立,那么美洲作物的引种并没有破解"气候—治乱循环",而仅仅是延长了循环的时间,并使循环的危害变得更大了。

尽管人们对于美洲作物的引入对社会治乱的影响存在着很大争议,但对其进行的经验检验尚较为缺乏。为填补相关文献的不足,本章考察了一项代表性美洲作物——玉米在中国的引种同农民起义发生率之间的关系。玉米作为播种面积最广、产量贡献最大的美洲作物,被用来检验引种对社会治乱的影响是非常有代表性的。通过对1470—1900年省级面板数据的经验分析,我们计量分析结果显示,在短期内,玉米的引种确实有助于稳定社会秩序、降低农民起义的发生率,但这种效应随着时间的流逝而逐渐减弱。到清朝中后期,玉米种植时间更久的地区甚至更容易发生农民起义。这说明了以玉米为代表的美洲作物的引种并不能让中国像欧洲那样摆脱"气候—治乱循环",而其原因是值得深思的。

本章是中文文献中为数不多的利用长期面板数据对经济史进行分析的研究,我们认为,其发现不仅对前述的争议作出了经验性的回答,这有助于加深对于中国历史上"治乱循环"形成机制的理解,也有助于对引种美洲作物所带来的经济社会价值进行更为科学地评价。同时,关于抗灾作物推广的影响仍是目前国际上政策问题的关注点之一(Padma,2008),本章的结论能够为相关的政策讨论提供可靠的经验依据,从这点上看,本章也具有很强的现实意义。

本章其余部分的结构安排如下:第二部分是文献综述,第三部分是相关背景介绍,第四部分是使用数据介绍,第五部分是计量分析,最后是结论和政策讨论。

4.2　文献综述

在已有研究中,和本章探讨的问题关系较为密切的主要有两类研究:

第一类是关于气候波动与社会治乱关系的研究。气候是影响人类社会发展的重要因素,它不仅会对经济发展发挥直接作用(Melissa et al.,2008;Kicker & Cochrane,1973),而且会影响社会稳定,对经济生活发生间接影响(Zhang et al.,2007b)。正如 Homer-Dixon(1994、1999)指出的,气候的变化和异常无疑会扰乱生产、增加资源的稀缺程度,激化人们对于稀缺资源的争夺,从而增加冲突和战争的发生率。Miguel 等人(2004)和 Burke 等人(2009)的研究发现,由于撒哈拉以南地区的农业对于降水的依赖性很强,因此气候异常会对该地区的农业乃至整个国民经济发展产生严重干扰,并提高内战的发生频率。Hsiang 等人(2011)则通过对热带国家的研究发现,在发生气候异常的年份,内战发生频率会提升。根据该研究,过去50多年里,世界范围21%的战争和冲突可以归结于厄尔尼诺现象所造成的气候异常。

在我国数千年的文明进程中,气候因素也在社会治乱的过程中扮演了重要角色(Fan,2010;章典等,2004;赵红军,2012;Zhang et al.,2007a)。[1]一

---

[1]　事实上,我国的先民们早已发现了气候和王朝兴衰之间存在着某种联系,例如"河竭而商亡,三川竭而周亡"等谚语就将商周的灭亡和干旱联系起来,而董仲舒提出的"天人感应"则可以视为对气候灾异和王朝兴衰之联系的一种朴素的经验概括。

方面,北方边疆的游牧民族是我国中原王朝所面临的重要安全隐患,而气候的变化是引起"逐水草而居"的游牧民族迁移和南侵的重要原因(王会昌,1996)。Bai 和 Kung(2011)对中国历史上两千多年的游牧民族侵扰状况的时间序列分析发现在降水量减少的年份,中原王朝和游牧民族的冲突概率会上升,而雪灾则会大幅提升游牧民族侵扰发生的概率。另一方面,气候灾害也是诱发中原王朝农民起义的主因。由于整个中原王朝的经济是建立在农业基础之上的,当正常的经济活动被气候变化扰乱之后,暴动、起义等活动就会变得更为有利可图,因此其发生概率就会大大提升(Chu & Lee,1994)。从历史上看,导致王朝兴替的农民起义,其直接导火索都是水旱灾害(夏明方,2010;葛全胜、王维强,1995)。Jia(2014)通过基于近五百年面板数据的研究,发现水旱灾害会大幅增加农民起义的发生率。同时,该研究还发现在抗灾性能良好的甘薯引入中国后,气候对农民起义发生率的影响大为降低了。这一发现验证了气候波动主要是通过影响粮食的丰歉对社会治乱发生影响的猜想。

需要指出的是,尽管目前有关气候和冲突发生率之间关系的研究文献已经比较丰富,但总体来说,现有文献存在着两类不足:第一,限于资料的可得性,现有的研究基本是基于时间序列数据的分析,这种方法的局限是很明显的。第二,现存研究的着眼点主要放在气候和冲突发生率的联系上,而很少对影响这种"气候—治乱循环"的因素进行讨论。从这两点上看,本章的发现有助于弥补已有文献的不足。

第二类研究是关于"哥伦布大交换"所产生的经济、社会影响的研究。Nunn 和 Qian(2011)考察了土豆引入欧洲后对欧洲的人口增长和城市化带来的积极影响。根据他们的研究,"旧大陆"在 1700—1900 年间近 1/4 的总人口增长和城市化可以由土豆的引植来解释。Chen 和 Kung(2012)则发现,玉米的种植大约可以解释从 1500—1900 年间中国总人口增长的 23%。不过,玉米引植对于同期城市化的影响是负面的。Hersh 和 Voth(2009)发现,"哥伦布大交换"使英国居民的福利提升了 15% 左右,其中由"新大陆"种植的蔗糖和咖啡分别使得英国居民的福利提升了 8% 和 1.5%。Inikori(2002)、Acemoglu、Johnson 和 Robinson(2005)、Nunn 和 Qian(2010)等研究指出的,"哥伦布大交换"重新划分了世界各国的产业和贸易结构,这种重新划分使得欧洲各国的生产力及财富水平获得了飞跃,这为欧洲工业革命和资本主义的兴起奠定了基础。而 Mintz(1985)则指出,由于美洲蔗糖的引入,英国产业工人的再生产成本大大降低,这对于英国城市无产阶级的形成起到了推动作用。

需要指出的是,尽管目前对农作物"哥伦布大交换"所带来的影响的研究已经很多,但已有的文献却忽略了一个重要的方面,即美洲作物的传播对社会稳定所起的作用。在传统的农业社会中,作物的丰歉可能是社会治乱的内在原因。因此,当美洲抗灾能力较好的作物被传入旧大陆,尤其是中国这样传统的农业国家后,其对维护社会稳定所起的作用是不容忽视的。不过从目前的文献看,相关的讨论仍然是较为缺乏的。

4.3 背景介绍和理论假说

4.3-1 玉米的特性及其传播历史

玉米学名"玉蜀黍",又称"玉麦""包谷""西番麦""珍珠米""包米"等,原产于中美洲和南美洲。玉米有较高的营养价值,是优良的粮食作物。相对于中国传统的稻、麦等粮食作物,玉米具有众多优势:首先,其对于环境的适应性很强,具有耐旱、耐寒、耐贫瘠、容易在山区和沙质土壤地带种植等特性,"不择硗确""但得薄土,即可播种"[1],"虽山巅可植,不滋水而生"[2],"盘根极深,西南山陡绝之地最宜"[3]。这些特性使得玉米的引种事实上等同于扩展了全国的可垦耕地面积。根据梁方仲(1980),在清初的一百多年时间内,各省耕地面积增加了近一倍(0.64亿亩),而在新垦耕地中,有相当部分是播种玉米等美洲作物的。其次,和传统粮食作物相比,玉米的单位产量上具有明显的优势。据赵冈(1995)估计,清代生产技术下,玉米的播种可使亩产增加10%左右。如果采用与小麦、春谷或高粱轮作的方式,其产量提升还

---

① 参见[清]李拔:《请种包谷议》,《福建省福宁县志》。
② 参见《普安厅志》卷十。
③ 参见《嵩县志》卷十五。

更高。最后，和传统作物相比，玉米具有良好的抗灾性，"涝水之患弗及""旱蝗俱不能灾"①。这些特性使得播种玉米的地区在面对水旱灾害时的产量波动变得更小。仿照 Jia(2014)的观点，上述的前两个特征可以归结为玉米的"生产率(productivity)效应"，而第三个特征则可以归结为"风险分担(risk-sharing)效应"。这两个不同的效应在影响社会治乱的过程中起到了不同的作用，这一点将在下文中详细说明。

在美洲大陆被发现后，原产于美洲的玉米也随着"哥伦大布交换"被引入了中国。关于玉米最早引入中国的确切时间难以断定，但一般认为其时间应在 16 世纪后半期(何炳棣，1979；陈树平，1980；咸金山，1988；曹树基，1988)。尽管关于玉米向中国的传播过程仍然存在着争议，但基本可以断定，其传播是沿着三条路线进行的(陈树平，1980；曹树基，1988；韩茂莉，2007)：第一条是由西班牙传入麦加，再从麦加经中亚传入我国西北地区；第二条是由欧洲传入南亚的印度、缅甸等国，然后经这些国家传入我国西南地区；第三条是由欧洲传至菲律宾，再由菲律宾传至我国的东南地区。由于我国的地域辽阔，这三条传播路径很可能是彼此独立的(韩茂莉，2007)。

在传入中国后，玉米被迅速传播到了各地。截至明末，全国已有十余省有了玉米种植(陈树平，1980；咸金山，1988)。关于玉米引入各省的时间，表4.1 给出了详细的信息。容易发现玉米种植的扩散过程中，其先后顺序不仅取决于地理距离，而且取决于各地种植玉米的比较优势。例如广西，虽然在地理位置上靠近玉米的传入地之一——云南，但由于其在水稻栽培上拥有太强的比较优势，因此成规模种植玉米是很晚的事。

表 4.1　各省关于玉米种植的最早记载一览

省别	年　代	资　料	省别	年　代	资　料
河南	嘉靖三十五年(1556)	《襄城县志》	安徽	万历二年(1574)	《太和县志》
江苏	嘉靖三十七年(1558)	《兴化县志》	福建	万历三年(1575)	传教士哈拉达"追忆录"
甘肃	嘉靖三十九年(1560)	《华亭县志》	山东	万历三十一年(1603)	《诸城县志》
云南	嘉靖四十二年(1563)	《大理府志》	陕西	万历四十六年(1618)	《汉阴县志》
浙江	隆庆六年(1572)	田艺衡《留青日札》	河北	天启二年(1622)	《高阳县志》

---

① 参见[清]郭云升：《救荒简易书》。

（续表）

省别	年代	资料	省别	年代	资料
贵州	明(1644年前)	《遵义府志》	台湾	康熙五十六年(1717)	《诸罗县志》
湖北	康熙八年(1669)	《汉阳府志》	广西	雍正十一年(1733)	《广西通志》
山西	康熙十一年(1672)	《河津县志》	新疆	道光二十六年(1846)	《哈密志》
江西	康熙十二年(1673)	《湖口县志》	青海	同治十二年(1873)	《西宁县志》
广东	康熙二十年(1681)	《阳江县志》	吉林	光绪十一年(1885)	《奉化县志》
辽宁	康熙二十一年(1682)	《盖平县志》	黑龙江	宣统二年(1910)	《宾州府政书》
湖南	康熙二十三年(1684)	《零陵县志》	西藏	民国14年(1925)	《西藏通志》
四川	康熙二十五年(1686)	《筠连县志》	—	—	—

注：本表格摘自咸金山(1988)。

　　需要指出的是，尽管玉米在明末清初时已被众多省份引进，但除了云南等个别省份外，其实际种植范围仅局限于沿海、沿河等交通比较便捷、人们来往较多的地区，且基本上是一些传统农业生产区。这种种植模式使得玉米耐旱涝、适于山地沙砾种植的优势很难体现(郭松义，2010)。事实上，当时玉米作为粮食的价值也没有被人们所认识，例如明末学者屈大均在谈到明清之际广东农村种植玉米情况时曾指出："玉膏黍，一名玉膏粱，岭南少以为食。"在一些地区，它甚至仅被用作园艺作物，在"田畔园圃间艺之"①。

　　明清之交，战乱频繁，导致大批地区毁弃为荒地。为了恢复生产，全国范围内展开了"江西填湖广、湖广填四川"等大规模的移民活动。在此过程中，玉米、甘薯等新引入的美洲作物发挥了重要的作用(李映发，2003)。至康乾之际，社会生产的逐步恢复，人口大幅增加，土地兼并也日趋严重，人地矛盾开始凸出。广大贫农迫于生计，开始背井离乡，进入人口相对稀少、封建势力又相对薄弱的山区，从事垦荒活动(曹树基，2001)，而适合山区种植的玉米也在此过程中被带入山区大规模种植，一些地区出现了"遍山漫谷皆包谷"的局面。②由清代中后期至民国初年，玉米开始被全国众多地区接受为主要的粮食作物③，

---

① 参见《招远县志》卷五。

② 参见《石泉县志》卷四。

③ 值得一提的是，和玉米相比，甘薯在热量、产量和对环境的适应性上，都更有优势(Jia，2012)。但甘薯的传播速度和范围都远远不如玉米。Chen和Kung(2012)对此的解释是玉米的口味和中国传统主食稻米更为接近，因此更容易被接受。

尤其是在穷人中,甚至"恃此为终岁之粮"①。

4.3-2 玉米的引植和社会治乱

玉米的引植,对于社会治乱的影响是多方面的。从正面作用看,一方面,玉米的"生产率效应"缓和了人地矛盾,从而也抑制了可能因此产生的社会动乱。如前所述,在康乾时期,随着人口的增长和土地兼并的严重,人地矛盾开始尖锐化。此时,玉米等美洲作物扮演了"社会减压阀"的作用,让失地或少地的农民可以通过开荒来弥补生计所需,使人口压力陡增的同时没有出现严重的社会动荡。从这个意义上看,玉米等美洲作物的引种在"康乾盛世"的形成过程中是发挥了重大作用的(何炳棣,1979)。另一方面,玉米的"风险分担效应"也对社会稳定起到了重要作用。在中国历史上,水旱灾害是引发社会动乱的重要诱因(夏明方,2010),而玉米等美洲作物良好的抗灾性极大地减少了气候波动对农业产量的影响,因此也就减少了由此带来的社会动乱发生率(Fan, 2010)。

不过,玉米等美洲作物的种植对社会治安也有潜在的负面影响:一方面,虽然这些作物的普及使得广大的山区可以容纳更多的垦荒流民,从而缓解了人地矛盾,但山区聚集的流民本身就成为了安全的隐患。甚至有研究认为,在白莲教、太平天国等重大农民起义过程中,山区流民都扮演了重要角色(何炳棣,1979;陈亚光,2003)。当山区的土地资源被耗尽,被缓解的人地矛盾就会重新爆发。并且由于人口数量的陡增,新的矛盾可能以更加激烈的形式爆发。另一方面,虽然玉米等美洲作物拥有高产量、高适应、高抗灾性等优良特征,但它们同时也"最耗地力",如果过度种植,会对生态环境、水土质量产生严重的破坏(曹玲,2005;郭松义,2010)。这会大大增加水旱灾害的频率和烈度,而这则会间接增加社会动乱的发生率。事实上,在清代中期,统治者已经开始注意到了玉米等作物在山区种植对治安带来的不利影响,因此开始限制其种植。例如,嘉庆初年,浙江开始下令"不得仍种苞芦"②;道光

---

① 《霍山县志》卷七。
② 《黟县志》卷十一。

十三年,陕西西乡县也开始下令禁止"棚民开山""种植包米"[①],可见当时玉米种植的负面影响已开始在不少地方凸显。

4.3-3 理论假说

根据以上论述,我们可以归纳出如下三个理论假说:

假说1:玉米的播种强度和农民起义的发生率呈现出一种U形关系。当玉米的播种强度达到某个临界值前,更多的玉米播种可以降低社会动乱的发生率;而当超过这个临界值后,更多的玉米播种则会增加社会动乱的发生率。

假说2:玉米播种的"风险分担效应"和农民起义的发生率也存在着U形关系。当玉米的播种强度达到某个临界值前,更多的玉米播种会增大其"风险分担效应",减少气候灾害对粮食产量的影响,进而减少社会动乱的发生率;而当超过这个临界值后,更多的玉米播种带来的水土破坏则会减弱"风险分担效应",增加气候灾害对粮食产量的影响,进而增加社会动乱的发生率。

假说3:从时间段上看,在明朝中后期,由于玉米并不是主要的粮食作物,因此其对社会治乱的作用主要体现在"风险分担效应"上。在清朝前期,玉米迅速得到推广,因此其"生产率效应"和风险分担效应"都明显体现。在清朝中期之后,玉米的播种饱和,其"生产率效应"将消失;而更多的玉米播种所导致的水土破坏则会影响对其后风险的抵御能力。

如果以上的三个假说都成立,那么就说明玉米在中国的引植并未从根本上破解"气候—治乱循环"。在下文中,我们将对上述三个理论假说进行计量检验。

4.4 数据介绍

在本章中,我们利用多个数据来源,构建了从1470—1900年的省级面板

---

① 《西乡县志》卷四。

数据。

本章用"农民起义数量"作为社会治乱的指标。在中国历史上，农民起义是社会动乱的主要来源，在多数时间，它对社会秩序的影响要远远大于外族侵扰。并且在我们考察的时间段内，农民起义的发生率要远多于对外战争。

我们使用的农民起义数据来自《中国历代战争年表》(《中国军事史》编写组，1995)。该书记录了从传说中的神农氏开始直到辛亥革命为止的历次战争的简要信息，包括战争的发生时间、交战各方、战争原因及基本经过等。出于研究的需要，我们仅选择了 1470—1900 年间的农民起义资料。[①]在此基础上，我们计算了各省在每年的农民起义数量，并将其除以 100 作为当年农民起义的发生频率。

本章中使用的气象资料来自国家气象局提供的《中国五百年旱涝等级数据集》[②]。这一数据集记载了全国 120 个代表性观测点从 1470 年到 1979 年的旱涝情况。数据集中的旱涝分为五个等级，用数值 1、2、3、4、5 分别表示"大涝""涝""正常""旱"和"大旱"。这些数据等级是根据各个观测点的地方志记载进行整理的，并且和已有的降水记录进行了比对校准，因此能够比较全面正确地反映出过去五百年来我国各地旱涝分布的状况。

在本章中，我们的分析是基于省级层面进行的[③]，因此需要对原始的数据进行必要的加总处理。对于某一个省区，如果其范围内至少有一个观测点的观测数据大于 3，那么我们认为这个省在当年发生过旱灾；如果其范围内至少有一个观测点的观测数据小于 3，我们则认为这个省在当年发生过

① 该年表中提供的战争资料虽截止至清王朝覆灭，但考虑到 1900 年后，由革命党领导的以推翻清王朝为目标的武装革命已经和传统的农民起义有了本质区别，因而我们没有将这段时间纳入考虑范围。

② 该数据集的部分内容曾被绘制成图集《中国近五百年旱涝图集》，并于 1981 年出版。此后，国家气象局的研究人员对数据进行了整理和补充。目前，该数据集可以通过"中国气象科研数据共享服务网"(http://cdc.cma.gov.cn)进行申请。

③ 在明清两朝，全国的行政区划经历了不少演变，因此本文无法在一个固定的区划基础上进行分析。为了简明起见，我们将在当前各省级区划的基础上进行分析。所幸的是，虽然省的具体边界自明清以来多有变化，但总体来看，当前的省级区划也基本反映出当时区划的经济与政治特征。

涝灾。

我们无法获取各省在历年的玉米种植面积和强度。作为替代,我们将采用各省的玉米种植时间来对假说进行检验。一般来说,玉米在一个省份种植时间更久,其播种强度就更大,因此"种植时间"在很大程度上可以作为"播种强度"的代理变量。

具体来说,我们定义"玉米种植时间"(Maize)如下:

$$Maize = \begin{cases} Year\text{-}initial\ Year & if\ Year \geqslant Initial\ Year \\ 0 & if\ Year < Initial\ Year \end{cases}$$

其中 Year 是当前年份,Initial Year 是最早引种玉米的年份。本章中,"最早引种玉米的年份"的信息来自咸金山(1988)的研究。该研究从全国各县上千份县志中搜寻了关于玉米的记载,在此基础上得到了各省最早引植玉米的时间,因此具有较强的可信性。

在传统社会,赋税征收是引发农民起义的重要诱因。为了控制该因素,我们将在回归中加入"货币田赋率"(两/亩)及"谷物田赋率"(升/亩)作为控制。这部分数据主要来自梁方仲(1980)。需要说明的是,原始数据并没有给出各省在每一年的田赋数据,而只给出了若干时间点的信息。为了弥补数据的缺失,我们将全部观测时间分成十段,并假设每一时间段内的田赋率是相同的。

表 4.2 给出了本章所使用数据的描述统计。

表 4.2 主要数据的描述统计 *

变 量	含 义	均值	标准差
PR	当年农民起义发生数乘以 100 **	4.164	25.123
Drought	"是否发生旱灾"("是"=1,"不是"=0)	0.533	0.498
Flood	"是否发生水灾"("是"=1,"不是"=0)	0.469	0.499
Maize	玉米种植时间(单位:年)	90.112	97.859
Land Tax(in money)	货币田赋率(单位:两/亩)	2.353	2.34
Land Tax(in Silver)	实物田赋率(单位:升/亩)	3.231	4.932

注:* 在明朝中后期的样本中,没有货币地租信息。

** 将农民起义发生数乘以 100 的目的是让回归表格便于阅读。变换后,回归的系数解释为变量对农民起义发生频率的影响。

4.5 计量分析

4.5-1 假说 1、2 的检验

为了对第三节中提出的假说 1 进行检验,我们需要估计如下模型:

$$PR_{it}=\alpha_1 Maize_{it}+\alpha_2 Maize_{it}^2+\theta_i+\theta_t+\theta_{it} \tag{4.1}$$

其中,PR_{it}是 i 省在年度 t 时农民起义的发生数乘以 100。$Maize_{it}$表示 i 省到 t 年为止的"玉米种植时间"(年)。θ_i 和 θ_t 分别表示地区和时间的固定效应,θ_{it}是误差项。α_1、α_2 是待估计的参数。如果假说 1 成立,即"农民起义发生率"和"玉米种植时间"存在着 U 形关系,那么 $\alpha_1<0$,而 $\alpha_2>0$。我们将用固定效应模型(FE Model)和随机效应模型(RE Model)来对(4.1)进行估计。在得到 α_1 和 α_2 的估计系数之后,可以得到临界年份 $T=-\alpha_1/(2\alpha_2)$。如果"玉米种植时间"小于 T,则其对"农民起义发生率"的边际作用是负的,而当"玉米种植时间"超过 T 时,其边际作用将是正的。

为对假说 2 进行检验,需要估计如下模型:

$$PR_{it}=\beta_1 Maize_{it}+\beta_2 Maize_{it}^2+\beta_3 Drought_{it}+\beta_4 Flood_{it}$$
$$+(\beta_5 Maize_{it}+\beta_6 Maize_{it}^2)\cdot Drought_{it}+(\beta_7 Maize_{it}+\beta_8 Maize_{it}^2)\cdot$$
$$Flood_{it}+X_{it}\gamma+\varepsilon_i+\varepsilon_t+\varepsilon_{it} \tag{4.2}$$

其中 PR_{it} 和 $Maize_{it}$ 的定义和模型(4.1)相同。$Drought_{it}$ 和 $Flood_{it}$ 分别是该地区在当年是否发生旱灾以及水灾的虚拟变量。X_{it}是相关的控制变量,包括当地的货币田赋率和实物田赋率状况。ε_i 和 ε_t 分别表示地区和时间的固定效应,ε_{it}是误差项。β_1 至 β_8 以及 γ 都是待估的参数。

在(4.2)中系数 β_1 和 β_6 刻画了玉米引植对于旱灾的"风险分担效应",如果 $\beta_5<0$、$\beta_6>0$,则说明"玉米种植时间"对于旱灾的"风险分担效应"存在 U 形关系。类似地,β_7 和 β_8 刻画了"玉米种植时间"对于水灾的"风险分担效应",如果 $\beta_7<0$、$\beta_8>0$,则说明玉米对于水灾的"风险分担效应"存在 U 形关系。系数 β_1 和 β_2 刻画了排除两类"风险分担效应"后,"玉米种植时间"对农民起义发生率的主效应(Main Effect),它可以理解为对于"生产

率效应"的度量。同样地,我们将分别用固定效应模型和随机效应模型对方程(4.2)进行估计。在得到估计参数后,同样可以计算"风险分担效应"的临界年份 $T_D = -\beta_5/(2\beta_6)$、$T_F = -\beta_7/(2\beta_8)$ 及"生产率效应"的临界年份 $T_P = -\beta_1/(2\beta_2)$。

表4.3给出了模型(4.11)(4.12)的估计结果:

在表4.3的(Ⅰ)(Ⅱ)两列给出了模型(4.1)的估计结果。可以看到,采用固定效应模型和随机效应模型都得到了类似的估计结果:系数 α_1 的估计值显著为负,而 α_2 的估计值则是显著为正的,这表明了"玉米种植时间"和地区农民起义的发生率间的"U形关系"确实存在。在短期内,玉米的种植会减少农民起义的发生率,但这种社会稳定效应会随时间逐渐减弱。在一段时间后,玉米的种植反而会增加农民起义的发生率,这支持了假说1的结论。根据系数,可以计算出"玉米种植时间"对"起义的发生率"的边际作用由正到负的转换大约发生在玉米开始种植后80—90年左右。

在(Ⅲ)(Ⅳ)两列中,我们估计了简化的模型(4.2),没有加入田赋率等控制变量。回归结果发现,β_5 的系数显著为负,β_6 的系数则显著为正。这说明,"玉米种植时间"和对旱灾的"风险分担效应"之间确实存在着"U形关系"。根据系数,可以计算出"玉米种植时间"对"旱灾风险分担效应"的边际作用由负到正的转换大约发生在玉米开始种植后120年左右。值得注意的是,β_1、β_2、β_7 和 β_8 的估计结果都是不显著的。这说明,玉米播种对农民起义发生率的影响主要是通过对旱灾的"风险分担效应"实现的,而其对水灾的抵御能力并不明显。此外,其"生产率效应"也不显著。这些估计结果是部分支持假说2的。此外,我们发现 β_1 的估计结果是显著为正的,即旱灾会显著增加社会动乱,而 β_2 的估计结果则不显著,即水灾对于社会治乱的影响并不明显,这和夏明方(2010)的论断是一致的。[①]

在(Ⅴ)(Ⅵ)两列中,我们加入了货币田赋率和实物田赋率作为控制变量,重新对模型(4.2)进行了估计,其结论和之前是一致的。这说明我们的结

---

① 根据夏明方(2010)的观点,相对于水灾,旱灾波及面更大、持续时间也更长,因此可能对受灾地区的社会秩序产生更为深远的影响。

表 4.3　模型（4.1）（4.2）的回归结果

被解释变量	Revolts×100					
	（Ⅰ）FE模型	（Ⅱ）RE模型	（Ⅲ）FE模型	（Ⅳ）RE模型	（Ⅴ）FE模型	（Ⅵ）RE模型
Maize	-0.012^{**}	-0.012^{*}	0.005	0.005	0.006	0.001
	(0.005)	(0.006)	(0.017)	(0.017)	(0.021)	(0.020)
Maize^2	$7.32\times10^{-5**}$	$6.73\times10^{-5**}$	3.03×10^{-5}	2.34×10^{-5}	2.41×10^{-5}	1.98×10^{-5}
	(3.34×10^{-5})	(3.33×10^{-5})	(6.59×10^{-5})	(6.58×10^{-5})	(7.34×10^{-5})	(7.18×10^{-5})
Drought (*Yes*=1, *No*=0)	—	—	1.988^{**}	1.699^{**}	2.104^{**}	1.205
			(0.869)	(0.856)	(0.958)	(0.937)
Flood (*Yes*=1, *No*=0)	—	—	-0.004	-0.183	-0.222	-0.847
			(0.872)	(0.857)	(0.958)	(0.931)
Maize×*Drought*	—	—	-0.002^{*}	-0.002^{**}	-0.003^{**}	-0.002^{**}
			(0.001)	(0.001)	(0.002)	(0.001)
Maize^2×*Drought*	—	—	$8.63\times10^{-6***}$	$7.90\times10^{-6***}$	$9.09\times10^{-6***}$	$8.17\times10^{-6***}$
			(1.12×10^{-6})	(2.32×10^{-6})	(3.07×10^{-6})	(2.25×10^{-6})
Maize×*Flood*	—	—	-0.025	-0.025	-0.024	-0.023
			(0.018)	(0.018)	(0.019)	(0.019)
Maize^2×*Flood*	—	—	7.03×10^{-5}	7.03×10^{-5}	7.05×10^{-5}	6.93×10^{-5}
			(6.86×10^{-5})	(6.85×10^{-5})	(7.22×10^{-5})	(7.21×10^{-5})

（续表）

被解释变量	Revolts×100					
	（Ⅰ） FE 模型	（Ⅱ） RE 模型	（Ⅲ） FE 模型	（Ⅳ） RE 模型	（Ⅴ） FE 模型	（Ⅵ） RE 模型
Land Tax (in Silver)	—	—	—	—	0.068	0.035
					(0.219)	(0.180)
Land Tax (in Grain)	—	—	—	—	0.021	0.052
					(0.085)	(0.072)
Constant	3.908***	4.031***	2.974***	3.320***	3.385***	4.629***
	(0.421)	(0.562)	(0.755)	(0.822)	(1.088)	(1.012)
观测数	8 189	8 189	8 189	8 189	7 564	7 564
R^2	0.001	—	0.003	—	0.003	—

注：括号中数值为 T 统计值。* $P<0.10$，** $P<0.05$，*** $P<0.01$。

论是稳健的。值得注意的是,在我们的回归中,两类田赋比率的估计系数都是不显著的。这说明在明清两代,田赋的征收可能并不是引发农民起义的主要原因,这看似是和传统观点相悖的。由于其原因已经偏离了我们的主题,因此在本章中暂时不做考虑。

4.5-2 假说 3 的检验

为了对假说 3 进行检验,我们将考察的时间分成三段:第一个阶段是明朝中后期,时间跨度为 1470 年至 1643 年,这是玉米开始被引入中国的时期;第二阶段是清朝前期,时间跨度为 1644 年至 1769 年(即从清顺治至乾隆时期),这是玉米在中国迅速推广普及的阶段;第三阶段是从 1770 至 1910 年(即从嘉庆至清朝末年),在这个阶段,玉米已经成为中国居民普遍接受的主食之一。对于每一个时间段,我们考虑如下回归:

$$PR_{it} = \delta_1 Maize_{it} + \delta_2 Drought_{it} + \delta_3 Flood_{it} + + \delta_4 Maize_{it} \cdot Drought_{it} +$$
$$\delta_5 Maize_{it} \cdot Flood_{it} + X_{it}\varphi + \xi_i\xi_t + \xi_{it} \qquad (4.3)$$

和模型(4.2)略为不同的是,在该估计中没有加入玉米播种历史的交互项。这样处理的目的是避免过多高次项和高次项造成的共线性对结论准确性的影响。系数 δ_4 刻画了的"玉米种植时间"的"旱灾风险分担效应"。如果 $\delta_4 < 0$,则表示在考察时间段内,更长的"玉米种植时间"可以降低旱灾导致的农民起义的发生率;而 $\delta_4 > 0$,则说明该时间段内,更长的"玉米种植时间"将提升旱灾导致的农民起义的发生率。类似的,系数 δ_5 和 δ_1 分别反映了"玉米种植时间"的"水灾风险分担效应"及"生产率效应";而 δ_2 和 δ_5 则分别刻画了旱涝灾害的发生对起义发生率的效应。ξ_i 和 ξ_t 分别刻画了地区和时间的固定效应,ξ_{it} 是误差项。

如果假说 3 是成立的,那么在第一阶段中,δ_3 应该不显著,而 δ_4、δ_5 则应是负的;在第二阶段,应看到 δ_3、δ_4、δ_5 都是负的;在第三阶段,则应看到 δ_3 应该显著,而 δ_4、δ_5 都为负。

表 4.4 给出了模型(4.3)的估计结果:

表 4.4 模型(4.3)的回归结果

被解释变量	Revolts×100 (明中晚期,1643 年前)		Revolts×100 (清前期,1644—1769 年)		Revolts×100 (清中后期,1769 年后)	
	（Ⅰ） FE 模型	（Ⅱ） RE 模型	（Ⅲ） FE 模型	（Ⅳ） RE 模型	（Ⅴ） FE 模型	（Ⅵ） RE 模型
Maize	-3.37×10^{-4}	−0.049	−0.088 ***	−0.030 *	−0.025	−0.011
	(0.062)	(0.053)	(0.021)	(0.017)	(0.026)	(0.019)
Drought	1.847 *	0.844	2.411	2.794	3.489 *	2.403 *
	(1.028)	(0.988)	(1.817)	(1.778)	(1.992)	(1.937)
Flood	−0.148	−1.039	0.296	0.183	0.703	0.822
	(1.029)	(0.980)	(1.850)	(1.788)	(0.522)	(0.516)
Maize×Drought	−0.009 **	−0.010 *	−0.022 ***	−0.021 ***	0.008 *	0.007 *
	(0.004)	(0.006)	(0.008)	(0.007)	(0.005)	(0.004)
Maize×Flood	0.024	0.019	−0.007	−0.003	0.024 *	0.024 *
	(0.058)	(0.055)	(0.018)	(0.018)	(0.014)	(0.013)
Land Tax(in Silver)	—	—	−0.822	−0.288	1.212	−0.091
			(0.730)	(0.390)	(0.991)	(0.406)
Land Tax(in Grain)	−0.065	−0.004	−0.093	0.505	2.507 ***	1.660 ***
	(0.126)	(0.080)	(0.813)	(0.355)	(0.574)	(0.447)
Constant	3.356 **	4.216 ***	14.106 ***	6.137 ***	8.372	10.638 **
	(1.365)	(1.151)	(3.728)	(2.189)	(6.188)	(4.351)
观测数	2 841	2 841	2 257	2 257	2 449	2 449
R^2	0.005		0.021		0.015	

注:括号中数值为 T 统计值,* $P<0.10$, ** $P<0.05$, *** $P<0.01$。

由表 4.4,利用第一阶段,即明中晚期的子样本进行的回归中,δ_4 的估计结果是显著为负的,这表示玉米发挥了"旱灾风险分担效应"。而 δ_1、δ_5 的估计系数都不显著,这说明"生产率效应"和"水灾风险分担效应"在这个时期都不显著。在利用第二阶段,即清朝前期的子样本进行的回归中,δ_1 和 δ_4 的估计结果都是显著为负的,这说明了在当时玉米种植的"生产率效应"和"旱灾风险分担效应"都得到了发挥。而在用第三阶段,即清朝中后期子样本进行的回归中,δ_1 的估计结果并不显著,而 δ_4 和 δ_5 则是显著为正的。这说明在这个时期,玉米种植的"生产率效应"已经消失,且会增加水旱灾害对农民起义发生率的影响。

这些估计结果基本上是和假说 3 的预言一致的。唯一不同的是在（Ⅰ）—

（Ⅳ）的回归中，δ_5 的估计系数都不显著，这可能是由于玉米对水灾的抵御效果不佳引起的。

4.5-3 内生性检验

可能影响模型（4.1）—（4.3）估计结果的一个因素是玉米引种的内生性。如果玉米在各地播种状况本身就受当地农民起义发生率的决定，那么模型（4.1）—（4.3）估计所得到的系数将不能准确刻画出玉米引植情况对农民起义发生率的影响。

为了考察这种可能情况，本章对如下式进行了估计：

$$Adoption_i = M_i\eta_i + \zeta_i \tag{4.4}$$

其中 $Adoption_i$ 是刻画玉米引植状况的变量，仿照 Jia（2014），本章采取了两个指标：一是标准化的引植年份（Normalized Adoption Year），定义为"最初引植年份/100"；二是当地引植玉米时间在全国的排名状况（Adoption Order）。M_i 是刻画玉米引入前各省状况的变量，包括 1470 年至 1550 年间各省旱、涝灾害的发生率、农民起义发生率，以及 1491 年（明代弘治四年）各省的人口密度以及田赋状况。

表 4.5 汇报了模型（4.3）的估计结果。容易发现，无论是农民起义发生率、水旱灾发生率还是地租状况，都和玉米引植的时间或顺序无关。这表明，玉米在中国各省的传播，可能主要是受地域位置和区域种植条件的影响，和其他因素关系不大。这在一定程度上排除了方程（4.1）—（4.3）回归中的内生性问题，从而说明了回归结果的可靠性。

表 4.5 模型（4.4）的回归结果

被解释变量	Normalized Adoption Year			Adoption Order		
	（Ⅰ）	（Ⅱ）	（Ⅲ）	（Ⅳ）	（Ⅴ）	（Ⅵ）
Revolts Frequency	11.122	11.913	11.552	113.038	119.844	115.457
	(6.819)	(7.424)	(7.755)	(76.507)	(78.532)	(71.871)
Drought Frequency	—	1.053	0.643	—	9.516	5.384
		(0.72)	(0.817)		(4.962)	(7.584)
Flood Frequency	—	−1.133	−0.951	—	−10.872	−9.402
		(0.691)	(0.684)		(7.404)	(7.499)

（续表）

被解释变量	Normalized Adoption Year			Adoption Order		
	（Ⅰ）	（Ⅱ）	（Ⅲ）	（Ⅳ）	（Ⅴ）	（Ⅵ）
Land per capita	—	—	0.007	—	—	0.059
			(0.005)			(0.050)
Land Tax			−0.006			−0.066
			(0.017)			(0.162)
Constant	15.831***	15.796***	15.888***	5.516***	5.521*	6.905
	(0.120)	(0.329)	(0.693)	(1.110)	(3.010)	(6.439)
观测数	17	17	17	17	17	17
R^2	0.626	0.758	0.813	0.669	0.790	0.833

注:括号中数值为 T 统计值，* $P<0.10$，** $P<0.05$，*** $P<0.01$。

4.6 总结和政策评论

本章对玉米从美洲引入中国后对于社会治乱所产生的影响进行了定量分析。通过对1470年至1900年的面板数据的回归,我们发现各省的玉米种植时间和当地的农民起义发生率存在着一种U形关系,即在引种初期,农民起义发生率会逐渐降低,而随后其发生率则会逐渐上升。从作用机制上看,玉米种植主要是通过对旱灾的"风险分担机制"和社会治乱发生联系的。如果分时间段看,在明朝中后期,玉米对社会治乱的作用主要体现在"风险分担效应"上。而在清朝前期,是玉米的"生产率效应"和对旱灾的"风险分担效应"都充分体现的时期。在清朝中期之后,其"生产率效应"消失;并且在玉米播种强度更高的地区,旱灾引起农民起义发生率的可能也变得更高了。

我们认为,本章的发现具有比较重要的理论意义:

一方面,本章的发现有助于更好理解"气候—治乱循环"的形成机制。在玉米引入初期,更高的播种强度能够更好地在旱灾发生时稳定粮食产量;而在玉米传播的后期,更高的播种强度则会加大水土破坏的程度,从而使得旱灾对粮食产量的影响更为严重。而这正好是和"玉米传播时间"同"农民起义发生率"之间的U形关系相一致的。这就为"传统社会中'气候—治乱循环'是通过粮食产量波动发生作用"的猜想提供了佐证。

另一方面，本章的发现提供了"哥伦布大交换"对中国产生影响的经验证据。经济史学家认为，"哥伦布大交换"后，玉米、甘薯等美洲作物的种植缓解了欧洲的粮食短缺，稳定了其社会秩序，从而支撑了欧洲的人口增长、城市化和近代化进程（Crosby，1973、Warman，2003、Nunn & Qian，2010）。但美洲作物引入中国后，产生的影响则和欧洲不尽相同。Chen 和 Kung（2011）已经指出，虽然玉米等美洲作物让中国的人口高速增长，但并没有促进中国的城市化进程。而本章的研究又发现了中、欧之间的另一不同：玉米等美洲作物的种植并没有让社会发展突破"气候—治乱循环"，因此并未起到像在欧洲那样，为近代化进程创造良好环境的作用。

为何同样的作物，在中、欧会造成不同的影响呢？我们认为，这可能是中国和欧洲在对待流民的处理方式上存在的差异决定的：在欧洲、美洲作物推广后所带来的广大人口进入了城市，这为新兴的城市手工业提供了劳动力；而在中国，由此滋生的大量人口则进入了更为偏僻的山区继续从事农业生产。正是由于这种差异，所以造成美洲作物成为了欧洲近代化的推进器，而并没有帮中国走出传统社会。当然，这种猜想本身还是有待检验的。

此外，从现实角度看，本章也具有较强的政策含义。在众多的发展中国家，抗灾作物引植的经济社会效益评价是政策制定者关注的焦点。不少研究认为，种植具有良好抗灾性能的作物不仅可以平滑农业生产周期，从而带来经济收益，更可以起到稳定社会秩序、减少社会冲突的作用，因此政府应当大力支持抗灾作物的引植（Padma，2008）。本章的研究从历史的角度对这一观点进行了考察。我们发现，对外来的抗灾作物进行引植，虽然在短期确实可以获得较好的经济社会效益，但如果处理不当，则可能带来意想不到的负面效应。这说明，在引种外来抗灾作物前，必须进行更为审慎地考虑，对成本收益进行更为认真地权衡。

美洲白银输入、气候变化与
江南的米价——来自清代
松江府的经验证据[*]

5.1 引言

在中国传统社会中,粮食是最基本也是最大宗的生活消费品,因此,考察传统经济社会中粮价波动及造成粮价波动的重要原因,对于洞察传统社会经济和社会变迁具有非常重大的理论和现实意义。乾隆皇帝曾说过:"天下无不食米之人,米价既长,凡物价、夫工之类莫不准此递加。"①岸本美绪(2010:3—25)也指出,清代米价呈现一种长期上涨的趋势。到底是什么因

* 本章作者赵红军、陆佳杭、汪竹,曾发表于《中国经济史研究》2017年第4期。在收入本书时经本书作者再次修订。

① 《清高宗实录》卷九一九"乾隆三十七年十月(下)"。

素推动了清代米价的上涨呢？彭信威（1954：525—589）认为，导致清代乾隆年间物价上涨的基本原因乃外国白银的大量流入。全汉昇（1957：517—550）通过大量细致的考察和分析指出："美洲白银的大量输入，不独在大西洋对岸的欧洲要引起物价革命，就是在老远的中国，其物价也要因此受到影响而发生剧烈变动。不过因为在地理位置上，中国和美洲的距离较远，因此物价受到影响而引起的波动，也不像欧洲各国那样发生于十六七世纪，而是迟至18世纪开始特别明显地表现出来。"该说法颇具思想性和前瞻性，但他并没有运用比较严格的计量分析方法，深入探究美洲白银流入对物价的影响。林满红（1993：89—135；2011）分析了1808—1856年间的白银外流及其影响，对于本章研究具有重要启示，在很大程度上可以看作对本章阐述的白银流入影响的反证。赵红军（Zhao，2016：294—305）分析了美洲白银流入对清代华北平原粮食价格的影响，但并没有分析美洲白银流入对江南地区物价的影响。

我们认为，要全面分析美洲白银流入对米价的影响机制，就必须对当时国内的货币制度体系有一个清晰把握。从清初到20世纪初期，中国国内实行的货币制度是典型的银铜双本位货币体系。白银是计价单位，且多用于远距离贸易，铜钱则多用于日常交易。两种货币之间的比价最初由政府确定，但随着美洲白银的大量流入，清政府对这一比价的控制在很大程度上降低。因此，美洲白银的输入必然会影响中国货币体系的稳定运行。从理论角度看，美洲白银的大量输入促使以白银计价的米价上涨，但银铜比价作为政府能够在一定程度上干预的汇率变量，使政府得以对白银输入的负面影响做出相应的对冲和调整，其结果，中国整个经济体的物价水平所受到美洲白银这一因素的影响是双向而复杂的。

之所以选择松江府作为研究对象，主要原因在于清代松江府位于长江口南岸的冲积平原，独特的地理条件使松江府从明代开始就成为举国闻名的鱼米之乡。同时，松江地区商品经济活跃，特别是1840年之后与西方的经济接触较多，受外国经济影响日益明显，从而为我们考察美洲白银输入对粮价的影响提供了难得的研究样本。[1]根据整理观察，从1737年到1911年，松

---

[1] 王鏊在弘治《上海县志》"序"中说道："松江一郡，岁赋京师至八十万，其在上海者十六万有奇。重以土产之饶，海错之异，木棉、文绫、衣被天下，可谓富矣。"至清代，这一地位得以延续。有关史料可参见李伯重（2003）；李伏明（2006）。

江府地区上米价格从每石 110 银分上涨到每石 460 银分,涨幅达到约318%,这也初步表明,我们的研究对象选择具有一定的合理性。

从理论文献角度来看,本章可能在以下几个方面作出贡献:第一,在单个朝代内较长的时间范围内,体制因素相对稳定同质,能比较清楚地考察美洲白银流入、银铜比价等货币因素对粮食价格的影响。第二,从经济学角度来看,气候对经济社会发展的冲击通常是外生的、短期的,而经济系统内部重要的货币、人口等因素对经济发展的影响却是长期的。因此,弄清导致中国清代粮食价格大幅变动的真正原因,有助于从深层次理解传统中国经济和社会走向衰落的根本原因。第三,地区性的战争(如太平天国运动等)会对粮食价格产生影响,且这种影响可能与白银流入、银铜比价的经济作用机制交织在一起。因此,本章对于清楚了解清代松江府地区经济体内部多种因素导致粮价波动的机制,以及当今应对气候变化与全球金融、货币危机对物价的冲击也具有启示意义。

本章其余部分安排如下:第二部分是文献综述;第三部分是清代经济发展背景以及研究区域的介绍;第四部分是研究假说与数据来源等;第五部分是实证结果,第六部分是结论。

5.2 文献综述

有关粮价的影响因素,大体上可以划分为以下几个方面:

第一方面是货币性因素。彭信威(1954:520—589)从货币购买力的角度,分析了清朝银、铜购买力不断下降的事实,认为美洲白银流入是造成乾隆年间物价上涨的基本原因。全汉昇(1957:517—550)与彭信威的观点类似,将清代物价上升看作美洲白银流入所引发的世界性物价革命的一环,并引用费雪方程式进行了解释。但他们均未继续讨论美洲白银流入对中国物价影响的机制问题。邹大凡、吴智伟、徐雯惠(1965)分别从粮食生产、粮食消费、市场流通和货币物价等方面,分析了近代中国粮食价格变动的原因。他们认为,银铜比价对粮价产生了重要影响,且近代白银购买力的下降趋势与粮价、物价的上涨趋势相吻合。朱琳(2014)发现,除了清末十年期间,代表银铜比价的折线与代表麦价的折线间形成一个个封闭或半封闭的菱形图案,直观地体现出银铜比价与粮价的反比关系。

第二方面是气候变化。王业键、黄莹珏等研究了气候对粮价的影响,认为气候周期是影响粮价的重要因素,如清代长江三角洲地区的粮价高峰大都出现在自然灾害较多的年份,但从长期来看,气候的冷暖变迁与粮价趋势无明显关系,而人口、货币等非气候因素的作用不可忽视(Wang,1992;1989;1972 王业键、黄莹珏,1999)。与之类似,谢美娥(2010)通过对台湾地区的分析发现,自然灾害因素仅在部分时间对米价产生影响,而长时段的作用却不显著。马立博(Robert B. Marks)通过对广东地区的研究发现,收成率与粮价存在较强的负相关关系,但这种关系在 18 世纪后半期开始减弱,并将之归因于制度性措施的实施,如水利系统降低了干旱的影响,规模巨大、仓储充足的一体化米市的形成也在一定程度上削弱了气候对米价的影响等(Marks,1998)。

第三方面是其他制度或者非制度性因素。郑友揆(1986)研究了 19 世纪 70 年代银价变动对我国物价和对外贸易的影响,说明 1870 年后的中国经济已经越来越受到国际银价等因素的影响。何一民(2006)认为,1840 年以后,中国虽然被迫向西方资本主义国家开放,但并不能否认开埠通商对城市发展、人口增加和经济发展所产生的积极影响,这说明通商口岸的开通可能会影响国内粮价。吴松弟、樊如森(2004)研究了天津港开埠前后的经济发展,认为开埠带动了腹地农、牧、工商业产业结构的变迁。[1]陈晓鸣(2005)通过对九江开埠的研究,认为开埠通商开启了对外交流的窗口,在九江对外贸易的拉动和激发下,江西农业生产结构开始发生变化。

此外,由于战争会打击农业生产和市场经济,还影响人口增长,也会对米价波动产生影响。毋庸置疑,要考察白银流入对松江府粮价的影响就必须综合考虑这些因素。彭凯翔(2006)详细讨论了中外有关粮价波动的人口说和货币说,并通过长期粮价的变动趋势证明,除了人口、货币等之外,粮价的影响因素还应该考虑气候、技术与制度等,而货币性因素对粮价的影响要比人口重要得多。[2]

上述研究是后续研究可贵的参照蓝图,但也存在一些缺陷:第一,多数

---

[1] 按照道理,上海 1843 年开埠通商也应该影响松江的粮价。

[2] 该发现与金世杰(Jack A. Goldstone)的研究基本类似,见 Goldstone(1991a:176—181)。

研究停留在描述性分析阶段,缺少严格的计量和实证分析;第二,缺少对货币机制的深入探究。本章试图在已有研究的基础上,进一步利用清代松江府175年的时间序列数据,建立计量模型,并进行相对严谨的实证分析,从而为现有研究提供有益的补充。

5.3 研究区域背景介绍

5.3-1 清代币制情况

从币制来看,清代"实行金属本位制——银铜复本位,政府赋税、长程贸易和趸售交易采用白银,零售和工资则以铜钱支付"(李隆生,2010:119)。白银由政府铸造,而铜钱铸造管制较松,各地政府、商户或个人私自铸造现象较为普遍,所以铜钱的成色、重量各不相同。就白银和铜钱的关系来看,白银是计价单位,铜钱为白银之外的辅助货币,两者在不同层次上发挥着不同的功能,故其不是相互替代关系,而是互补关系(燕红忠,2008)。比如,1645年官方规定1两银兑换700文铜钱,1780年后曾经调整到1 000文(后智钢,2009:121),但市场上实际流通的银铜比价常常与官方定价出现较大差别①。因此,从一定程度上看,实际流通的银铜比价比官方规定的银铜兑换比率更能反映白银价值的变动情况及实际的宏观经济变化(王业键,1981:2—50)。

从白银和铜钱在全国各地的使用情况来看,铜钱在北方较为普遍,东南地区以白银为主,中西部则以白银和铜钱兼而用之。19世纪中期之前,美洲银元(西班牙银元和之后的墨西哥银元)开始大量流入,"在中国南方、贸易发达之地,渐渐开始取代形式和成色紊乱的银块和银锭,作为交易的媒介"(李隆生,2010:169;戴建兵,2003)。

5.3-2 清代粮食贸易情况

从粮食贸易来看,松江主要粮食品种为稻米,稻米是可在全国范围内流通、交易数量很大的粮食品种。市场上的稻米,往往按好坏程度和加工程度

---

① 《钦定大清会典事例》卷二二〇,转引自林满红(2011:3)。

区分为上米、中米、下米(或糙米)进行买卖,这些米的卖价存在差异。松江素有江南"鱼米之乡"的美誉,是全国闻名的大米产区,故其生产的大米不仅自销,还运输到全国各地,"以粮兴市"是松江经济的主要特征,米粮业也成为松江经济的重要支柱(《松江粮食志》编纂委员会,2011:1)。

从平民与粮食市场的关系来看,清代老百姓与粮食市场的关系十分密切,不仅表现在老百姓或地主都要缴纳税银,日常生活中柴米油盐等生活用品都需要在市场上购买,市场活动十分活跃,自给自足的生活方式已不能满足大众需求(邓亦兵,1995;2001)。农民可以卖的东西主要是粮食,因此,以银、钱作为媒介的粮食贸易在清代经济发展中就扮演了十分重要的角色。作为商品经济活跃的苏南地区,松江当然也不例外。

5.3-3 研究区域的基本情况

松江,古称华亭。唐元宝十年(751 年)置华亭县,元至元十四年(1277年)升为华亭府,次年改为松江府,下辖华亭县和上海县;明朝增设青浦县。清代,松江府隶属于江苏布政司。顺治、雍正年间,松江府内建置有较大变动,新增娄县、金山、奉贤、南汇 4 个县,共有 7 县。其具体位置对应到现代的上海地图,大致是除去嘉定区、宝山区和崇明县之外的地区。在本章研究的时间段内,松江府管辖范围一直很稳定,没有太大变动,便于我们研究银铜比价等经济因素对粮价的影响。从气候条件看,该区域属于亚热带季风气候,降雨量年内和年际变化大,因而也便于考察气候冲击对粮价的影响机制。

5.4 研究假说、数据与回归方法

5.4-1 研究假说

基于已有文献的梳理,本章的理论假说可以归纳为:清代是一个从封闭走向开放过程的农业经济社会,松江府处于这一进程的前沿。松江的粮价变动有多方面原因:一是气候、战争等外生自然冲击,其影响是传统经济体无法回避的因素。二是货币性因素,比如美洲白银的流入必然会对粮价产生影响,然而中国式银铜比价制也会对这种影响产生一定对冲,因此,货币性因素的影响相对复杂。三是通商口岸的开通、人口增长等也会对松江的粮价产生影响。相对而言，货币性因素的影响可能更加持久，也最为重要，因此是理解传统经济体的一个重要制度视角。

5.4-2 变量及数据来源

1. 被解释变量。上米、中米和糙米是在江南地区生产、广泛销售于全国诸多省份的粮食种类，相应的价格记录较为完整。有关数据来源于《松江粮食志》[①]，该书记录了从 1737 年至 1911 年共 175 年的粮食价格。原始数据为大米价格的波动幅度，我们将波动下限定义为下限价格，将波动上限定义为上限价格，在此基础上采用上限价格与下限价格的均值来衡量米价，分别用 $ricep1$、$ricep2$、$ricep3$ 来表示。在稳健性检验部分，以上限价格和下限价格的差额来衡量米价的波动幅度，相关定义详见表 5.1。图 5.1 呈现出 1736—1911 年间松江府上米、中米和糙米价格的变化趋势，显而易见，该时间段内松江米价的确出现了较为明显的上升趋势。

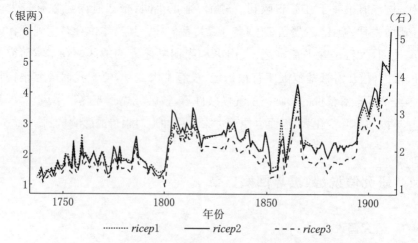

图 5.1　1736—1911 年松江府上米、中米和糙米价格变化趋势

① 参见《松江粮食志》编纂委员会（2011:97—101）。原书没有注明这些数据的出处。根据编后记，我们判断该数据可能来自松江志，因为其编写人员来自松江粮食局、松江区志办、统计局、农委等部门，是一项由政府部门主导的修志活动，应有一定的可信性。

2. 核心解释变量——货币性因素。本章使用美洲白银流入中国国内的总量和银铜比价两个指标来分析。美洲输入国内的白银总量,是指西方各国历年通过通商口岸贸易输入国内的白银总量,简记为 $silvers$。①另外,由于清代的小额交易大多使用铜钱,所以为了更加全面地反映当时市场上流通的白银价值情况,我们将江南地区的银铜比价记为 $scpricejn$,代表每两白银所能换取的铜钱数。②值得注意的是,我们所用的全国白银流入总量并不能准确反映松江府的白银流入,而是数据缺失下的无奈之举。还好,这种缺陷并不是十分严重,因为当时江南地区是全国经济最为活跃的地区之一,因而,全国层面的白银流入总量在很大程度上能反映经济活跃地区的白银流入。另外,我们的第二个指标——江南地区的银铜比价也对这一总量数据的缺陷构成一种有益的补充。

3. 主要控制变量。(1)人口数量。人口数量作为控制变量,主要出于以下两个方面的考虑:一是较大的人口规模意味着更多的农业生产供给,或更

---

① 值得注意的是,通商口岸开通之前甚至开通之后,国内也有白银生产,但我们无法获得其每一年度的确切数量。不过,根据彭信威(1957:592)的说法,我们认为,清朝外国白银占据国内白银总量的 80% 乃至更高。相关数据参见李隆生(2010:148—165)。另外,由于白银在流通中的折旧较小,在这里为求简便,故不再使用永续盘存法计量白银的存量。

② 相关数据源于彭凯翔(2006),该数据是其参考郑友揆、陈昭南等学者相关研究的基础上获得的。非常感谢彭凯翔教授提供其整理的货币比价及数量数据。具体来看,1749 年数据根据《钦定南巡盛典》卷八九,乾隆十四年十二月十九日福建道监察御史陆秩所奏江浙银钱比价补入;1750—1765 年间数据,根据《萧山来氏族谱》卷 10《交盘册》的银钱收支记录整理;1765—1801 年数据整理自陈昭南《雍正乾隆年间的银钱比价(1723—1795)》(中国学术著作资助委员会 1966 年版,第 17 页)所辑江浙地区比价;1820—1835 年间数据,根据陈昭南所辑宁波银钱比价整理[Chen, C. N., 1975, "Flexible Bimetallic Exchange Rates In China, 1650—1850: A Historical Example of Optimum Currency Areas", *Journal of Money, Credit and Banking*, 7(3): pp.359—376];1836—1855 年间数据录自柯悟迟《漏网喁鱼集》记载常熟比价;1856—1864 年间数据,以郑友揆(1986)整理的皖南屯溪银钱比价乘以衔接系数 1.33 得到,该系数为 1853—1857 柯悟迟所记常熟比价与此屯溪比价的比值;1865 以后数据来自郑友揆(1986)整理的上海等口岸银钱比价。

大范围的农业垦殖;二是人口密度与经济发展具有高度的相关性(Acemoglu et al.,2002:1231—1294),而经济发展水平又是影响粮价的重要需求力量。考虑到研究对象为松江府,因此,本章将以松江人口数量作为控制变量之一,记为 pop①。具体来说,《上海府县旧志丛书·松江府卷》和《松江府志》记载的人口数据多以"丁"为统计单位。按照何炳棣(2000)及曹树基(2001)有关"丁"作为纳税单位的说法,我们认为《松江府志》中的"丁"很可能指"男丁",而不包括女性,于是参考当时正常的男女性别比,对松江人口数量进行了相应测算。②这样,在得到松江府以每 10 年为间隔的人口数据的基础上,我们按照指数平滑的方法对数据中的缺失部分进行了填充。③

(2)气候冲击。由于自然灾害会通过影响粮食供给量而影响粮食价格,因此本章需要对旱涝灾害等进行控制。由于松江府在清代隶属于江苏省,而现代可用的旱涝数据却是按照现代的城市和区域提供的,因此,我们按照地理上临近的原则,选择了当时苏州与上海的旱涝数据,以苏州和上海旱涝数据的平均值作为松江府地区的旱涝指数。之后,又按照国际通行做法,计算了极端气候指数,即用计算出来的旱涝指数减去 3 之后的均值,记作climate。④

(3)战争因素。在 19 世纪,对中国影响最大的战争当属太平天国运动。

---

① 该变量基础数据参见上海地方志办公室、上海市松江地方志办公室(2011);《上海府志》,上海市松江区政府藏,未刊;曹树基(2001)。

② 根据《上海府县旧志丛书·松江府卷》记载,嘉庆十五年(1810),松江府有丁1 591 539人,而曹树基(2001)指出,当时正常的男女性别比应为 110:100,故能计算出松江府该年女性人口为 1 446 853 人,因此其人口总数约为303.8 万人。

③ 曹树基(2001)未对松江府 1776 年前的人口进行过估算,但《松江府志》显示,1764 年松江府有丁 30.5 万,因此,根据曹树基有关当时嘉定府丁口比 1.74:1以及他认为松江府丁口比应该一样的观点,我们计算得出松江府 1764 年的人口数约为 53.1 万。此外,曹树基估算松江府 1776 年的人口数为 227.7 万,由此,即可以推算出 1764—1776 年间松江府人口的年均增长率为 12.9%,进而对期间的各年人口数进行了填充。对于松江府 1764 年的数据,我们仍然存疑,但因为数字偏少,尚未获得任何有关资料的支持。详见曹树基(2010:85)。

④ 在旱涝等级资料表中,洪涝等级分为 5 级,3 代表当年没有发生旱涝灾害;2 和 4表示有较少的旱涝灾害;1 和 5 表示发生较多的旱涝灾害。数据源于中央气象局气象科学研究院(1981:321—332)。

因此,本章设置太平天国运动为控制变量,记为 *tpwar*。具体而言,将 1851—1864 年太平天国运动持续时间内取值为 1,其他年份取值为 0。此外,当时在中国东南部沿海地区发生的其余战争,如鸦片战争、第二次鸦片战争、中法战争、甲午中日战争等,要么主要战场不在上海周边,要么只是战舰从上海周边通过而直逼京津,故不再设置相关的虚拟变量。[①]

（4）通商口岸虚拟变量。1842 年,由于清政府在第一次鸦片战争中战败,被迫签订了《南京条约》。《条约》规定,清政府开放上海、宁波、厦门、福州等 5 处通常口岸。1843 年 11 月,上海港被迫对外开放。该通商口岸的开放很可能通过粮食对外贸易等机制而影响松江地区的粮价,因此有必要控制其影响。对此,本章设置通商虚拟变量,记为 *trade*。也就是说,开埠次年（即 1844 年）及以后,该变量取值为 1,否则为 0。

5.4-3　变量关系的统计描述

综上,我们共获得 15 个变量,其定义、数据来源以及统计量信息详细见表 5.1。由于观测值相对有限,为求分析准确,各变量有关缺失数据均已使用线性插值法进行了补充。

表 5.1　变量的定义、数据来源与统计量信息

变量	定　义	数据来源	观测值	均值	最小	最大
*ricelp*1	上米价格下限	《松江粮食志》	175	2.087	1.1	4.6
*ricehp*1	上米价格上限	《松江粮食志》	175	2.651	1.38	6.7
*ricep*1	上米价格均值	作者计算	175	2.369	1.24	5.65
*ricelp*2	中米价格下限	《松江粮食志》	175	1.943	1.1	4.34
*ricehp*2	中米价格上限	《松江粮食志》	175	2.462	1.2	6
*ricep*2	中米价格均值	作者计算	175	2.202	1.15	5.17
*ricelp*3	糙米价格下限	《松江粮食志》	175	1.723	0.38	3.44
*ricehp*3	糙米价格上限	《松江粮食志》	175	2.240	1.13	5.2
*ricep*3	糙米价格均值	作者计算	175	1.981	0.91	4.32
silvers	通商口岸白银流入总量	李隆生(2010)	175	27 772.17	10 861	55 158
scpricejn	江南银铜比价	彭凯翔(2006)	175	1 237.466	700	2 739.7

---

① 本文设置的通商口岸变量可以在一定程度上代表除太平天国起义之外的其余战争的影响,毕竟帝国主义掀起战争不是目的,而开通口岸与中国通商才是其真正目的。

（续表）

变量	定 义	数据来源	观测值	均值	最小	最大
sjpop	松江人口规模	本章测算	175	249.428	140.408	303.8
climate	松江极端气候	《中国近五百年旱涝分布图集》	175	0.657	0	2
tpwar	太平天国运动	虚拟变量	175	0.08	0	1
trade	通商口岸	虚拟变量	175	0.388	0	1

由于以上变量中米价为被解释变量，所以表 5.2 给出了除被解释变量之外的其余解释变量的相关系数矩阵。可以发现，白银流入总量与通商口岸的相关系数相对较高，说明越是开放的地区，白银流入越多；另外，松江银铜比价与松江人口、通商口岸之间的相关系数也相对较高，说明人口规模可能是银铜比价高的需求性力量，通商口岸也是银铜比价关系高的一个供给性力量。由于这些相关系数并未超过 0.8 的临界值，因而不会对后面的分析造成大的偏差。

表 5.2　各解释变量的相关系数矩阵

解释变量	silvers	scpricejn	pop	climate	tpwar	trade
silvers	1.000					
scpricejn	0.423*	1.000				
pop	0.513*	0.682*	1.000			
climate	0.029	0.082	0.046	1.000		
tpwar	−0.034	0.506*	0.204*	−0.026	1.000	
trade	0.717*	0.694*	0.376*	0.068	0.369*	1.000

注：* 代表在 5% 统计水平下显著。

5.4-4　回归方法与方程设定

由于本章的所有数据均为时间序列数据。因此，被解释变量的滞后项也会影响下一期的粮食价格，所以我们选择标准的 ARMAX 模型进行后面的回归：

$$y_t = \alpha_0 + \alpha_1 x_t + \alpha X_t + \beta Y_t + \theta \cdot \varepsilon \tag{5.1}$$

其中 y_t 代表被解释变量，x_t 代表核心解释变量，X_t 代表各控制变量，Y_t 是由被解释变量的第一阶至第 p 阶滞后阶形成的向量，ε 是由扰动项第一阶

至第 q 阶滞后项形成的向量。这里我们是按照 ARMAX 模型的经典做法，解释变量选择滞后一阶值，目的是避免解释变量和被解释变量之间的同期内生性问题。运用 ARMAX 模型，通常有一个必要条件：被解释变量是平稳的。经检验，虽然上米、中米、糙米价格的平均值存在单位根，但如表 5.3 所示，这三种米价各自平均值的一阶差分 $Dricep1$、$Dricep2$、$Dricep3$ 不论在怎样的选项下均不存在单位根，因此我们确定米价平均值的一阶差分为被解释变量。

表 5.3　对 $Dricep1$、$Dricep2$、$Dricep3$ 单位根的检验结果

可选择项	ADF 检验			
	$Z(t)$，$Dricep1$	$Z(t)$，$Dricep2$	$Z(t)$，$Dricep3$	1% Critical Value
no option	-12.467	-12.316	-12.629	-3.486
noconstant	-12.424	-12.269	-12.607	-2.590
trend	-12.502	-12.343	-12.634	-4.016
drift	-12.467	-12.316	-12.629	-2.348

有关被解释变量滞后阶数的确定，我们采用最小化 AIC 或 BIC 信息准则。不论是以白银输入总量还是银铜比价来衡量白银价值，最优模型均为 MA(2，3)。除 ARMAX 模型外，另一种建模方法是使用自回归分布滞后模型（ADL）对粮价一阶差分进行建模：

$$y_t = \alpha_0 + \alpha_1 x_t + \alpha \cdot X_t + \beta i y_{t-1} + \beta_2 \cdot y_{t-2} + \varepsilon_t \qquad (5.2)$$

与前文类似，解释变量仍然设定为滞后一阶。根据 AIC 与 BIC 信息准则，被解释变量 $Dricep1$ 确定为滞后两阶。

5.5　实证分析结果

5.5-1　白银输入总量对米价的影响

表 5.4 呈现出白银输入总量对米价影响的回归结果，其中回归（1）考察了各解释变量纳入回归的结果；回归（2）（3）相继取消了影响不显著的气候因素和通商口岸变量；回归（4）（5）（6）分别考察了白银输入总量与人口、通

商口岸、太平天国运动的交互项。由于使用中米价格和糙米价格时的回归结果与上米类似，故在此不再赘述。

表5.4　白银存量对米价影响的回归结果

被解释变量	$Dricep1$					
计量方法	MA(2，3)					
回归方程	(1)	(2)	(3)	(4)	(5)	(6)
$Lclimate$	0.014 1			0.016 0	0.013 7	0.016 0
	(0.49)			(0.55)	(0.48)	(0.57)
$Llsilvers$	**0.257****	**0.276****	**0.308*****		**0.280****	**0.232***
	(2.03)	**(2.33)**	**(2.81)**		**(2.33)**	**(1.79)**
$Llsil * lpop$				**0.041 6***		
				(1.74)		
$Llsil * trade$					−0.007 39	
					(−0.88)	
$Llsil * tpw$						**0.017 1*****
						(2.65)
$Llpop$	**−0.043 0****	**−0.045 8*****	**−0.035 4****	**−0.432***	**−0.043 8****	**−0.041 4****
	(−2.40)	**(−2.60)**	**(−2.19)**	**(−1.89)**	**(−2.33)**	**(−2.21)**
$tpwar$	**0.178*****	**0.187*****	**0.157*****	**0.165****	**0.180*****	
	(2.79)	**(3.23)**	**(2.81)**	**(2.56)**	**(2.76)**	
$trade$	−0.084 2	−0.088 2		−0.078 0		−0.085 2
	(−0.97)	(−1.03)		(−0.87)		(−0.93)
$trend$	−0.000 325	−0.000 390	−0.001 50*	−0.000 265	−0.000 539	−0.000 157
	(−0.22)	(−0.26)	(−1.78)	(−0.17)	(−0.38)	(−0.10)
$\_cons$	−2.360**	−2.497**	−2.800***	0.053 0	−2.571**	−2.142*
	(−2.03)	(−2.25)	(−2.75)	(0.50)	(−2.35)	(−1.79)
MA $L2.ma$	−0.304***	−0.304***	−0.292***	−0.298***	−0.303***	−0.282***
	(−3.97)	(−3.94)	(−3.79)	(−3.90)	(−3.94)	(−3.50)
$L3.ma$	−0.143*	−0.148**	−0.141*	−0.139*	−0.145*	−0.135*
	(−1.85)	(−1.97)	(−1.86)	(−1.80)	(−1.88)	(−1.73)
$sigma$	0.282***	0.282***	0.283***	0.282***	0.282***	0.282***
$\_cons$	(21.55)	(21.45)	(21.24)	(21.47)	(21.50)	(22.07)
观测值	174	174	174	174	174	174

注：括号中的数字为 T 统计值，* $p<0.10$，** $p<0.05$，*** $p<0.01$。

　　由表5.4可见：第一，白银流入总量显著抬高了大米价格。从理论上看，这意味着货币供给增加,根据费雪方程,在短期粮食产出一定的情况下,大米价格就会上涨。由此看来,我们的实证结果与全汉昇(1957)提出的理论解说是一致的。第二,人口的影响显著为负,不论我们是否考虑其他影响与交互作用,这可能意味着人口在我们研究时间段更多扮演的是促使大米价格下降的供给性力量,而不是需求性力量。1736—1911 年,社会总体上相对平稳,只在后期发生了战争,因而人口对生产的贡献可能大于对消费的贡献。白银流入总量与人口的交互项为正,证明了上面的猜想,即较大的人口规模是美洲白银输入的国内需求性力量,因此二者对米价的交互影响显著为正。第三,太平天国运动对米价的影响显著为正,这符合预期。战争期间,一方面,军队需要大量粮食作为战争物资;另一方面,战争又使得大量劳动力无法进行农业种植活动,这两种力量都将促使粮价上涨。太平天国运动与白银存量的交互项也显著为正,意味着白银流入与太平天国运动相互作用的方向一致,共同抬高了江南地区的米价。第四,通商口岸开放对粮价影响并不显著,这可能是因为通商口岸开通后,国内粮食市场受到国际市场供给、需求两方力量的同时作用,综合影响可以看作相互抵消,因而总的结果表现为不显著。第五,气候冲击对粮价的影响并不显著,无论是否考察白银存量与人口等变量的交互作用,结果均是如此。一方面,松江地区日益完善的水利系统使得政府有足够的能力应对洪涝灾害;另一方面,清政府拥有广泛的跨地区甚至省区的粮食存储、贸易和调拨系统,这也在客观上很好地应对了自然灾害对粮价的冲击。魏丕信(2006)就详细记载了 18 世纪中叶时期,地区政府在灾荒救助中所扮演的积极而重要的角色。我们这部分的实证分析似乎证明了这一点。

值得注意的是,在表 5.4 的(4)、(5)、(6)回归方程中,我们并没有完全按照标准计量经济学教科书上的做法,放入相关交互项各自的自变量作为控制,而只放入其中一项,原因是我们发现交互项与各自变量之间的相关系数较高,且我们的样本量相对较小,按照标准处理法将得到完全不符合实际的结果。下面有关交互项的处理,也按照这一原则进行。

5.5-2 银铜比价对米价的影响

以上回归仅仅证明了白银存量对米价的正面影响。在这部分,我们进一步分析白银相对于铜钱比价变动对米价的影响。毕竟我们并不知道真正有多少白银流入到经济体的实际交易活动中去,而银铜比价恰好提供了这方面的信息。回归结果汇报在表 5.5 中。

表 5.5 银铜比价对米价影响的回归结果

被解释变量	Dricep1					
计量方法	Ma(2, 3)					
回归方程	(1)	(2)	(3)	(4)	(5)	(6)
Lclimate1	0.015 3			0.015 8	0.015 4	0.017 8
	(0.55)			(0.57)	(0.56)	(0.65)
Llscpricejn	−0.256***	−0.270***	−0.276***		−0.263***	−0.228**
	(−2.71)	(−3.00)	(−2.91)		(−2.79)	(−2.42)
Llpop	−0.013 9	−0.015 0	0.000 305	0.267**	−0.012 4	−0.015 0
	(−0.72)	(−0.80)	(0.02)	(2.25)	(−0.65)	(−0.74)
tpwar	0.203***	0.212***	0.162**	0.202***	0.207***	
	(2.81)	(3.24)	(2.48)	(2.79)	(2.75)	
trade	−0.103	−0.109		−0.107		−0.099 2
	(−1.37)	(−1.53)		(−1.42)		(−1.23)
trend	0.002 50***	0.002 65***	0.001 56***	0.002 52***	0.002 44***	0.002 36***
	(3.04)	(3.54)	(3.56)	(3.04)	(2.96)	(2.76)
L(lscp * lpop)			−0.043 1***			
			(−2.63)			
L(lscp * tra)				−0.013 1		
				(−1.27)		
L(lscp * tp)						0.025 2***
						(2.65)
_cons	1.660***	1.800***	1.819***	−0.023 6	1.700***	1.470**
	(2.67)	(3.14)	(3.00)	(−0.26)	(2.73)	(2.39)
ARMA L2.ma	−0.330***	−0.332***	−0.310***	−0.327***	−0.330***	−0.303***
	(−4.46)	(−4.48)	(−4.19)	(−4.39)	(−4.46)	(−3.85)
L3.ma	−0.164**	−0.172**	−0.157**	−0.161**	−0.168**	−0.153*
	(−2.10)	(−2.30)	(−2.13)	(−2.06)	(−2.14)	(−1.94)
sigma _cons	0.280***	0.280***	0.283***	0.280***	0.280***	0.280***
	(21.89)	(21.84)	(21.56)	(21.89)	(21.84)	(22.27)
观测值	174	174	174	174	174	174

注:括号中的数字为 T 统计值,* $p<0.10$,** $p<0.05$,*** $p<0.01$。

从表 5.5 可见,银铜比价显著地抑制了米价上涨,这符合我们的理论预期。银铜比价上升意味着老百姓必须以更多铜钱才能换到白银,即银价相对较贵,因而以银计价的米价就应该越低;反之,当银铜比价下降时,意味着白银的相对价值较低,故以白银计价的米价就应越高。这说明,在美洲白银大量流入我国的情况下,无论是老百姓还是政府都会对此做出反应。从老百姓角度看,白银的输入会带来白银贬值,于是银铜比价就下跌,此时百姓可以使用铜钱来对冲白银贬值的影响;从政府的角度来看,也愿意利用银铜比价的调整来缓冲美洲白银流入对中国经济的负面影响,这里的结果也证实了这一推断。另外,银铜比价与人口的交互项显著为负,说明银铜比价与人口对粮价的影响应是相反的。值得注意的是,在考虑银铜比价时,人口的影响不显著,这是非常容易理解的,因为银铜比价本身已经在很大程度上反映了人口规模这一因素的影响;银铜比价与战争的交互项系数显著为正,表明银铜比价对米价的负面影响还会受到太平天国战争的影响。由于太平天国战争可能会扰乱银铜比价,因而原先银铜比价对米价的影响机制也会受到影响。表 5.5 回归方程(6)的结果显示,即使控制太平天国战争影响后,银铜比价对粮价的影响仍然为负,只是系数有所减小,这进一步证明了我们有关银铜比价、太平天国战争以及米价之间的复杂关联关系。气候冲击的影响与前文相同,仍不显著。

5.5-3 白银存量和银铜比价对米价波动幅度的影响

上述检验以米价的平均值作为研究对象,证明了白银流入对米价平均值的影响。事实上,我们还可以通过米价上限和下限价格之间的差额来衡量米价波动,并考察白银流入总量和银铜比价对米价波动的影响。为此,我们构建了松江地区上米、中米、糙米价格波动变量:

$$pricegap_i = ricehp_i - ricelp_i \tag{5.3}$$

其中,$i = 1, 2, 3$ 分别代表上米、中米、糙米。

表 5.6 给出了以米价波动作为因变量的回归结果:

表 5.6　白银存量对米价波动的影响

被解释变量			$pricegap1$			
计量方法			MA(2, 3)			
回归方程	(1)	(2)	(3)	(4)	(5)	(6)
$Lclimate1$	0.016 6			0.016 9	0.016 1	0.013 6
	(0.70)			(0.72)	(0.66)	(0.60)
$Llsilvers$	**−1.127*****	**−1.101*****	**−1.026*****		**−0.985*****	**−1.020*****
	(−4.18)	**(−4.17)**	**(−4.22)**		**(−3.78)**	**(−4.05)**
$Llpop$	−0.053 8	−0.056 7	−0.063 7	2.028***	−0.057 0	−0.064 0
	(−0.92)	(−0.96)	(−1.15)	(4.54)	(−0.93)	(−1.12)
$tpwar$	−0.120	−0.099 5		−0.112	−0.113	
	(−0.93)	(−0.91)		(−0.91)	(−0.84)	
$trade$	**−0.441*****	**−0.443*****	**−0.464*****	**−0.494*****		**−0.472*****
	(−3.04)	**(−3.06)**	**(−3.40)**	**(−3.60)**		**(−3.17)**
$trend$	0.018 1***	0.018 0***	0.017 6***	0.019 7***	0.016 7***	0.017 6***
	(6.19)	(6.17)	(6.10)	(7.02)	(5.96)	(6.10)
$L(lsilv * lpop)$				**−0.222*****		
				(−4.77)		
$L(lsilv * tra)$					**−0.036 6*****	
					(−2.64)	
$L(lsilv * tp)$						0.002 09
						(0.24)
$\_cons$	10.79***	10.60***	9.897***	0.153	9.469***	9.807***
	(4.27)	(4.25)	(4.29)	(0.56)	(3.87)	(4.13)
ARMA	3.350**	3.498**	3.824**	4.086**	3.183**	3.766**
L2.ma	(2.18)	(2.17)	(2.07)	(2.00)	(2.20)	(2.07)
L3.ma	1.875***	1.919***	2.060***	2.110***	1.825***	2.046***
	(3.30)	(3.22)	(3.01)	(2.82)	(3.42)	(3.04)
sigma	0.065 3**	0.063 0**	0.058 2**	0.054 0**	0.068 9**	0.058 9**
$\_cons$	(2.39)	(2.35)	(2.21)	(2.13)	(2.43)	(2.23)
观测值	142	142	142	142	142	142

注:括号中的数字为 T 统计值, $* \ p < 0.10$, $** \ p < 0.05$, $*** \ p < 0.01$。

　　与前文类似,我们发现:第一,美洲白银流入总量对米价的波动幅度有显著的负向影响,即美洲白银流入总量越多,米价变动幅度越小。一个可能的解释是,白银存量越多,其对中国经济的影响就会愈加广泛和深入,于是中国经济的货币化水平提升、市场经济成分就越大,这样价格变动幅度自然就会减少,这说明美洲白银的流入使得大米市场变得更加有效了。应该说,这是一个有趣且符合常理的发现。第二,人口对米价的影响不显著,且这一影响是在考虑了相关白银流入这一货币性力量之后也是一样。这说明,传统意义上认为的人口是大米价格上升的需求性力量,可能并未充分考虑其生产性力量的作用,也可能未充分考虑货币性力量。第三,开放通商口岸对米价波动幅度也有显著的抑制作用,即通商口岸开放以后,国内市场米价波动会受到来自国际市场力量和对外贸易力量的平衡,所以就使得米价更趋于稳定。此外,通商口岸还通过与白银流入总量相互作用,阻碍粮食价格波动。第四,太平天国运动对米价波动幅度并无显著影响,即使在考虑美洲白银流入与其交互作用后,也是如此。根据前面部分的回归结果,我们猜测原因可能是太平天国运动作为国内战争通常倾向于推动粮价波动,但美洲白银流入却会抑制粮价波动,所以这种正反作用、相互作用就使得二者的交互作用并不显著。

表 5.7 给出了以价格波动为因变量、以银铜比价为自变量并控制相关变量后的回归结果。从中发现,银铜比价对米价波动具有显著的正向影响,即便当我们取消了其他影响不显著的变量后也是如此。我们分析,由于当时的银铜比价是国内政策干预力量、市场力量和国外白银流入综合影响的结果,故各种因素作用的结果就使得国内米价的波动幅度增加,这也是本章一个有趣的发现;人口规模对米价波动总体上是显著为负,说明粮食市场供给侧力量作用的发挥往往是促使粮价下降的重要力量;贸易的作用显著降低了米价的波动幅度,这是非常符合预期的;人口和银铜比价交互作用显著为正,说明人口对米价的影响难以超越银铜比价的正面影响。

表 5.7　银铜比价对米价波动的影响

被解释变量	$pricegap1$					
计量方法	MA(2, 3)					
回归方程	(1)	(2)	(3)	(4)	(5)	(6)
$Lclimate1$	0.018 0			0.017 4	0.018 1	0.014 8
	(0.80)			(0.77)	(0.79)	(0.65)
$Llscpricejn$	**0.749 *****	**0.726 *****	**0.647 *****		**0.698 *****	**0.641 *****
	(3.07)	**(2.93)**	**(3.35)**		**(2.88)**	**(2.86)**

（续表）

被解释变量				$pricegap1$		
计量方法				MA(2，3)		
回归方程	（1）	（2）	（3）	（4）	（5）	（6）
$Llpop$	**−0.151**	**−0.151**	**−0.150**	**−0.945***	**−0.136***	**−0.151**
	（−2.18）	**（−2.17）**	**（−2.16）**	**（−2.93）**	**（−1.91）**	**（−2.14）**
$tpwar$	−0.142	−0.122		−0.129	−0.145	
	（−0.92）	（−0.84）		（−0.83）	（−0.91）	
$trade$	**−0.337**	**−0.340**	**−0.368**	**−0.325**		**−0.378**
	（−2.11）	**（−2.20）**	**（−2.48）**	**（−2.01）**		**（−2.34）**
$trend$	0.006 90***	0.007 03***	0.007 53***	0.006 96***	0.006 04***	0.007 62***
	（3.62）	（3.77）	（4.54）	（3.63）	（3.19）	（4.08）
$L(lscp*lpop)$				**0.122***		
				（2.83）		
$L(lscp*tra)$					−0.032 7	
					（−1.52）	
$L(lscp*tp)$						0.004 46
						（0.34）
$\_cons$	−4.506***	−4.301***	−3.793***	0.409	−4.189***	−3.797***
	（−2.92）	（−2.74）	（−3.12）	（1.42）	（−2.73）	（−2.69）
$ARMA$ $L2.ma$	1.548***	1.631***	1.709***	1.516***	1.701***	1.558***
	（2.97）	（2.93）	（2.98）	（2.96）	（2.83）	（3.05）
$L3.ma$	1.203***	1.231***	1.276***	1.193***	1.278***	1.218***
	（4.68）	（4.61）	（4.81）	（4.71）	（4.56）	（4.83）
$sigma$	0.123***	0.119***	0.115***	0.126***	0.116***	0.123***
$\_cons$	（4.15）	（4.00）	（3.99）	（4.19）	（3.83）	（4.25）
观测值	142	142	142	142	142	142

注：括号中的数字为 T 统计值，* $p<0.10$，** $p<0.05$，*** $p<0.01$。

5.5-4　稳健性检验

除前文所述 ARMAX 模型，我们在下面的部分尝试使用 ADL 模型重新检验白银与粮价的关系，回归结果见表5.8。可以发现，结果与 ARMAX 模型的回归结果（见表5.5）是一致的，核心解释变量及控制变量的符号及显著性均相同，这在很大程度上再次验证了我们结果的稳健性。

表 5.8 白银存量对米价影响的稳健性检验结果

被解释变量	Dricep1					
计量方法	ADL					
回归方程	(1)	(2)	(3)	(4)	(5)	(6)
Lclimate	0.019 0			0.019 9	0.018 9	0.018 7
	(0.66)			(0.68)	(0.65)	(0.65)
Llsilvers	**0.233****	**0.253*****	**0.136****		**0.234****	**0.230****
	(2.37)	**(2.89)**	**(1.98)**		**(2.26)**	**(2.33)**
Llsil * lpop				**0.038 5****		
				(2.18)		
Llsil * trade					−0.008 55	
					(−1.35)	
Llsil * tpw						**0.018 9****
						(2.47)
Llpop	**−0.043 5***	**−0.047 7****	−0.033 4	**−0.404****	**−0.044 3***	**−0.042 9***
	(−1.81)	**(−2.02)**	(−1.38)	**(−2.18)**	**(−1.81)**	**(−1.78)**
Tpwar	**0.181****	**0.193*****	**0.111****	**0.171****	**0.176****	
	(2.45)	**(2.95)**	**(2.11)**	**(2.32)**	**(2.37)**	
Trade	−0.094 2	−0.102*		−0.087 2		−0.095 0
	(−1.48)	(−1.73)		(−1.35)		(−1.44)
_cons	−2.160**	−2.281***	−1.201*	0.035 4	−2.163**	−2.128**
	(−2.49)	(−2.84)	(−1.93)	(0.28)	(−2.37)	(−2.44)
AR L.ar	0.011 1	0.008 78	0.016 9	0.012 6	0.010 1	−0.000 841
	(0.19)	(0.15)	(0.30)	(0.22)	(0.18)	(−0.01)
L2.ar	−0.261***	−0.255***	−0.241***	−0.259***	−0.258***	−0.246***
	(−3.29)	(−3.24)	(−3.10)	(−3.28)	(−3.24)	(−3.00)
Sigma _cons	0.286***	0.287***	0.289***	0.286***	0.286***	0.285***
	(22.71)	(22.82)	(22.98)	(22.67)	(22.64)	(23.69)
观测值	174	174	174	174	174	174

注:括号中的数字为 T 统计值,* $p<0.10$, ** $p<0.05$, *** $p<0.01$。

另外,太平天国运动虽始于1851年,但主要战场距离松江相对较远。因此在本部分,我们从太平军攻克江宁府的年份(即1853年)开始考虑太平天国起义的影响。①此外,1840年以后,英、法等帝国主义武力侵略也可能在一

———————————

① 设置原则是:若在松江府地区方圆300千米内发生战争,我们即认为其对松江府经济产生影响,并从该年份开始考虑这一因素。下文关于外国侵略战争的取舍原则与此相同。

定程度上影响松江府的粮价。①我们控制曾在松江府 300 千米范围内有战场的鸦片战争和中法战争;综合考虑太平天国起义与外国侵略战争后,设置了战争变量 war,用其代替前文的 tpwar,并重新进行检验。回归结果见表 5.9:

表 5.9　白银存量对米价关系稳健性检验结果

被解释变量	$Dricep1$					
计量方法	MA(2, 3)					
回归方程	(1)	(2)	(3)	(4)	(5)	(6)
$Lclimate1$	0.020 0			0.021 1	0.019 9	0.019 5
	(0.73)			(0.77)	(0.73)	(0.72)
$Llsilvers$	**0.250***	**0.275****	**0.299*****		**0.263****	**0.250***
	(1.81)	**(2.09)**	**(2.69)**		**(2.02)**	**(1.84)**
$Llpop$	**−0.036 0****	**−0.039 4****	**−0.035 4****	**−0.421***	**−0.035 4***	**−0.036 6****
	(−2.02)	**(−2.21)**	**(−2.10)**	**(−1.73)**	**(−1.92)**	**(−2.02)**
war	**0.153****	**0.161*****	**0.157*****	**0.142****	**0.153****	
	(2.56)	**(2.85)**	**(2.75)**	**(2.40)**	**(2.54)**	
$trade$	−0.037 3	−0.039 2		−0.034 1		−0.044 1
	(−0.48)	(−0.51)		(−0.43)		(−0.55)
$trend$	−0.000 779	−0.000 885	−0.001 46*	−0.000 712	−0.000 967	−0.000 732
	(−0.50)	(−0.58)	(−1.70)	(−0.45)	(−0.66)	(−0.48)
$L(lsil * lpop)$				0.041 1		
				(1.61)		
$L(lsil * tr)$					−0.002 59	
					(−0.35)	
$L(lsil * war)$						**0.016 5****
						(2.55)
$\_cons$	−2.322*	−2.490**	−2.724***	0.030 9	−2.442**	−2.317*
	(−1.83)	(−2.03)	(−2.63)	(0.30)	(−2.04)	(−1.85)
$ARMA$	−0.291***	−0.287***	−0.284***	−0.286***	−0.290***	−0.281***
$L2.ma$	(−3.69)	(−3.62)	(−3.58)	(−3.65)	(−3.67)	(−3.40)
$L3.ma$	−0.129	−0.133*	−0.131*	−0.126	−0.129	−0.130
	(−1.62)	(−1.68)	(−1.65)	(−1.59)	(−1.62)	(−1.63)

---

① 近代中国发生的外国侵略战争主要有鸦片战争(1840—1842 年)、第二次鸦片战争(1856—1860 年)、中法战争(1883—1885 年)、甲午中日战争(1894—1895 年)、八国联军侵华战争(1900—1901 年)等。但在影响范围内有战场的只有鸦片战争和中法战争,且中法战争直到后期(1885 年)才在影响范围内的浙江镇海发生冲突。

（续表）

被解释变量			*Dricep*1			
计量方法			MA(2，3)			
回归方程	(1)	(2)	(3)	(4)	(5)	(6)
sigma	0.283 ***	0.283 ***	0.284 ***	0.283 ***	0.283 ***	0.282 ***
_cons	(21.42)	(21.32)	(21.29)	(21.35)	(21.40)	(22.08)
观测值	174	174	174	174	174	174

注：括号中的数字为 *T* 统计值，* *p*＜0.10，** *p*＜0.05，*** *p*＜0.01。

类似的，有关银铜比价对米价关系的影响结果见表 5.10 所示。从中发现，结果与前面回归基本上完全类似，这再一次证明了我们回归结果的稳健性。

表 5.10　银铜比价对米价关系稳健性检验结果

被解释变量			*Dricep*1			
计量方法			MA(2，3)			
回归方程	(1)	(2)	(3)	(4)	(5)	(6)
*Lclimate*1	0.023 4			0.023 8	0.023 9	0.022 8
	(0.90)			(0.92)	(0.92)	(0.88)
Llscpricejn	−**0.232** **	−**0.247** **	−**0.264** ***		−**0.237** **	−**0.228** **
	(−2.22)	(−2.37)	(−2.78)		(−2.25)	(−2.30)
Lllpop	−0.008 02	−0.009 85	−0.000 957	0.246 *	−0.005 71	−0.009 14
	(−0.39)	(−0.48)	(−0.06)	(1.86)	(−0.28)	(−0.45)
war	**0.166** **	**0.173** ***	**0.161** **	**0.164** **	**0.165** **	
	(2.44)	**(2.59)**	**(2.36)**	**(2.41)**	**(2.38)**	
trade	−0.050 7	−0.056 6		−0.055 0		−0.057 9
	(−0.74)	(−0.84)		(−0.80)		(−0.82)
trend	0.001 87 ***	0.002 03 ***	0.001 51 ***	0.001 88 ***	0.001 73 **	0.001 91 **
	(2.61)	(2.93)	(3.36)	(2.61)	(2.48)	(2.52)
L(*lscp* * *lpop*)				−**0.038 8** **		
				(−2.14)		
L(*lscp* * *tr*)					−0.005 02	
					(−0.55)	
L(*lscp* * *war*)						**0.023 7** **
						(2.43)
_cons	1.475 **	1.646 **	1.748 ***	−0.050 3	1.502 **	1.451 **
	(2.18)	(2.48)	(2.87)	(−0.54)	(2.21)	(2.27)

（续表）

被解释变量			Dricep1			
计量方法			MA(2,3)			
回归方程	(1)	(2)	(3)	(4)	(5)	(6)
ARMA	−0.309***	−0.306***	−0.299***	−0.307***	−0.307***	−0.297***
L2.ma	(−3.99)	(−3.93)	(−3.86)	(−3.93)	(−3.96)	(−3.64)
L3.ma	−0.144*	−0.149*	−0.145*	−0.141*	−0.144*	−0.144*
	(−1.79)	(−1.90)	(−1.86)	(−1.76)	(−1.80)	(−1.80)
sigma	0.282***	0.282***	0.283***	0.282***	0.282***	0.281***
_cons	(21.63)	(21.62)	(21.59)	(21.63)	(21.60)	(22.20)
观测值	174	174	174	174	174	174

注：括号中的数字为 T 统计值，* $p<0.10$，** $p<0.05$，*** $p<0.01$。

5.6 结论

本章通过清代松江府 175 年的时间序列数据分析发现以下基本结论：

第一，美洲白银输入总量在研究时间段内显著抬高了松江的米价平均水平，这在很大程度上证明了全汉昇（1957）有关美洲白银输入与中国物价革命之间的关联关系。但值得注意的是，美洲白银的输入却显著降低了米价的波动幅度，这意味着，18—19 世纪，由于中国与欧美地区存在的长期贸易顺差所导致的大量美洲白银输入，对中国的国内经济体系产生了重要影响。一方面，越来越多的白银输入，提高了中国经济的商业化和市场化水平，抬高了国内粮食市场的价格；另一方面，这种商业化水平也减少了价格波动幅度，这证明美洲白银输入之后松江的大米市场变得更加有效了。另外也发现，美洲白银的流入与国内较大的人口规模、战争存在一定复杂互动作用。

第二，银铜比价这一相对市场化的内部汇率体制却能够显著地降低松江的米价平均水平，并显著地推动米价的波动幅度。[①]这说明，中国这种银铜双本位体制在一定程度了缓冲了美洲白银对中国物价抬升的负面影响，但由

---

① 这与 Zhao(2016)的发现是完全一致的。

于这一比价关系同时也是外国白银输入、国内政策干预与市场力量作用的综合结果,因而在一定程度上助推了国内物价的波动幅度。这一发现表明,中国银铜双本位体制有其正面功能,但由于政府难以对这一汇率体制进行掌控,因而最终结果是正负兼有。此外,银铜比价与人口交互作用对米价的影响为负,但与战争的交互作用却为正,这说明,银铜比价对米价的影响并不会因为人口多而发生改变,但在发生战争的情况下,银铜比价却会推动米价上涨。这可能意味着,银铜比价这种准市场化机制的作用,会因为战争而发生逆转。

第三,经典文献发现,气候冲击是影响粮食价格的重要因素,但本章对松江府地区的分析发现,气候冲击对粮食价格的直接影响并没有得到验证,原因之一可能是松江地区的气候条件较好,且比较完善的水利系统可能已经发挥了作用。原因之二可能是,清政府拥有广泛的跨地区甚至省区的粮食存储、贸易和调拨系统,这也在客观上很好地应对了自然灾害对粮价的冲击。然而有关这些猜测,仍然需要大量具有更丰富地理信息的面板数据来进一步检验。

第四,通商口岸的开放,对米价的平均水平没有显著的影响,却显著降低了米价的波动幅度,这意味着通商口岸开放对中国经济的影响是双向的。一方面,鼓励了外国货物进口,但也促进了出口,因而其对国内商品市场的价格水平可能是中性的。但由于这种对内、对外贸易的结果,国内市场化程度会提升,物价波动幅度会减少。应该说,贸易与对外开放对中国经济的影响应是正面的。

第五,人口规模对米价的影响似乎是双重性的,可能扮演粮食的供给性力量,促使米价下降,但并不显著,也不稳健,也可能是粮食的需求性力量,且也未得到本章证据的支持。另外,人口规模也是促进美洲白银流入的需求性力量。但总体而言,人口对米价的影响要小于货币性力量。这一点与现有发现是一致的。

白银流出入、气候变化与
米价:来自宁波的经验证据

6.1 引言

 在这一章,为了更加系统地探讨白银流入、气候变化与米价之间的相互关系,我们将研究视野聚焦于宁波这座城市,原因有两方面:一是宁波与松江、苏州一样是清代中后期江南地区的中心城市之一。这里的商业氛围浓厚,民间交易活跃,外来流入的白银也较多,又是我国大米粮食主产区之一。二是我们拥有来自清代相对较全的白银流进流出宁波的数据,包括宁波当地银铜比价的数据,同时我们也拥有宁波较长时间段的米价数据与相关数据。这就使得我们有可能更加清楚地考察宁波米价与这些因素之间的相互关联关系,也能为我们考察本书所提到的中国历史气候变化的政治经济学分析框架提供一个更加微观的证据。
 本章部分的理论框架与前面松江部分的理论框架基本一致,那就是我们要考察货币性因素、气候变化因素、人口等传统因素相互作用下的宁波米价到底是怎样的变化轨迹,即它更多是诸如人口、自然灾害等传统因素影响的结果,还是货币性因素的结果,抑或是货币性因素与传统因素二者相互作用的综合结果? 如果答案是这些因素综合作用的结果,那么,我们更进一步的问题是,在这一价格影响的过程中,到底是货币性因素发挥的作用更大? 还是传统性因素发挥的作用更大?

为此,这部分的内容共分为以下几个部分:第二部分运用来自宁波的白银数量来考察流入宁波的白银数量变化及其趋势;第三部分利用宁波某商行的银铜比价数据,考察研究时间段内宁波银铜比价的变化情况;第四部分是我们有关米价影响的计量模型介绍与相关的变量介绍;第五部分是相关的实证研究;第六部分是结论与启示。

6.2 1864—1919 年流入流出宁波的外国银元和银条数量

图 6.1 给出了 1864—1919 年从上海进口到宁波的外国银元数量(英文表示为 $simpfsh$,单位为海关两)以及宁波从上海出口到海外的外国银元数量(英文表示为 $sexpfsh$,单位为海关两)的对比情况以及二者之间的净差额(英文表示为 $netsfsh$)。

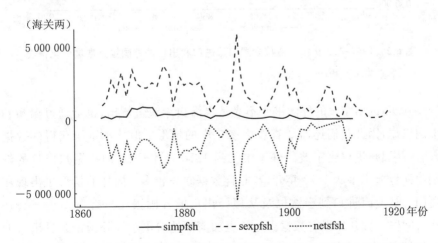

图 6.1　1864—1919 年从上海进口到宁波的外国银元和从上海出口的外国银元

资料来源:熊昌锟(2017:78—80)。

从图 6.1 中可以发现，1864—1919 年间，从上海进口到宁波的外国银元数量（$simpfsh$）呈现逐步波动下降的总体趋势，而宁波从上海出口的外国银元数量（$sexpfsh$）则要普遍高于从上海进口到宁波的外国银元数量，但上下波动比较厉害。在研究时间段内，宁波从上海出口到海外的外国银元数量最大值与最小值之间的差额达到 75.98 倍之多。从上海进口与出口的外国银元净数量（$netsfsh$）来看，这一时间的外国银元出口大于进口，说明，宁波当地的外国银元处于净流出状态。此时此刻，我们脑中的问题是，宁波自 1843 年开埠以来，外国银元的流入应该增加，但情形似乎是相反的，其中的原因何在呢？

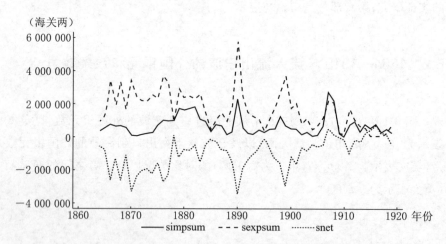

图 6.2　1864—1919 年宁波从全国口岸进口和出口的外国银元数量变化情况

资料来源：熊昌锟（2017：78—80）。

其实，进出宁波的外国银元不光从上海口岸流进流出，也会通过温州和厦门口岸，因此我们还需要查看更多口岸的情形。但从本章所获得的数据来看，从温州进口到宁波的外国银元到 1878 年才开始，而从温州出口的外国银元也差不多从 1877 年开始，并且数据缺失较多。同样的情形也出现在厦门。从厦门进口到宁波以及从厦门出口的外国银元只有在 1864—1919年时间段少数几年里有数据。为了更加清楚地看出宁波外国银元进出口的总体情况，图 6.2 给出了宁波从全国各地包括上海、温州和厦门进口的外国银元总量与从这些口岸出口的外国银元总量以及各自的净进口数量变化情况,分别用出口数量($simpsum$)进口数量($sexpsum$)以及净数量($snet$)来表示。从图 6.2 中可以清楚地看出,研究时间段内,绝大多数年份宁波通过全国口岸的外国银元出口数量($sexpsum$)大于进口数量($simpsum$),外国银元在宁波也呈现净流出状态,与通过上海口岸进出的情形完全一致。在1907—1908 年之后,外国银元进出口之间的差距缩小甚至持平,净流入不再像以前那样差距很大。

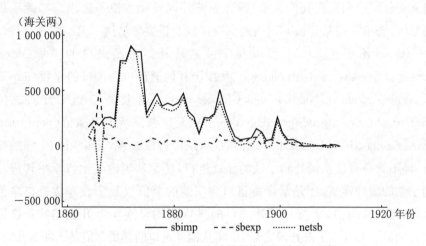

图 6.3　1864—1919 年宁波的银条进口与出口情况

资料来源:熊昌锟(2017:78—80)。

　　除了外国银元流入和流入之外,我们还能够看到流入和流出宁波的银条流量情况。图 6.3 给出了 1864—1919 年从宁波进口和出口的银条以及进口减去出口之间的净流量情况,分别用银条进口量($sbimp$),银条出口量($sbexp$)和银条净数量($netsb$)来表示。从中可以发现,银条进出口宁波的情况与外国银元进出口宁波的情况存在着较大不同。研究时间段内,宁波的银条进口($sbimp$)在绝大多数时间内都是大于出口的($sbexp$),意味着流入宁波的银条净进口为正,说明研究时间段的银条是净流入。如果我们将银条的净进口看作是宁波的财富流入的话,那么,很显然,随着通商口岸的开通,流入宁波的银条也存在着波动下降的趋势。

6.3　1865—1930 年的宁波贸易情况

以上部分仅仅考察了 1864—1919 年进出宁波的外国银元和银条的变化情况，但我们并不能理解这一时间段进出宁波的外国银元与银条变化背后的真正经济原因。在我们看来，导致宁波外国银元和银条进出口如此变化的原因，恐怕还得从宁波与国内通商口岸以及世界贸易这一关系中来寻找。

图 6.4 给出了 1865—1930 年宁波港从外洋直接进口的洋货（direct import of oversea goods to Ningbo）、从中国其他通商口岸进口的洋货（import of oversea goods to Ningbo from Chinese ports）、洋货进口到宁波的总值（import of oversea goods to Ningbo sum）以及宁波洋货进口净值（net import of oversea goods to Ningbo）等变化情况。从中可以发现，无论用什么样的标准，即不管是直接从国外到宁波的洋货进口，还是从国内其他口岸中转进口到宁波的国外洋货，还是从洋货进口到宁波的总值以及宁波洋货进口净值来看，这一时间段，宁波从国外进口的洋货值均呈逐年上升的趋势。这说明，1843 年 11 月，宁波开埠之后，宁波从国外进口的洋货总值是不断上升的。

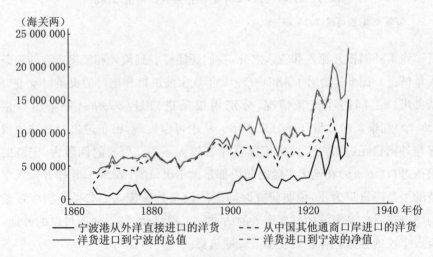

图 6.4　1865—1930 年宁波的洋货进口情况

资料来源：根据历年《中国旧海关史料》之宁波港篇资料整理。

这与图 6.2 中宁波外国银元净进口长期为负，也就是 1864—1919 年宁波外国银元出口大于进口的基本趋势是完全一致的，这说明，导致宁波外国银元出口大于进口的原因很可能就是 1843 年宁波开埠之后，从国外进口了大量的外国商品，因而外国银元就呈现净流出状态。

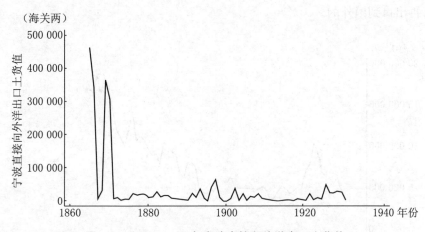

图 6.5　1865—1930 年宁波直接向外洋出口土货值

资料来源：根据历年《中国旧海关史料》之宁波港篇资料整理。

图 6.5 给出了 1865—1930 年宁波直接向外洋出口的土货值（单位：海关两）变化情况。从中可以发现，宁波直接向外洋出口的土货值在 1870 年前起伏较大，之后相对稳定，但总体上并没有随着时间而有较大的增长，这与图 6.4 中宁波通商口岸开通后日益增长的进口洋货的情形形成了鲜明对照。这就意味着，随着宁波通商口岸的开通，似乎宁波港更多地扮演了从外国进口洋货的角色，而不是从宁波往国外出口的角色。这到底是由于什么原因造成的？这是否意味着宁波港当时被动的对外开埠地位？还是意味着帝国主义对中国东南沿海地区的大经济控制？在此，我们也暂不探讨这些，因为我们还需要更多的证据。

图 6.6 是 1865—1930 年宁波出口到其他通商口岸的土货值（export of domestic goods via Chinese ports）以及宁波港土货的出口总值（export of Ningbo domestic goods sum）。从中可以发现，1843 年后，宁波出口至其他通商口岸的土货价值不断上升，同时宁波出口的土货总值也呈现逐年上升趋势。与图 6.5 的信息放在一起来看，这意味着，尽管宁波直接出口到海外的

土货值并没有随着宁波通商口岸的开通而出现较大程度的上涨,但宁波通商口岸的开通同时也打开了宁波土货通过其他口岸出口国外的大门。这意味着,虽然宁波不是直接出口土货的主要口岸,但宁波口岸的开通却扮演了一个二级口岸的作用,因为当地的土货往往是被运往国内其他口岸消费或者再出口到国外的。

（海关两）

图 6.6 1865—1930 年宁波出口至其他通商口岸的土货值与总的出口土货值对比

资料来源:根据历年《中国旧海关史料》之宁波港篇资料整理。

图 6.7 给出了 1865—1930 年宁波土货直接出口与复出口至海外及香港的货值变化情况。该图反映的信息与图 6.5 完全一致,即从宁波出口至其他通商口岸或者从宁波直接出口至海外及香港的土货值,并没有随着宁波通商口岸的开通而上升,相反,它还是不断下降的。图 6.8 给出了 1865—1930 年宁波土货出口与复出口总值变化情况。从中可以发现,图 6.8 与图 6.6 给出的信息也是完全一致的,即宁波土货出口与复出口的土货总值都是随着时间而不断增长的。

综合上述给出的各种信息,我们认为,宁波外国银元与银条进出口背后的经济背景乃是宁波进出口贸易关系的结果。从进口方面看,随着宁波港口向各国的开放,从宁波港进口的洋货值不断上升,因而外国银元处于净流出状态;从出口方面看,尽管直接从宁波港出口至海外的土货总额并没有随着宁波通商口岸的开通而上涨,甚至还随着宁波口岸的开通而出现了下降,但从另一方面看宁波港的开通却打通了从宁波出口到其他通商口岸土货产品贸易的大门,从而间接使得宁波土货的出口值出现了较大幅度的上升。这些信息意味着,宁波港当时在全国的贸易地位在很大程度上是一个附属港口或者二级港口,而不是类似于上海的一级港口,它更多的是扮演一个地区性的中转贸易港,而不是一个全国性的贸易和出口港。并且随着时间的延续,外国银元和银条的净流出均逐步缩小,并向进出口平衡的方向也就是净流出趋向于 0 发展。

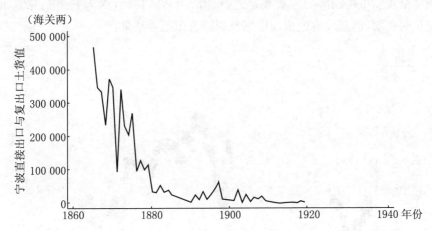

图 6.7　1865—1930 年宁波土货直接出口与复出口至海外及香港的货值

资料来源:根据历年《中国旧海关史料》之宁波港篇资料整理。

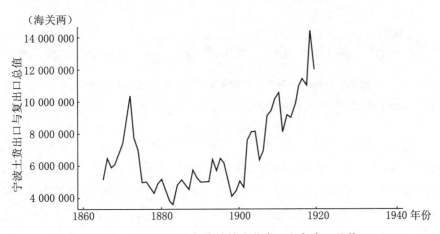

图 6.8　1865—1930 年宁波的土货出口和复出口总值

资料来源:根据历年《中国旧海关史料》之宁波港篇资料整理。

6.4 宁波当地银铜比价变化情况

银铜比价作为清代中国一种内部汇率体制,它的变化率应该在一定程度上反映白银流出入数量的变化情况。然而,对清代银铜比价数据,我们也不能完全按照市场经济的一般规律进行理所当然的推理,因为它不是完全市场化的产物,而是政府定价与市场博弈综合作用的结果。

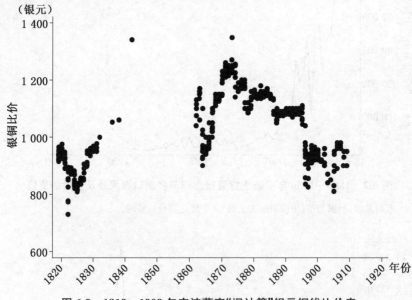

图 6.9　1819—1909 年宁波董家"旧计簿"银元铜钱比价表

资料来源:熊昌锟(2017:78—80)。

图 6.9 给出了 1819—1909 年宁波董家"旧计簿"银元铜钱汇兑表。从中可以发现,在将近一个世纪的历史中,银钱铜钱汇兑表总体上变化很大。从统计数据来看,最低的比价是一两银元兑换 730 块铜钱,而最高的为 1 348 块铜钱兑换一两银元。从趋势上看,在 1870 年以前,比价是逐步上升的,之后是逐步下降的。

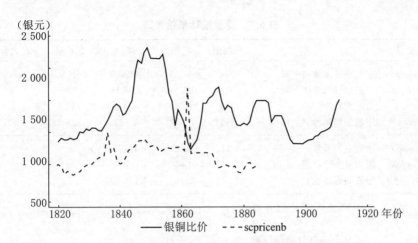

图 6.10　宁波董家银铜比价与全国银铜比价表的对比

资料来源:全国银铜比价数据来源于林满红(2011:76—77)。

但我们并不清楚的是,宁波董家这种私人记载的银钱比价与我们所获得的另一来源的全国银铜比价之间到底存在什么样的差别? 为此,我们将1819—1911 年全国银铜比价与董家的银铜比价放在一幅图中(见图 6.10),从两幅图形的对比来看,1820—1860 年,全国银铜比价与宁波银铜比价存在着基本相同的上升与下降趋势,二者的相关系数高达 0.82;但 1860 年之后,二者的变化趋势似乎是相反的,即全国银铜比价下降的时候却是宁波银铜比价上升的时期,但从这一时期的相关系数看为 0.32。从整个时期的统计相关性来看,二者之间的相关系数为 0.68,说明二者从总体上看是正相关的,但在不同时间段的情形是不同的。

6.5　数据、模型、变量与统计量信息

接下来,我们将针对本章所获得的数据进行简单的实证分析。表 6.1 给出了下面实证分析中可能用到的所有变量及其统计量信息。

在这些变量的基础上,我们借鉴房地产经济学中常见的 Hedonic 模型的思路,研究宁波地区细籼米价格变化,它不仅反映宁波地区自然属性,诸如宁波自然灾害变量(*weath*)的函数,因为这些自然属性在地区之间存在着较

表 6.1　变量统计量信息表

变量	定义	观测值	均值	离差	最小值	最大值
xriceph	宁波细籼米价格上限	944	243.510	66.646	151	480
xricepl	宁波细籼米价格下限	944	186.697	29.464	126	350
xricep	宁波细籼米价	944	215.103	45.316	138.5	414.5
lxricep	宁波细籼米价对数值	944	5.351	0.192	4.930	6.027
weathd	宁波灾害异常	1 212	−0.207	1.155	−2	2
weathda	灾害异常绝对值	1 212	0.940	0.701	0	2
weath	宁波灾害指数	1 212	2.792	1.155 036	1	5
osilvfsh	从上海流入宁波的外国银元	540	269 547.5	238 117.2	1 600	905 750
nsilvimpsh	宁波从上海进口的外国银元净值	672	−1 457 605	1 037 741	−5 500 636	−76 666
nsilvimpn	宁波从全国进口的外国银元净值	672	−1 010 513	1 005 523	−3 525 744	693 266
nsilvexpsh	宁波从上海出口的外国银元净值	672	1 674 205	1 138 733	76 666	5 825 734
nsilvbimp	宁波的银条进口净值	576	212 769.9	254 806.3	−337 539	893 530
scpricenb	宁波的银铜比价	605	1 041.514	119.169	730	1 348
lscpricenb	宁波银铜比价对数	605	6.941	0.116	6.593	7.206
losilvfsh	从上海流入宁波的外国银元对数值	540	11.904	1.446	7.377	13.716
silvfn	流入全国的白银数量	1 080	256.877 8	1 050.272	−3 433	4 214
scpricen	全国银铜比价	1 080	1 543.833	288.097	1 130	2 355
silvstn	流入全国白银存量	1 116	35 097.05	10 491.87	20 300	55 158
lscpricen	全国银铜比价对数	1 080	7.326	0.175	7.029	7.764
lsilvstn	全国白银流入存量对数	1 116	10.420	0.301	9.918	10.917
year	年份	1 212	1 869	29.166	1 819	1 919
trend	时间趋势	1 212	50	29.166	0	100
month	月份	1 212	186 906.5	2 916.68	181 901	191 912

注:数据来源于作者根据前面数据库在 Stata 软件中运算所得。

大不同,而且反映当地市场性因素,诸如从上海到宁波的外国银元进口净值(*osilvfsh*)、从全国流入宁波的外国银元净值(*nsilvimpn*)、宁波当地的银铜比价(*scpricenb*)等因素。而且由于全国性市场在一定程度上是全国联通的,因而宁波米价也就变成全国市场性因素,诸如全国银铜比价(*scpricen*)、全国性的白银流入存量(*silvstn*)等作用的结果,在此基础上,我们设定如下的简

化回归模型,来进行后面的实证检验:

$$lxricep_t = \beta_0 + \beta_1 \cdot weath_1 + \beta_2 \cdot X_{lmt} + \beta_3 \cdot X_{nt} + \beta_4 \cdot M_t + \mu_t$$

(6.1)

在上面的回归式中,$weath_t$ 是指那些影响宁波细籼米价格的当地旱涝灾害指数;X_{lmt} 是指那些影响宁波细籼米价格的当地市场性条件,诸如从上海进口到宁波的外国银元的净值对数值 $losilvfsh_t$,从全国进口到宁波的外国银元净值 $nsilvimpn_t$,宁波银条的净进口值 $nsilvbimp_t$ 等;而 M_t 代表货币性因素的变量,诸如全国性的银铜比价对数值 $lscpricen_t$,全国性的白银存量对数值 $lsilvst_t$,宁波当地的银铜比价对数值 $lscpricenb_t$ 等。

在如上模型设定的基础上,还有必要检验其中涉及的所有解释变量之间的相关系数(见表 6.2)。

表 6.2　解释变量的相关系数矩阵

	1	2	3	4	5	6	7	8	9
weath	1.00								
lscpricenb	0.015	1.00							
lscpricen	0.018	0.669	1.00						
losilvfsh	−0.116	0.694	−0.067	1.00					
lnsilvexpsh	−0.102	0.466	−0.153	0.668	1.00				
nsilvbimp	0.068	0.729	0.329	0.677	0.437	1.00			
nsilvimpsh	0.121	−0.324	0.110	−0.454	**−0.827**	−0.242	1.00		
nsilvimpn	0.013	−0.442	−0.013	−0.650	−0.748	−0.473	**0.797**	1.00	
lsilvstn	0.045	−0.490	−0.385	−0.503	−0.389	−0.438	0.259	0.376	1.00

注:(1)数据来源于作者根据前面数据库在 Stata 软件中运算所得。(2)上表中的 1—9 分别对应于左边第一列由上至下的每一个解释变量。

从表 6.2 可见,如上模型设定的解释变量中,除了宁波从上海进口的外国银元净值($nsilvimpsh$)与宁波从上海出口的外国银元净值对数值($lnsilvexpsh$)之间具有较高的相关系数(相关系数为 0.827)、宁波从上海进口的银元净值($nsilvimpsh$)与宁波从全国进口的银元净值($nsilvimpn$)之间具有较高的相关系数(0.797)之外,其余绝大多数解释变量之间不存在较高的相关系数。因此,在下面的回归中,有必要对这些因素进行考虑,以免对后面的回归造成偏差。

6.6　基准回归结果

下面,我们就基于上述的回归模型设定进行一个初步的回归,目的是检验这些变量与被解释变量也就是宁波当地米价之间的初步关系。由于该模型中的变量均是时间序列变量,为了减少时间序列变量不平稳对回归的影响,我们在回归中加入时间趋势项,以减少对回归所造成的偏差。在此基础上,我们所获得的回归结果见表 6.3 所示。其中,第一列回归中,我们纳入所有解释变量,而不考虑上述三个变量之间较高的相关系数,在第二列和第五列中我们分别考虑了上述三个变量之间较高的系数对回归影响之后的结果。

表 6.3　基准回归结果

被解释变量	lxricep				
方程	(1)	(2)	(3)	(4)	(5)
weath	0.010 1 ***	0.009 30 ***	0.010 1 ***	0.010 3 ***	0.010 4 ***
	(2.88)	(2.71)	(2.95)	(3.02)	(3.03)
lscpricenb	−1.296 ***	−1.264 ***	−1.294 ***	−1.306 ***	−1.309 ***
	(−15.77)	(−16.14)	(−16.94)	(−16.98)	(−17.05)
lscpricen	0.270 ***	0.257 ***	0.278 ***	0.293 ***	0.295 ***
	(5.62)	(5.47)	(6.12)	(6.51)	(6.59)
lsilvstn	−1.033 ***	−1.061 ***	−1.056 ***	−1.055 ***	−1.051 ***
	(−9.89)	(−10.39)	(−10.33)	(−10.24)	(−10.26)
nsilvbimpp	−0.001 66 ***	−0.001 77 ***	−0.001 76 ***	−0.001 79 ***	−0.001 78 ***
	(−5.97)	(−6.62)	(−6.58)	(−6.66)	(−6.65)
losilvfsh	0.006 04	0.006 18	0.007 97	0.006 48	0.005 86
	(0.83)	(0.84)	(1.10)	(0.89)	(0.80)
lnsilvexpsh	−0.024 3 ***	−0.017 0 ***	−0.010 5 **		
	(−2.79)	(−2.59)	(−2.00)		
nsilvimpsh	−1.17e-08			1.49e-09	
	(−1.28)			(0.36)	
nsilvimpn	−3.31e-09	−1.03e-08			−5.65e-10
	(−0.40)	(−1.64)			(−0.11)
trend	−0.012 2 ***	−0.012 8 ***	−0.012 7 ***	−0.012 8 ***	−0.012 7 ***
	(−7.49)	(−8.06)	(−8.00)	(−8.00)	(−8.00)

（续表）

被解释变量	lxricep				
方程	(1)	(2)	(3)	(4)	(5)
_cons	24.16***	24.26***	24.16***	23.99***	23.96***
	(20.87)	(20.99)	(20.91)	(20.72)	(20.75)
N	674	674	674	674	674
adj.R²	0.850	0.850	0.850	0.849	0.849

注：(1)括号内的数字为 T 统计值，* $p<0.10$，** $p<0.05$，*** $p<0.01$。(2)上述的变量 $nsilvbimpp$ 是在 $nsilvbimp$ 的基础上变换的，目的是这一变量的数值很大，会导致回归系数出现很小的结果，所以在此以 $nsilvbimp/100\,00$ 获得新的变量的值。

从表 6.3 可见，宁波当地的旱涝灾害指数（$weath$）、宁波当地的银铜比价（$lscpricenb$）、宁波银条的净进口值（$nsilvbimpp$）、全国性银铜比价（$lscpricen$）、全国性白银存量（$lsilvstn$）等是影响宁波当地米价的重要因素。其中旱涝灾害指数、全国性的银铜比价是促使宁波当地米价上升的因素，前者意味着宁波的自然条件越干旱，则当地的米价越高，这是非常符合我们预期的；后者意味着全国的银铜比价越高，也就说是白银价格越贵，老百姓就要用更多的铜钱来支付以银计价的大米，那么宁波的米价也就越高。

相反，宁波当地的银铜比价（$lscpricenb$）、宁波银条的净进口值（$nsilvbimpp$）、宁波从上海出口的外国银元净值（$lnsilvexpsh$）、全国白银存量（$lsilvstn$）等则是促使宁波米价下降的因素。就拿宁波的银铜比价来说，当地的银铜比价越高，意味着宁波当地的白银越贵，那老百姓就要用更多的铜钱来支付米价，这时候，宁波当地的米价反而越低，这与全国银铜比价上升的影响是完全相反的。我们猜测，其中的原因很可能是宁波当地银铜比价的运动方向与全国相反，也就是说宁波当地的货币市场具有与全国相反的运动轨迹。有关这一点也可以从上述全国性银铜比价与宁波银铜比价二者之间的关系图 6.10 中看出来。从宁波银条的净进口（$nsilvbimpp$）来看，宁波进口的银条越多，意味着白银货币的价值相对越低，因而白银价值越低，米价就更加低，这也是完全符合我们预期的。从宁波自上海出口的外国银元净值（$lnsilvexpsh$）来看，按照道理，这一净值越多，说明留在宁波本地的白银数量应该越少，因而，银价通常越贵，老百姓就要用更多的铜钱来换取白银并购买大米,所以大米价格应该越高,但其系数却显著为负,我们猜测,原因可能是,宁波自上海出口的外国银元净值只是流出宁波的外国银元的一部分,而不一定是全部。还有,全国白银存量($lsilvstn$)越多,假定这些白银中的绝大多数都进入社会流通的话,那就意味着在铜钱数量不变的条件下,白银将出现价值贬值,因而老百姓用更少的铜钱就能换来白银并用以购买大米,因而米价是下降的。但是如果国内铜钱的数量也同幅度上升或更大幅度增加的情况下,比如,如果银铜比价指导价格固定不变,那么,老百姓就会用更多的私铸铜钱或者成分掺假铜钱等形式来进行应对,其结果很可能是以白银计价的米价反而上涨。有关这一猜测,其实可以在我的其他文章中看到,比如,Zhao(2016)。

其余三个变量,也即宁波从上海进口的外国银元($nsilvimpsh$)以及从全国进口的外国银元($nsilvimpn$)、从上海进口到宁波的外国银元的净值($losilvfsh$)等对宁波米价的影响并不稳健。时间趋势项表明,宁波米价存在着随着时间下降的趋势,这与全国米价上涨的趋势是相反的。

6.7　时间差异性的回归结果

在上面的回归中,我们发现,可能如上发现的相关关系会随着时间而发生变化,因为1843年之后的中国包括宁波,已经在很大程度上丧失了外贸主权,因而货币主权,包括银铜比价等在很大程度上也变成了这些内外条件作用的结果,因而其本身的运动轨迹可能已经发生了变化。为了更好地分析这一点,在下面的回归中,我们就以表6.3中的回归方程(1)作为回归方程,分别以1843年、1863年为分界点来看看,上述的这些发现是否会随着研究时间段的变化而变化。具体结果见表6.4所示。

在表6.4第一列回归中,我们只放入全国白银流入存量($lsilvstn$)、全国银铜比价($lscpricen$)、宁波银铜比价($lscpricenb$)、旱涝灾害指数($weath$)、通商口岸虚拟变量($tradep$)与时间趋势项($trend$),因为其余的变量观测值到1863年之后才有数值。在第二列、第三列、第四列和五列中我们分别考察这些变量在1843年、1863年前后随着时间的变化情况。

表 6.4 时间差异性的回归结果

被解释变量	lxricep	lxricep	lxricep	lxricep	lxricep
时间段	1819—1919	1843 年前	1843 年后	1863 年前	1863 年后
方程	(1)	(2)	(3)	(4)	(5)
weath	−0.001 06	−0.016 3 ***	0.006 58 **	−0.023 0 ***	0.005 29
	(−0.32)	(−5.14)	(2.27)	(−7.90)	(1.54)
lscpricenb	−1.510 ***	−0.268 ***	−0.977 ***	0.227 ***	−1.420 ***
	(−31.12)	(−4.51)	(−17.44)	(3.55)	(−20.00)
lscpricen	0.109 ***	1.241 ***	−0.087 8 ***	0.157 ***	0.186 ***
	(3.24)	(11.56)	(−2.96)	(3.45)	(4.62)
lsilvstn	−0.659 ***	0.237 **	−1.146 ***	0.858 ***	−1.141 ***
	(−16.92)	(2.13)	(−31.11)	(12.11)	(−20.20)
tradep	0.259 ***		−0.053 0 *	0.362 ***	
	(13.23)		(−1.74)	(22.92)	
trend	−0.006 94 ***	0.032 1 ***	−0.016 0 ***	0.012 4 ***	−0.013 7 ***
	(−15.29)	(24.42)	(−27.68)	(16.80)	(−19.10)
_cons	22.17 ***	−7.095 ***	25.66 ***	−7.224 ***	26.56 ***
	(32.04)	(−3.65)	(46.36)	(−5.67)	(39.46)
N	1 203	279	924	519	684
adj.R^2	0.687	0.907	0.803	0.690	0.836

注:括号内的数字为 T 统计值,* $p<0.10$, ** $p<0.05$, *** $p<0.01$。

从表 6.4 可见,从 1819—1919 全时间段来看,宁波银铜比价对米价的影响显著为负,全国银铜比价对米价的影响显著为正,全国白银存量的系数显著为负,这与表 6.3 中的发现完全一致。通商口岸虚拟变量对米价影响的系数显著为正,说明,通商口岸的开通显著地提升了当地的米价,这与上述 1863 年后我们用流入、流出的白银净值等衡量的结果存在一定差异。毕竟通商口岸反映的是 1843 年宁波通商口岸开通对米价的大体影响,而上述宁波进口外国银元净值与自上海口岸出口的外国银元净值反映的是具体进出宁波的外国银元的影响。自然灾害指数的影响似乎并不显著。

从 1843 年前后的差异来看,宁波银铜比价的影响始终显著为负,没有变化,但全国性银铜比价的影响却显著变化,由之前的显著为正变化为显著为负;类似的是,白银存量的系数也由之前的显著为正变为显著为负,旱涝灾害对米价的影响也发生了变化。相比较而言,在这些影响宁波米价的因素中,只有宁波银铜比价这一变量的系数始终显著,且符号始终为负,说明,相对于全国性因素、自然灾害因素对宁波米价的影响而言,宁波当地银铜比价的影响可能要更加稳健。

从 1863 年前后的对比来看,全国性银铜比价的系数始终显著为正,但宁波银铜比价的系数却前后发生了较大变化,这与我们上述图 6.9 中全国性银铜比价与宁波银铜比价在 1860 年后不同的变化趋势是一样的。类似的是,全国白银存量的影响在前后差异较大。旱涝灾害的影响由之前的显著为负变为不显著。

综上可以这样下结论,在影响宁波米价的因素中,宁波银铜比价这一地方性的货币因素可能是影响宁波当地米价的最重要因素,其次才是全国性的银铜比价因素以及白银存量等因素,但这些因素的影响相对有限,并且随着时间不同而呈现出明显的变化趋势。通商口岸因素,总体上可能对当地的米价产生了向上的压力,但这一影响在 1863 年前比较显著,之后由于它与其他变量之间较强的相关性,Stata 系统自动舍弃了该变量,因而我们无法进一步考察其影响。

6.8 对米价影响的动态分析

由于本章分析的数据全部是时间序列数据,因而按照正常的时间序列数据检验程序,我们有必要对这些变量的平稳性等进行逐一检验,然后才能进行相应的分析。但由于时间序列数据平稳性的分析,包括动态模型中的解释变量、被解释变量滞后阶数的确定,往往存在着较大的差异,在时间序列数据观测值较少的情况下,这样做就很难获得稳健的分析结论。为了避免这一点,我们在如上两部分分析的基础上,考察解释变量滞后一阶对被解释变量的影响是否有所变化,以此来考察上述结论的稳健性。相应的结果在表 6.5 中给出。其中第一列以表 6.3 中的第一列作为回归基准,第二列中我们将被解释变量滞后一阶项放入,第三列以表 6.4 中的第一列作为回归基准,在第四列中我们将被解释变量的滞后一阶项放入回归。

表 6.5 动态影响结果

被解释变量	*lxricep*	*lxricep*	*lxricep*	*lxricep*
时间段	1863—1919	1863—1919	1819—1919	1819—1919
方程	(1)	(2)	(3)	(4)
L.lxricep		**0.949** ***		**0.989** ***
		(75.17)		**(173.64)**
weath		−0.000 360		−0.000 666
		(−0.30)		(−0.95)
L.weath	**0.008 84** **		0.003 89	
	(2.43)		(1.08)	
lscpricenb		**−0.066 2** **		−0.008 78
		(−2.06)		(−0.63)
L.lscpricenb	**−1.517** ***		**−1.655** ***	
	(−19.15)		**(−31.60)**	
lscpricen		−0.004 03		−0.004 83
		(−0.26)		(−0.73)
L.lscpricen	**0.394** ***		**0.351** ***	
	(8.72)		**(10.87)**	
losilvfsh		**−0.002 73** *		
		(−1.86)		
L.losilvfsh	**−0.040 5** ***			
	(−9.46)			
lnsilvexpsh		−0.003 80		
		(−1.30)		
L.lnsilvexpsh	**−0.036 4** ***			
	(−4.05)			
nsilvbimpp		0.000 039 2		
		(0.44)		
L.nsilvbimpp	**−0.000 779** ***			
	(−2.88)			
nsilvimpsh		−2.07e-09		
		(−0.69)		
L.nsilvimpsh	**−2.93e-08** ***			
	(−3.17)			
nsilvimpn		1.34e-09		
		(0.49)		
L.nsilvimpn	9.52e-09			
	(1.12)			
lsilvstn		−0.016 2		−0.000 840
		(−1.46)		(−0.16)

（续表）

被解释变量	*lxricep*	*lxricep*	*lxricep*	*lxricep*
时间段	1863—1919	1863—1919	1819—1919	1819—1919
方程	(1)	(2)	(3)	(4)
L.lsilvstn	−0.289 ***		−0.194 ***	
	(−8.91)		(−7.41)	
tradep			0.437 ***	0.005 43
			(24.74)	(1.29)
_cons	17.15 ***	1.023 ***	16.06 ***	0.165
	(25.56)	(3.37)	(26.24)	(1.10)
N	673	674	1 202	1 203
adj.R²	0.837	0.983	0.625	0.986

注：括号内的数字为 T 统计值，$*\ p<0.10$，$**\ p<0.05$，$***\ p<0.01$。

从表 6.5 中第一列可见，仅考虑解释变量滞后一阶项时，表 6.3 中的宁波银铜比价、全国银铜比价、全国白银存量、宁波当地的旱涝灾害变量、从上海流入的外国白银、从上海出口的外国银元、宁波外国银元净进口等系数的符号基本没有发生任何变化。从第二列可见，当我们考察米价滞后一阶项后，不少变量的系数不再显著，仍然显著的只剩下宁波银铜比价以及从上海流入的外国银元两项。从第三列来看，仅考虑解释变量滞后一阶项时，宁波银铜比价、全国银铜比价、全国白银存量、通商口岸虚拟变量仍然显著，但是当考虑被解释变量滞后一阶项后，这些影响都不再显著，这说明，这些因素的影响的的确确较好地反映到被解释变量当中去了，并且这种影响往往会延续一年左右。

6.9　对宁波通商口岸作用的讨论

在上面的讨论中，我们发现宁波通商口岸的开通对当地米价产生了显著向上的推力，但我们并不清楚宁波通商口岸的这种作用到底是通过什么途径来影响米价的？在这部分我们将详细讨论并检验这一点，具体的回归结果见表 6.6 所示。在表 6.6 中回归第一列，我们将通商口岸与宁波银铜比价交互项放入回归,以检验二者的相互影响。类似的是,在该表回归第二列、第三列,我们分别将通商口岸与全国银铜比、全国白银存量交互项纳入回归,以分别检验通商口岸对米价的作用机制。

表 6.6 通商口岸作用机制检验结果

被解释变量	$lxricep$	$lxricep$	$lxricep$
时间	1819—1919	1819—1919	1819—1919
方程	(1)	(2)	(3)
$weath$	0.003 52	0.003 84	0.003 56
	(1.00)	(1.07)	(0.99)
$lscpricenb$	−1.281 ***	−1.632 ***	−1.662 ***
	(−17.45)	(−29.69)	(−29.76)
$lscpricen$	0.350 ***	0.268 ***	0.361 ***
	(11.05)	(2.92)	(11.10)
$lsilvstn$	−0.259 ***	−0.182 ***	−0.244 **
	(−9.41)	(−6.73)	(−2.21)
$tradep$	4.435 ***	−0.309	−0.088 9
	(7.76)	(−0.46)	(−0.09)
$tradep * lscpricenb$	−0.574 ***		
	(−7.01)		
$tradep * lscpricen$		0.101	
		(1.11)	
$tradep * lsilvstn$			0.051 2
			(0.51)
$\_cons$	14.16 ***	16.38 ***	16.55 ***
	(21.88)	(21.93)	(11.79)
N	1 203	1 203	1 203
$adj.R^2$	0.641	0.626	0.626

注:括号内的数字为 T 统计值, * $p<0.10$, ** $p<0.05$, *** $p<0.01$。

从表 6.6 可见,非常清楚的是,虽然单独看,通商口岸对米价的作用是显著为正的,但是在纳入交互项之后,只有通商口岸与宁波银铜比价的交互项依然显著,系数为−0.574,而其余交互项均不显著。这说明,通商口岸的开通,在很大程度上是通过影响宁波本地银铜比价的形式而发挥作用的,而不是通过影响全国银铜比价以及全国白银流入存量而发挥作用的。这是非常符合我们预期的。从其与宁波当地银铜比价交互项显著为负的系数来看,它在一定程度上减少了宁波银铜比价对米价上涨的对冲作用,系数由原先的－1.510降低到－1.281,但另外一方面,通商口岸的开通,也通过与宁波当地银铜比价的相互影响,强化了通商口岸对米价正面影响。有关这一点,可以从通商口岸大大增加且十分显著的系数4.435清楚地看出来。

6.10 研究结论

截至目前,我们可以初步总结这一章所获得的大体结论:

第一,宁波细籼米市场基本上是一个有效的大米市场,因为宁波米价当期值对全国性的一些货币性因素、地方性的货币性因素以及当地的自然性因素的当期值,都作出了比较灵敏的反应。不仅如此,这些变量对米价的影响往往还存在一定的滞后影响,这表明,清代宁波粮食市场的有效性,应该是比较健全和高效的。

第二,地方性的气候因素对宁波的米价产生了较为中短期的影响。一般的规律是,当年的气候条件越是干旱,当年的米价就会上升,反之则反是。但在考虑不同的时间段后,气候因素的影响似乎并不稳健。在考虑被解释变量的滞后一阶项后,气候因素的影响就不再显著了。这说明,气候因素对米价的影响已经完全反映在当年以及下一年的米价当中了,除此之外,尚不存在气候的额外影响。

第三,从金融性因素来看,全国性货币因素与地方性货币因素均会对宁波米价造成了较为显著的影响,但二者的作用却完全相反。具体而言,全国银铜比价是促成宁波米价上升的因素,但当地银铜比价却是促使米价下降的因素。这很可能意味着,宁波金融市场具有领先于全国金融市场的高度敏感性,从而当地的市场主体就会相机提前对全国性市场因素作出反应来保护当地的地方利益。考虑到近代宁波富商较多,因而,这一点推理应该是合理的。另外,从二者的长期影响来看,虽然二者在滞后一阶后仍然对米价产生影响,但全国性银铜比价的影响力却没有宁波当地银铜比价影响那么广阔,后者即使在考虑被解释变量一阶滞后后仍然对米价产生影响,这说明,宁波当地银铜比价对米价的影响比较广泛深远,也比较长期,即使在考虑米价滞后一阶变量后仍然存在。还有,二者的影响也存在一定的时间差异性。

第四，宁波自上海以及其他地方的外国银元进出口也显著影响宁波米价本身，并且它们的影响滞后一年也仍然存在。具体而言，从上海流入的外国银元、从上海进口的外国银元、从上海出口的外国银元以及从全国进口的外国银元净值等，都是促使米价下降的因素。但值得注意的是，由于数据的缺失，我们发现，这些变量的影响往往表现在 1863 年以后，而不一定是以前。

第五，1843 年宁波通商口岸的开通可能对宁波米价产生了显著向上的推力，并且这一影响在滞后一阶后仍然存在，因为宁波通商口岸的开通使得宁波当地的货币金融市场在一定程度上与国际市场联通，因而宁波通商口岸的开通，在一定程度上弱化了宁波银铜比价对米价的负面影响，但同时也使得通商口岸本身对米价上升的推力大大增加。这说明，本章所发现的宁波当地银铜比价这一国内汇率体系的确在应对国外的货币冲击方面发挥了正面作用，但通商口岸的开通却类似于另外一个经济冲击一样，一方面弱化了这一内部汇率体系对米价上涨的对冲作用，另一方面，也成了推高宁波米价的重要力量。其背后的原因可能意味着，在国外武力作为背景下的被迫通商，在很大程度上打击了国民的信心和对未来经济的预期，另外一方面也使得国内原有的可能造成对社会稳定冲击的因素的压力变大。

美洲白银流入、气候变化与清代物价革命——来自清代中国 12 省 114 府的经验证据

7.1 引言

在经济学界,物价革命(The Price of Revolution)特指 15 世纪末西方"地理大发现"之后,大量来自美洲的白银等贵金属输入欧洲,从而引发欧洲范围物价普遍上涨但物资生产并未增加的一种经济现象。由于这次物价上涨范围遍及整个欧洲范围,涉及工业、农业等各种商品且上涨幅度前所未有,在时间上又持续了一个多世纪,所以经济史学界称之为"物价革命"①。

① 参见 http://en.wikipedia.org/wiki/Price_revolution。类似的是,布罗代尔与斯普纳在《剑桥欧洲经济史(第四卷)》中专辟一章讨论 1450—1750 年的欧洲价格,参见里奇、威尔逊(2003)。Fischer(1996)也详细讨论了人类历史上的历次价格革命。

有关欧洲物价革命,经济学家做过大量研究。他们的普遍发现是,西班牙、瑞典、法国、德国、英国和奥地利等国均发生了类似的物价革命,其中美洲白银的流入是最重要的原因(Hamilton,1934;Hammarstrom,1957;Fisher,1989;Fischer,1996;Brenner,1962;Flynn,1995;Glahn,1996;Goldstone,1984;Frank,1998;Peter,1985 等)①。然而让人奇怪的是,既然欧洲发生了物价革命,而明末以及整个清代的中国又和欧洲、美洲存在着大量的贸易活动,并且中国在绝大多数时间处于贸易顺差地位,因而,按照经济学逻辑,中国也应发生白银的流入以及类似的物价革命,但经济学界有关白银流入与中国物价革命的研究却并不是很多。其中的原因一是中国有关方面的历史记载大多是描述性的,缺乏丰富的量化数据;二是中国与欧洲地理距离遥远,而仅有的陆上丝绸之路的历史也表明,这种贸易进行起来成本高昂、效率也低。于是经济学家并不确定在中国是否也有类似的机制存在。

根据史料记载,从 1738 年到 1910 年,中国江南地区的上米价格从每仓石 100 银分上涨到每仓石 380 银分,涨幅达到了 380%。著名经济史学家全汉昇(1957)曾经敏锐地注意到,"美洲白银的大量输出,不独在大西洋对岸的欧洲要引起物价革命,就是在老远的中国,其物价也要因此受到影响而发生急剧的变动。不过因为在地理位置上,中国和美洲的距离较远","因此物价受到影响而引起的波动,也不像欧洲各国那样发生于十六七世纪,而(是)迟至十八世纪始特别明显的表现出来"。遗憾的是,全汉昇有关中国物价革命的讨论仅仅是通过针对苏州、扬州、萧山和广州等几个府米价的剧烈增长趋势来论述的。很显然,他有关白银流入与中国物价革命的说法尽管颇具思想前瞻性,但从经济计量学角度看,显然是有待完善的。

非常幸运的是,我过去十多年积累了大量有关中国清代粮价、气候变化、洪涝灾害等方面的历史数据,这非常有助于弥补全汉昇(1957)的以上缺陷。Zhao(2016)和赵红军等(2017)的实证研究证明,在清代华北平原的 22 府以及江南的松江府,也存在着类似的物价革命现象,并且美洲白银的确是

---

① 欧洲价格(革命)的最早文献似可追溯到 16 世纪中后期的 Bodin(1568)、17 世纪中后期的 Mun(1664)、Petty(1690)以及 Locke(1696)等。多谢匿名审稿人的提示。

罪魁祸首。然而,这些研究并没有验证这一现象是否也发生于盛产大米的我国南方地区。有鉴于此,本章试图针对中国南方12省114府的面板数据,进一步验证全汉昇(1957)提出的物价革命假说。具体而言,我们通过构建白银流入流量密度和白银存量密度两个变量,在控制相关变量基础上,发现二者均对南方地区的米价上升产生显著影响,其会推动每仓石米价上升0.427银分和149.6银分左右,程度较欧洲要弱;并且这一影响还存在着明显的时间差异性,1840年前强,之后弱,意味着货币冲击加上武力侵略打破了清代经济体的内部平衡,米价上涨幅度降低。在相关控制变量中,传统的旱涝灾害、战争瘟疫、人口发挥了作用,但其影响并不稳健,在1840年前后发生了较大变化,相较而言,白银流入这一冲击的影响要更加稳健一些。

　　本章的贡献可能体现在以下两个方面:一是再次使用严谨的计量经济学方法,检验了美洲白银流入与中国物价革命之间的关联性和规律性,比如,不独在华北平原等京畿重地发生了物价革命,而且在南方也发生了类似的物价革命;二是明确导致中国清代发生物价革命的真正原因,有助于从深层次来理解传统中国走向经济和社会衰落的根本原因,即清代中国经济由盛至衰的过程并不仅仅是武力侵略的结果,而是由贸易顺差导致的美洲白银流入以及西方列强以武力为后盾的鸦片贸易等综合作用的结果,进而,国力衰败,导致对内无力管控外汇冲击,对外无法抵御外敌入侵,在内忧外患面前轰然倒台。我们的这一发现与1960年代以来,许多发展中经济体在全球化进程中所经历的较长时间的通货膨胀这一事实完全一致(Goldstone,1984)。这说明,本章有关美洲白银输入与中国物价革命的理论研究具有一定的普遍意义。

　　本章其余部分的结构安排如下:第二部分是美洲白银输入与物价革命的文献综述;第三部分是清代经济背景和研究区域的介绍;第四部分是模型设定、数据来源及实证策略;第五部分是实证结果及分析;第六部分是结论。

7.2　文献综述

　　关于美洲白银流入和物价革命之间的关系,成熟的研究主要集中在国外。比如,Hamilton(1934)的文章是第一篇研究物价革命的经济学文献。作者发现,美洲白银的流入与 16—17 世纪上半叶西班牙物价革命之间存在着因果关系,原因是西班牙乃美洲白银的最早发现者和生产控制者,西班牙当时也实行银本位的货币体制,因此,美洲白银大量输入,就导致了西班牙国内生产没有大幅增长,而国内物价水平普遍上涨的物价革命。Hammarström(1957)和 Brenner(1962)在 16 世纪的瑞典和英格兰也发现了类似的因果关系。Fisher(1989)从货币数量论和货币经济学角度,证明了美洲白银输入与 16 世纪和 17 世纪初西班牙、法国、德国、英国和奥地利物价革命之间的因果联系。Riley & McCusker(1983)从货币数量论的角度检验了货币供给、经济增长与法国物价革命之间的关系。Goldstone(1984)并不完全同意以上假说。他认为,美洲白银输入和人口总量增长都是从总量层面来解释欧洲物价革命的原因,而城市化水平的提升以及分工专业化的作用也非常重要,因为它会使得英国的货币流通速度加快,从而能够更加全面地解释人口增长背景下的物价革命。

关于中国物价革命的研究大多采用描述性分析且视角各异,分析的结果也大相径庭。比如,全汉昇(1957)的研究支持美洲白银输入与中国物价革命的关系。他通过针对江南米价随着时间变化趋势的分析发现,当时全国的米价大约上涨了四倍。他认为,造成米价上涨的主要原因就是美洲白银的流入,而大米收成的丰欠,或者气候因素只能解释米价的短期波动,而人口增长也只能影响粮食价格,但无法解释粮食之外的其他商品,比如工业品或非农商品等价格的长期增长。林满红(1993)虽然分析的是 1808—1856 年间白银外流的负面影响,但从另外一个角度看,他也是白银流入所导致的物价革命的支持者。他发现,"除起始的嘉庆晚期和即将结束的咸丰初期之外",1808—1860 年间全国各地银钱比价的普遍情形是银贵钱贱,造成这种现象的原因恰恰是鸦片输入导致的白银外流。陈仁义等(2002)对 1738—1789 年苏州米价的分析发现,苏州米价年均线性增长率约为 6%,由于这一时间段的人口增长率和粮食增长率几乎相当,所以他们认为,的确是美国白银的流入导致了 18 世纪苏州米价的长期上涨。彭凯翔(2006:57—60)同时提到了粮价上涨的通货因素、人口、气候、技术等因素,并且他也认为通货因素的影响是清代粮价上涨中的最主要因素,尽管他并未对此进行严格的计量检验。

另外一些文献虽然也提到了美洲白银与中国物价革命的关联关系,但反对夸大美洲白银的作用。例如,Goldstone(1991a:359—360)认为,中国的物价确实表现出和欧洲及世界其他地区一样的通胀趋势,但将米价换算成每石多少两白银来表示时,他并不认为这是美洲白银流入的结果。相反,则是中国人口增长的结果。李隆生(2010:164—183)通过估计19世纪初民间银票流通的数量后认为,"海外白银流入数量过少或甚至发生净流出现象之时,民间银票/私票可相应增加,以满足经济运作对货币的需求",因此,货币供给应该并未出现太大异常。所以,他认为"人地压力可能是最主要的因素"。Zhao(2016)运用来自中国经济核心区——清代华北地区22个府的粮价数据发现,即使控制气候、人口等因素后也能系统地发现美洲白银的输入是华北平原粮价上涨的重要原因。

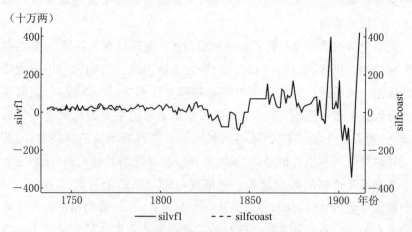

图 7.1 1736—1911 年中国美洲白银流入量

综观国内外的相关研究,可发现如下的一些共同缺陷:首先,大多研究是描述性的,较少运用多变量的计量检验,比如全汉昇(1957)仅使用江南几个府的米价进行分析,林满红(1993)仅使用1798—1850年的银钱比价数据,并且这些数据主要取自河北宁津县,而陈仁义等(2002)仅使用苏州的米价来进行论证。笔者认为,依赖较少的数据覆盖面而试图说明中国是否发生物价革命这一假说显然不妥,因此急需更多量化研究;其次,在研究方法上看,描述性研究往往只关注少数几个因素之间的因果关系,而清代粮价的高低则是供给、需求、美洲白银输入、气候变化等多种因素综合作用的结果,因此,就有必要控制这些变量的影响。

7.3　清代的经济背景与研究区域

7.3-1　清代币制与美洲白银流入

从币制来看,清代"实行金属本位制——银铜复本位,政府赋税、长程贸易和趸售交易采用白银,零售和工资则以铜钱支付"(李隆生,2010:119)。一般而言,白银是由政府铸造的,而铜钱形式上也是由政府铸造的,但随着时间延续,不仅各地政府而且也有私人或者不少商户私自铸造,结果,铜钱的成色逐步变差,重量减少;从白银和铜钱的关系来看,白银是一般计价单位,而铜钱则是辅助货币,并且银钱二者的关系跟西方的复本位货币体系存在较大差别,它们不是相互替代关系,而表现为互补关系,因为两者在不同层次上发挥着不同的功能(燕红忠,2008)。

从白银和铜钱在全国各地的使用情况来看,北方以铜钱为主,东南沿海、南方地区多以白银为主,中西部以白银和铜钱并用。19 世纪中期之前,随着贸易顺差而流入的西班牙银元,"在中国南方、贸易发达之地,渐渐开始取代形式和成色紊乱的银块和银锭,作为交易的媒介"(李隆生,2010:169)。"约到了 1800 年,美洲白银已广泛流通于中国南部,特别是江南地区"(李隆生,2010:11)。

有人也许否定美洲白银在中国近代经济中的作用,其证据是明清中国也是白银生产国。但资料显示,从明代中叶到清代中叶,云南每年产银大约只有 30 万—40 万两,因此,中国所需的白银,大部分还是从海外输入(王业键,1996:1—7)。"17 世纪时的中国,白银流入的主要来源为日本和西属菲律宾。到了 18 世纪初期,日本白银几乎就不再输进中国,输入中国的完全变为占全球产量八成以上的美洲白银。18 世纪,中国进口白银的主要来源为英国、荷兰和西属菲律宾。19 世纪前期,中国因鸦片和棉花的大量输入,贸易产生赤字,国内白银大量外流。19 世纪中期,因生丝出口大增,加上原来的茶叶出口,白银又再次回流。19世纪90年代到清朝灭亡,中国对外贸易快速失衡,加上巨额战争赔款,靠着华侨汇入的白银和政府对外借款,方得弥补。(李隆生,2010:119)"如果我们要比较清代美洲白银输入的情况,毫无疑问,"美洲白银占了绝大多数"(王业键,1996:1—17)。

图7.1给出了1736—1911年通过通商口岸、中日贸易以及中国和西属菲律宾流入的白银量总和(silvf1)和仅仅通过通商口岸流入的白银总量(silf-coast),单位为十万两,相当于每年流入中国的美洲白银流量。从中可以看出,两者之间只存在较小差异,趋势完全是一致的,即在这176年间,除了1830—1850年与1880—1889年白银外流外,平均每年都有269万两美洲白银输入中国。

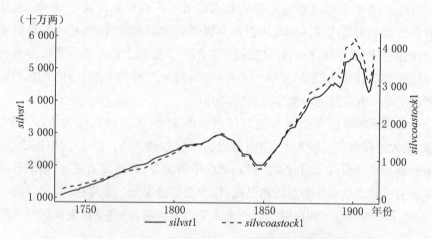

图7.2 1736—1911年流入国内的美洲白银存量

资料来源:李隆生(2010:148—155)。

图7.2给出了1736—1911年流入中国的美洲白银累计量,相当于白银流入在国内的总存量(silvst1)以及仅仅通过通商口岸流入的白银存量(silv-coasock1),单位均为十万两。从中可以看出,两者的趋势几乎是相同的,即除了1830—1850由于鸦片贸易而导致的白银外流以及1900年前后战争赔款导致的白银外流之外,中国国内的美洲白银存量都是不断上升的。

如果按照国内白银流入总存量($silvst$)最高的年份计算的话,1900年海外流入中国的白银总存量已经比 1736 年增加了 417.28%。由于中日贸易白银流入量主要发生于 1708 年以前,中国和菲律宾贸易流入的白银量在 1777 年后变得非常小。所以如果扣除这两者而只计算通过通商口岸流入的白银总存量,那么,1736—1900 年,白银流入存量甚至高达 1 988.04%(李隆生,2010:148—155)。这些信息意味着,在大量美洲白银流入的背景下,大清帝国的金融和经济体系就很难再像以前那样独善其身了。

7.3-2　清代的粮食生产与贸易情况

从清代粮食的生产区域来看,一般北方生产小麦,而南方生产稻米。从粮食贸易来看,由于南方地区潮湿,小麦难以久存,所以,绝大多数小麦贸易主要发生在北方地区。而南方地区的稻米则是在全国范围内流通的、数量很大的粮食品种,自明朝以来,其主要运输方向均是南米北调。由于南方盛产的稻米品种很多、品质差异较大,所以往往在市场上区分为上米、中米和下米进行买卖。从王业键经过三十多年整理的"清代粮价资料库"中的情况来看,上米、中米和下米的生产和销售主要在安徽、福建、广东、广西、江苏、湖南、湖北、贵州、四川、江西、云南、浙江等 12 个省。

从老百姓与粮食市场的关系来看,清代比明代显得更加紧密。不论粮农还是地主都要缴纳税银,还要支付日常生活、婚丧和生产用具等费用(邓亦兵,1995)。据史料记载:"输贡赋则需钱,以供宾客修六礼则需钱,一切日用蔬菜柴盐之属,岁需钱十之五六。钱何来,惟粜粟耳"[①]。因此,以银、钱作为媒介的粮食贸易,在清代的经济发展中就占据了十分重要的地位。

在美洲白银流入的背景下,南方地区的大米出现了较大幅度的上涨。图 7.3 显示了研究区域上米、中米下米的价格走势。从该图可以发现,研究区域的大米价格呈现上升趋势。若以 1736—1750 年为基期,1750—1800 年出现缓慢上涨趋势,1800—1850 年一直处于高位,之后有所下降,但 1880 年之后又进入上升通道。

---

① 《篙县志》卷一五"食货"。

（银分）

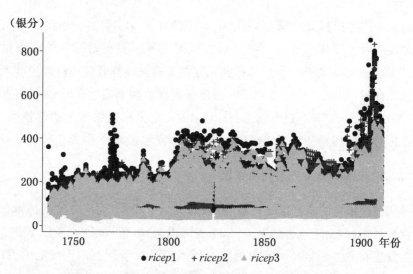

图 7.3　1736—1911 年研究区域上中下米价格走势

资料来源：王业键："清代粮价资料库"。

7.3-3　研究区域介绍

本章选择的研究区域涉及安徽、江苏、浙江、福建、广东、广西、湖南、湖北、江西、四川、贵州、云南等 12 省共 114 个府。从它们在中国地图中的地理布局来看，共涉及东南、中南、西南和南部四个地区，具体分府情况见表 7.1 所示。之所以选择它们作为研究对象，主要有三方面考虑：

第一，据史料记载，明清的白银流入首先主要从东部、南部等沿海地区流入中国，之后随着贸易路线、区域间的货币比价套利等途径而逐步传入相邻的西南地区、中南部地区，因此，选择这些地区可以较好地考察白银流入对物价的区域影响与差异。

第二，从清代的粮食生产、消费和贸易情况来看，包括东南、中南和西南等南方地区往往是稻米生产、消费和贸易的传统区域，尽管这些地区各自生产的大米品种有一定差异性，但总体上构成一个相对统一的市场范围。因此，本章所选择的上米、中米和下米价格这一被解释变量在这些地区之间就具有一定的可比性。

第三，本章选择的这些地区和府来自当前有关米价覆盖范围地区最广、横跨时间最长的"清代粮价资料库"，因而也是本章进行白银流入与物价革命关系研究最理想的选择之一。

表 7.1 研究区域情况

地　区	省份(府数)	分　府　情　况
东南部地区	安徽(12)	安庆府　池州府　滁州府　凤阳府　和州　徽州府　六安州　庐州府　宁国府　泗州府　太平州　颍州府
	江苏(9)	常州府　海州　淮安府　江宁府　松江府　苏州府　太仓州　扬州府　镇江府
	福建(4)	福州府　延平府　永春府　漳州府
	浙江(1)	杭州府
中南地区	湖南(10)	宝庆府　常德府　郴州府　辰州　桂阳厅　衡州府　永州府　沅州府　岳州府　长沙府
	湖北(7)	汉阳府　黄州府　荆州府　武昌府　襄阳府　宜昌府　郧阳府
	江西(14)	抚州府　九江府　南昌府　赣州府　广信府　吉安府　建昌府　临江府　南安府　南康府　宁都府　饶州府　瑞州府　袁州府
西南地区	四川(5)	成都府　夔州府　宁远府　酉阳府　重庆府
	贵州(13)	安顺府　大定府　都匀府　桂阳府　黎平府　平越府　石阡府　思南府　思州府　铜仁府　兴义府　镇远府　遵义府
	云南(20)	澂江府　楚雄府　大理府　东川府　广南府　广西府　景东府　开化府　丽江府　临安府　蒙化府　普洱府　曲靖府　顺宁府　武定府　永北府　永昌府　云南府　昭通府　镇沅州
南部地区	广西(11)	桂林府　柳州府　南宁府　庆远府　思恩　泗城　太平府　梧州府　浔州府　郁林府　镇安府
	广东(8)	潮州府　高州府　广州府　惠州府　雷州府　琼州府　韶州府　肇庆府

　　我们的研究区域主要位于 1820 年的秦岭淮河以南区域,覆盖了主要的大米产区、消费区和市场范围。其中南方地区的有些省府并没有包含进我们的数据集,比如浙江省只包含了一个杭州府,而并没有其他府,原因是"清代粮价资料库"中报告的上米价格中只有杭州府一个,中米和下米价格中并不包含任何浙江的府。另外,我们查看了《清代道光至宣统年间粮价表》也发现,浙江省的米价只包含籼米、细籼、晚米、细晚四种,这与"清代粮价资料库"中界定上米、中米和下米是属于不同的分类,价格方面不具有可比性,所以,在分析中并未包括。①

---

① 按照《清代粮价资料库》中的上米、中米、下米的定义,所谓上米主要包括上米、细米、白米、上稻米、上白米,所谓中米包括中米、次米、次白米、中白米,所谓下米包括下米、糙米、秫米。而《清代道光至宣统年间粮价表》中涉及的大米分类与此存在较大的不同。

7.4 模型设定、实证策略与数据来源

7.4-1 回归模型设定

为了验证清代中国物价革命这个假说，参考相关文献，我们特设定如下的简化回归方程：

$$ricep_{it} = \alpha + \beta_1(silvf1_t, lsilvst1_t) + \gamma X_{it} + \varepsilon_{it} \tag{7.1}$$

$$ricep_{it} = \alpha + \beta_1(silfden3_{it}, silvstden3_{it}) + \gamma X_{it} + \varepsilon_{it} \tag{7.2}$$

$$ricep_{it} = \alpha + \beta_1(silfcden_{it}, silvcstden_{it}) + \gamma X_{it} + \varepsilon_{it} \tag{7.3}$$

$$ricepindex_{it} = \alpha + \beta_1(silfcden_{it}, silvcstden_{it}) + \gamma X_{it} + \varepsilon_{it} \tag{7.4}$$

其中回归方程(7.1)主要是辅助检验，用以确定白银流入流量($silvf1$)和存量对数值($lsilvst1$)对米价的影响。但由于这两个解释变量均是全国性的流量和存量，难以识别各府层面的白银流入量与存量对各地米价的影响。因此，回归方程(7.2)是检验我们构建的核心解释变量——每千米白银流量密度($silvfden3$)和白银流入存量密度($silvstden3$)——对米价的影响；回归方程(7.3)和方程(7.4)主要用于稳健性检验。方程(7.3)中我们仅使用每千米从通商口岸流入的白银量密度($silfcden$)作为解释变量，而方程(7.4)中我们的被解释变量更换为大米指数($ricepindex$)。

7.4-2 时间分期

由于本章研究的时间覆盖 1736—1910 年的 176 年时间，而参照现有文献，在这一时间段内清代的经济体的确存在着一些显著的差异性。比如，1840 年之前，清代经济发展比较平稳，国内的战争起义不多，也没有列强的武力侵略，而之后国内战争包括太平天国运动、义和团运动等纷纷登场，且大清帝国也经受帝国主义列强的多次武力侵略，于是，中国的国门洞开，丧权辱国的各种不平等条约不断增加，通商口岸接连开通。因此，本章对此时间前后白银流入对米价的影响是否存在差异性。

7.4-3　变量与数据来源

1. 被解释变量

上米、中米和下米是在我国南方地区广泛生产并消费的主要粮食品种，因此，上米、中米和下米的价格就成为我们度量粮食价格的变量，本章分别使用 $ricep1_{it}$，$ricep2_{it}$，$ricep3_{it}$ 来代表，其价格单位为银分/仓石。为了更加准确地分析，我们还使用上米、中米和下米的价格指数 $ricepindex_{it}$ 来进行后面的稳健性检验。有关数据全部来源于王业键的"清代粮价资料库"。由于原始数据是每月各个府最低和最高销售价格，按照通常的逻辑，本章统一把月度数据整理为年度平均销售价格。

2. 核心解释变量

本章构建的核心解释变量有两个：一个是每个府到最近海岸线的距离上的白银流量密度，记为 $silvfdenit$，是运用下面的公式获得的：

$$silvfden3_{it} = silvf1_t/ldiscoast_i \qquad (1)$$

其中，分子是每年全国通过通商口岸以及其他国际贸易流入国内的白银流入总量（$silvf1$），单位为十万两，而分母是每个府的府治中心到最近海岸线的地理距离的对数值①，本章之所以按照这一方式构建核心解释变量主要有两方面考虑：第一，白银是清代广泛使用的主要流通货币，因此，这意味着，白银这一金属货币在国内流通的成本不应该特别大，否则，白银在国内的流通范围就会非常有限，这就与清代中后期白银在国内较为广泛流通的事实不符；第二，这一变量之所以如此设计，还因为它能够在很大程度上识别不同府之间在白银流入密度上的差异，比如，全国白银流入虽然在某个时

---

① 这里之所以使用各个府距离最近海岸线的对数值是因为各个府距离海岸线的地理距离差别很大，结果就会导致各个府之间的白银流入量在地区之间的差异过大，这一点可以从 $discoast$ 的最小值 11.5，而最大值为 1 161 上看出来。相反，在使用各个府到海岸线距离的对数后，各个地区之间在白银流入量方面的差异就会大大缩小。按照我们的计算，白银流入量在沿海和内地之间的区域差异就只有三分之一左右（$ldiscoast$ 的最小值为 2.44，最大值为 7.06）。有关发展经济学中交易成本、交易效率作用、指标构建、计量处理的相关内容，可见杨小凯（2003：31—32）以及赵红军（2005：第三章）的详细介绍。

点上是一样的,但距离海岸线近的府通常流入量会相对多一些,而距离远的府则应该相对少一些,这样,我们就能够构建出一个识别不同府白银流入量差异的面板格式变量。[①]

本章构建的第二个核心解释变量是白银流入存量对每个府到海岸线距离的密度,意味着白银流量存量变化量相对于每一千米到海岸线距离变化量的倍数,其中分子是白银流入存量的对数值,分母为到海岸线地理距离对数值,记为 $silvstden_{it}$,该变量的构建方式与(1)式存在差异,具体见(2)所示:

$$silvstden3_{it} = lsilvst1_t/ldiscoast_i \tag{2}$$

从(2)可见,(1)和(2)的最大区别就是前者分子没有取对数,而后者取对数,主要的原因是前者的白银流量数据有正有负,而后者是全部为正且数值很大。两个变量的数据全部来源于李隆生(2010)。

本章构建的另外两个核心解释变量主要用于稳健性检验,也就是我们使用全国从各通商口岸而不包括其他国际贸易途径流入的白银流量和存量,依据类似于(1)(2)式的构建法,我们构建了 $silvcden_{it}$,$silvcstden_{it}$,各自的构建思路如(3)和(4)所示:

$$silfcden_{it} = silcf_t/ldiscoast_i \tag{3}$$

$$silvcstden_{it} = lsilvcoastock_t/ldiscoast_i \tag{4}$$

3. 主要控制变量

(1)人均 GDP 或者地区间经济发展水平差异是造成各地区米价差异的主要因素。但传统社会几乎没有这样的数据。Acemoglu et al.(2002)认为,由于人口密度与经济发展具有高度的相关性,故可以采用人口密度作为经济发展水平的代理变量。为此,本章采用中国 1820 年各府的人口密度对数值作为各地区初始经济水平的代理变量,记为 $lpopd1820$,该数据来源于曹树基(2001)。

[①] 多谢匿名审稿人对如何构造随着各个府不同而有所差异的白银流入量这一解释变量的有益提示,经过反复试验,我们选择了(1)式所示的构建公式。

表 7.2 研究区域涉及的南方地区的通商口岸与开通时间

战争与条约	实际开通时间
第一次鸦片战争后的《南京条约》中涉及"五口通商"	广州（1843.7.27） 厦门（1843.11.1） 上海（1843.11.17） 宁波（1844.1.1） 福州（1844.7.3）
第二次鸦片战争后的《天津条约》《北京条约》等	潮州（1860.1.1） 镇江（1861.5.10） 汉口（1862.1.1） 九江（1862.1） 琼州（1876.4.1） 江宁（1899.3.22）
中英《烟台会议条款》	宜昌（1877.4.1） 芜湖（1877.4.1） 温州（1877.4.1） 北海（1877.4.2） 重庆（1891.3）
中葡《会议草约》	拱北（1887.4.2）
中法《商约专条》	龙州（1889.6.1） 蒙自（1889.8.24）
中日《马关条约》	苏州（1896.9.26） 杭州（1896.9.26） 沙市（1896.10.1）
中法《商务专条》	河口（1897.1） 思茅（1897.1）
中缅条约附款专条	梧州（1897.6.3） 三水（1897.6.4）
海关总税务司赫德建议	吴淞（1898.4.20）
清朝总理衙门奏请开放	三都澳（1899.5.8）
汉口英国领事要求	岳阳（1899.11.1）
日英法驻厦门领事要求	鼓浪屿（1902.5.1）
《中缅条约》	腾冲（1902.5.8）
中英《通商行船条约》	江门（1904.4.22） 长沙（1904.7.1）
广西巡抚应英法要求奏请开放	南宁（1907.1.1）

资料来源：严中平（2012：36）。

（2）在土地面积给定的条件下，人口的快速增长也是推动近代中国米价上涨的一个重要原因。由于只有 1776、1820、1851、1865、1880 和 1910 这六年的各府人口数据，若使用后会导致大量数据被遗弃，因此本章使用历年全国人口的对数值来替代，记为 $lnpopt$，数据来源于赵文林、谢淑君（1988）。

（3）由于我们研究对象的 114 个府在农业生产基本条件方面差异巨大，有的位于山区，有的位于沿海，因此为了更好地控制各府土地种植面积以及是否适合耕作的程度对米价的影响，我们分别控制了各个府的总占地面积以及是否适合耕作的程度。前者以各府 1820 年的土地面积代表，记为 $larea_i$，后者以联合国粮农组织 20 世纪 70 年代的农业适耕度来代理，记为 $agrosuit_i$，该指数是在农作物生长期、降水、碳密度、酸碱度等指标的基础上构建的每个 0.5 度地区的农业适耕度。本章在参考 CHGIS 有关 1820 年清代分府边界，在该数据库各点农业适耕度基础上计算出来的各个府平均值。

（4）自然灾害会通过影响粮食供给而影响米价高低甚至社会稳定（赵红军，2012），因此本章也对研究区域的旱涝灾害进行了控制。按照经典的处理法（Wolfgang & Shiue, 2007：107—123），我们运用自然灾害程度＝|洪涝等级－3|来取值，记为 $weath_{it}$[1]。相关数据来源于中央气象局气象科学研究院（1981）。由于其中涉及的 120 个地点是现代的市或县概念，本章采取的办法是在 CHGIS V4.0 中，将 1820 年清代各府的中国地图与 2000 年的现代地图重合，将现代的县与过去的府治对应起来，如果某府不对应任何县，则选择附近的两个或者三个县市的旱涝等级计算出该府的平均旱涝等级，以近似地代理该地点的旱涝灾害等级。

（5）地理因素也是影响米价的重要因素。但地理位置涉及的信息非常丰富，为此，本章选取两个维度对此进行控制。第一个维度是所在府的相对地理位置，一是计算了各府与大海最近的地理距离作为代理，记为 $discoast_i$，因为明清时期，尽管官方三令五申禁止走私和私下贸易活动，但靠近海岸线

---

① 在旱涝等级资料表中，洪涝等级分为 5 等，即 1、2、3、4、5，3 表示这一年没有发生旱涝灾害，2 和 4 表示有较少的旱涝灾害，1 和 5 表示发生较多的旱涝灾害。

的优越地理位置仍然是进行或明或暗的对外贸易的有利条件①。二是也计算了各府到最近通商口岸的地理距离，记为$distport_i$。我们的通商口岸计算时间是，《南京条约》签署之前，以清代官方认可的广州作为唯一的通商口岸，《南京条约》签署之后，由于增开了很多通商口岸，详见表7.2所示。因此，我们便选择通商口岸开通时间之后到最近的通商口岸的地理距离作为代理。所谓的地理距离，主要是通过Google earth7.0获得的欧几里得距离，而不是实际的步行、车行距离，这是国际经济学界的通行做法。

除了以上两个衡量各府相对地理位置的变量外，我们还设计了三个虚拟变量，以控制各府所在的绝对地理位置对米价的影响。一是，各府是否通长江或珠江等大江大河（$navig_i$）；二是，是否靠近通商口岸（$tport3_i$），具体以前面计算的各府到通商口岸距离小于等于100千米与否来代理②；三是，是否靠近大海（$coast_i$）等三个虚拟变量；

（6）除了旱涝灾害之外的战争、瘟疫、地震等天灾人祸的影响也需要很好地控制，但由于研究时间段涉及的大型战争、瘟疫很多，并且在发生地点上往往相互交叉、路线上来回往复，因此，采用虚拟变量的形式就难以获得比较准确的代理信息。为此，我们参照葛剑雄、曹树基等在《中国人口史》中的做法，将这段时间分为1776—1820年、1820—1851年、1851—1880年、1880—1910年四个时间段，分别计算了这时间内各府人口的变化量，并将这些时间段内的人口变化量作为衡量战争（包括鸦片战争、第二次鸦片战争、太平天国等）、主要大灾大难，比如光绪大灾或者瘟疫等影响的代理变量，记为$war2_{it}$。因为战争瘟疫等对农业社会的最大打击是体现在人口方面，所以，以

---

① 比如，季土家在《近八十年来清代海盗史研究状况述评》中，评述了大量清代海盗的相关研究，见《学海》1994年第5期。比较有名的研究中国南方地区海盗历史的国外著作有，Murray, D. H., 1987, *Pirates of the South China Coast, 1790—1810*, Redwood City, Calif.: Stanford University Press. Wang W.S., 2014, *White Lotus Rebels and South China Pirates: Crisis and Reform in Qing Empire*, Cambridge, Mass.: Harvard University Press. Antony, R. J., 2003, *Like Froth Floating on the Sea: The World of Pirates and Seafarers in Late Imperial China*, Berkeley, Calif.: Institute of East Asian Studies.

② 条约口岸并不一定是港口城市，内陆地区也有条约口岸，有关条约口岸的开通及其相关的口岸地点，参见文中表7.2所示。

人口变化量作为衡量战争瘟疫等对农业社会的影响具有一定的科学意义。[1]

（7）其他控制变量：比如学界公认的事实是,1840 年是中国古代和近代的一个重要分水岭[2],不仅因为之前清代经济社会发展稳定,之后逐步迈入积弱积贫的半殖民地半封建社会;而且内忧外患、政府社会风气也急转直下。因此,我们还设置时间虚拟变量 t1840,以控制除以上因素之外的其他影响因素的影响。

所有变量的统计描述在表 7.3 中给出。有关所有这些解释变量之间的相关系数,我们也进行了考察,发现解释变量之间的相关系数没有超过 0.4 的,不会影响后面回归,因此,在此省略。还有,由于我们构建的四个核心解释变量是在全国时间序列数据基础上构建的,我们也考察了它们的单位根,发现它们均不存在任何单位。

表 7.3　主要变量的统计描述

变量名称	中文名称	观察值	均值	标准差	最小值	最大值
*ricep*1	上米价格	16 421	173.716	73.136	59.75	855.04
*ricep*2	中米价格	14 551	166.711	72.486	54.5	837.33
*ricep*3	下米价格	12 990	145.419	66.104	23.125	474.667
ricepindex	大米价格指数	17 214	155.566	66.104	54.5	788.435
*silvf*1	白银流入量	20 064	22.764	75.512	−343.3	421.4
*lsilvst*1	白银流入存量对数值	20 064	7.840	0.415	6.971	80 615
*silvden*3	每千米白银流入密度	20 064	3.999	13.669	−140.561	172.539
*silvstden*3	每千米白银流入存量弹性	20 064	1.377	0.336	0.987	3.527
silfcoast	从通商口岸流入的白银两	20 051	20.587	75.560	−343.3	421.4
silfcden	每千米通商口岸白银流入密度	20 051	3.616	13.672	−140.561	172.539
silvcstden	每千米通商口岸白银存量弹性	20 064	1.247	0.326	0.754	3.423
weath	旱涝灾害指数	16 707	2.562	1.027	0	6
*tport*3	是否靠近通商口岸	20 064	0.068	0.252	0	1
navig	是否通大江大河	19 888	0.336	0.472	0	1
coast	是否靠近大海	20 064	0.096	0.295	0	1

---

[1] 比如,曹树基(2001)的第十一章、十二章运用 1851—1865 年的各省各府人口变化量衡量了太平天国运动的影响,第十三章和第十四章用 1865—1872、1876—1880 年的人口衡量了回民战争与光绪旱灾的影响,第十五章也用 1876—1880 年的人口变化衡量了光绪大灾的影响。

[2] 比如,白寿彝(2008:266)以 1840 年作为中国进入半殖民地半封建社会的标志。

（续表）

变量名称	中文名称	观察值	均值	标准差	最小值	最大值
ldiscoast	到大海的最近距离对数	20 064	5.908	0.951	2.442	7.057
*lpopd*1820	1820 年各府人口密度	20 064	4.406	0.998	2.312	6.772
lnpop	历年全国人口总数对数	18 354	19.581	0.280	18.890	19.902
*war*2	战争瘟疫代理	15 276	11.234	57.735	−456.6	150.6
larea	各府占地面积	20 064	9.475	0.643	7.748	10.849
agrosuit	各府农业适耕度	20 064	2.501	1.877	0.002	6.907
*t*1840	1840 年后虚拟变量	20 064	0.409	0.491	0	1

7.5 实证结果与分析

7.5-1 基准回归的结果

表 7.4 给出了我们基于回归方程(7.1)(7.2)的基准回归结果。

表 7.4 基准回归结果

被解释变量	上米价格 *ricep*1					
样本/方法	全样本、面板随机效应					
方程	(1)	(2)	(3)	(4)	(5)	(6)
主要解释变量						
白银流入量(*silvf*1)	0.092 1***	0.092 1***				
	(11.88)	(11.88)				
千米白银流量密度 (*silvden*3)			0.427***			
			(8.01)			
白银流入存量(*lsilvst*1)				34.07***	34.07***	
				(8.78)	(8.78)	
千米白银流入存量 密度(*silvstden*3)						149.6***
						(8.29)
控制变量						
到海岸线的距离 对数(*ldiscoast*)	−6.656			−7.150		
	(−1.25)			(−1.36)		

（续表）

被解释变量	上米价格 $ricep1$					
样本/方法	全样本、面板随机效应					
方程	(1)	(2)	(3)	(4)	(5)	(6)
是否沿海（coast）		27.77 *	26.57 *		28.98 *	−104.2 ***
		(1.76)	(1.69)		(1.86)	(−4.54)
旱涝灾害（weath）	1.217 **	1.216 **	1.330 ***	1.108 **	1.107 **	1.216 **
	(2.56)	(2.55)	(2.77)	(2.34)	(2.33)	(2.55)
是否通商口岸（tport3）	3.030	2.899	1.706	−4.205	−4.350	−5.548
	(0.48)	(0.46)	(0.27)	(−0.64)	(−0.66)	(−0.83)
是否通航（navig）	11.62	9.300	9.322	11.45	9.112	7.945
	(1.19)	(0.93)	(0.94)	(1.17)	(0.92)	(0.75)
1820 年人口密度（lpopd1820）	9.378	10.51 *	10.44 *	10.97 *	12.23 **	3.642
	(1.55)	(1.89)	(1.87)	(1.83)	(2.22)	(0.58)
全国总人口（lnpop）	104.0 ***	104.0 ***	101.5 ***	94.11 ***	94.04 ***	92.91 ***
	(8.55)	(8.55)	(8.40)	(7.65)	(7.64)	(7.55)
战争瘟疫等（war2）	0.066 0 ***	0.066 0 ***	0.065 4 ***	0.051 6 ***	0.051 5 ***	0.053 0 ***
	(4.64)	(4.64)	(4.65)	(3.50)	(3.50)	(3.67)
土地面积（larea）	10.81 *	11.84 *	11.81 *	11.31 *	12.38 **	11.52
	(1.74)	(1.92)	(1.92)	(1.82)	(2.02)	(1.53)
农耕适宜度（agrosuit）	6.733 **	6.933 **	6.918 **	6.247 **	6.457 **	5.474 *
	(2.39)	(2.47)	(2.47)	(2.25)	(2.33)	(1.83)
1840 后虚拟（t1840）	−14.33 ***	−14.32 ***	−13.04 ***	−18.44 ***	−18.43 ***	−15.83 ***
	(−3.96)	(−3.96)	(−3.63)	(−5.05)	(−5.05)	(−4.36)
_cons	−1 998.9 ***	−2 053.9 ***	−2 004.3 ***	−2 075.9 ***	−2 134.9 ***	−1 991.3 ***
	(−8.10)	(−8.00)	(−7.86)	(−8.25)	(−8.17)	(−7.56)
组间 R^2	0.35	0.36	0.36	0.35	0.37	0.23
N	9 426	9 426	9 426	9 426	9 426	9 426

注：括号内数字为 T 统计值，* $p<0.10$，** $p<0.05$，*** $p<0.01$。

从表 7.4 可见，当我们单独考虑每年全国的白银流入量和全国白银流入存量两个变量时，它们均显著地抬高了南方地区上米的价格。平均而言，全国的白银流入量每增加 10 万两，南方地区的每仓石上米价格就上升 0.092银分；而全国白银流入存量的对数值每增加 1 单位，则南方地区的上米价格就上升 34.07 银分左右。若按照我们构建的两个核心解释变量来看，每千米白银流入密度每上升 1 个点，则南方地区的上米价格就上升 0.427 银分；类似的是,若全国白银流入存量对到海岸线地理距离的增加 1 倍,上米价格将上升 149.6 银分。很显然,美洲白银流入仍然显著地提高了南方地区的上米价格,且程度不小。

具体而言,从米价上升的程度来看,假定每千米白银流入密度从最低点(-140.561 5)上升到最高点(172.539),那么,南方地区每仓石的上米价格将上升(172.539+140.561 5)×0.427＝90.99 银分;相应地,若白银存量的密度从最低点(0.987 9)上升到最高点(3.527 4),南方地区每仓石上米的价格将上升(3.527 4-0.987 9)×149.6.7＝379.91 银分。如果我们将这一米价上升的程度与米价上升之前的 1736—1750 年的米价均值每仓石 128.10 银分相比,那么,白银流量密度和存量密度对米价的影响,将促使米价上升 71.03％和 296.57％左右。这说明,美洲白银流入的确是促使清代南方地区米价上升的最重要因素之一。

在相关控制变量中,符合我们预期的是,战争瘟疫、全国人口、旱涝灾害等都显著地抬高了米价,这与现有文献完全一致。与我们预期存在一定差异的是,各府是否通航的系数虽然为正,但在统计上并不显著。另外,是否靠近沿海的影响基本符合预期,但在流量密度情形为正,而在存量弹性密度部分却为负,且显著性不高。通商口岸是否开通对米价并没有显著的影响。我们的猜测是,美洲白银向国内的流入从沿海地区开始,这是非常正常的,尽管 1843 年之前清政府明令规定海外贸易只能在广州一个口岸进行,但沿海地区或明或暗的民间贸易与走私一直存在,所以,这就使得通商口岸开通的影响在一定程度上被削弱了(两者的相关系数为 0.31);另外一个可能的问题是,如表 7.2 所示,通商口岸的开通时间大多比较晚,相对于 1736—1910 年的长时间段而言,其影响就显得不重要了。值得注意的是,农业适耕度对米价的显著为正,与我们的预期存在一定差距,但仔细思考就发现,适耕度好的地区大多是沿海和沿河地区,因而,往往也是地理条件较好的地区(适耕度与沿海和是否通航的相关系数分别为 0.21 和 0.34)。最后,1840 年虚拟变量系数显著为负,说明米价的确在前后有差别,显著下降。

7.5-2 白银流量密度的影响与时间差异

为了更加准确地考察白银流量密度对南方地区米价的影响及其时间差

异性,我们按照回归方程(7.2)先对全样本进行回归,之后分别按照 1840 年以前、1840 年以后两个时间段进行了回归,结果见表 7.5 所示。

表 7.5　白银流量密度的影响与时间差异性

被解释变量	ricep1		
样本	全样本	1840 年前	1840 年后
方程	(1)	(2)	(3)
主要解释变量			
每千米白银流入密度(silvden3)	**0.427***	**0.600***	**0.404***
	(8.01)	**(3.90)**	**(7.91)**
控制变量			
旱涝灾害(weath)	**1.330***	3.331***	−0.411
	(2.77)	(6.10)	(−0.52)
是否通商口岸(tport3)	1.706	−20.55	6.845
	(0.27)	(−1.31)	(0.71)
是否通航(navig)	9.322	7.073	13.90
	(0.94)	(0.73)	(1.13)
是否靠近沿海(coast)	**26.57***	23.81	27.90
	(1.69)	(1.38)	(1.61)
人口密度对数(lpopd1820)	**10.44***	15.21*	10.77
	(1.87)	(1.77)	(1.64)
全国人口总数(lnpop)	**101.5***	137.3***	−29.61
	(8.40)	(8.71)	(−1.58)
战争瘟疫(war2)	**0.0654***	−0.245	0.0281***
	(4.65)	(−0.91)	(2.92)
土地面积(larea)	**11.81***	14.95	19.03***
	(1.92)	(1.47)	(3.35)
农耕适宜度(agrosuit)	**6.918***	**9.140***	**5.485***
	(2.47)	**(3.19)**	**(1.74)**
1840 年后虚拟(t1840)	−13.04***		
	(−3.63)		
_cons	−2004.3***	−2758.3***	511.0
	(−7.86)	(−9.06)	(1.34)
组间 R^2	0.36	0.34	0.35
N	9426	4995	4431

注:括号内数字为 T 统计值, * $p<0.10$, ** $p<0.05$; *** $p<0.01$。

首先,从表 7.5 中所有方程中核心解释变量的影响来看,每千米白银流入密度均显著地提高了南方地区的上米价格,且 1840 年前这一系数要高出约 40.51%,而之后要小 3% 左右,原因可能是之前清政府在绝大多数时期处于贸易顺差,因而白银流入密度更大;反之,在 1840 年通商口岸逐步开通之后,进出口贸易开始联通,贸易顺差有缩小的趋势,因此,白银流入密度对米价的影响有所减小。这与图 7.1 所示的白银流入量在 1840 年以前稳定为正,而之后正负兼有、波动幅度增大的事实是一致的。

其次,从相关的控制变量看,全样本结果显示,旱涝灾害、是否靠近沿海、人口密度、全国人口、战争瘟疫、土地面积、农耕适合度的影响显著,符合预期,比如,靠近沿海的地区米价会高于其他地区,尽管显著性并不是特别高。但值得注意的是,除是否通航、是否靠近沿海、是否通商口岸前后均不显著而农耕适宜度前后仍然显著外,其余这些控制变量的影响在 1840 年前后均存在显著差异。比如,1840 年以前,战争瘟疫对米价的影响符号为负且不太显著,而 1840 年后其影响显著为正,这与清代主要战争瘟疫发生于 1840 年以后的事实是完全一致的;旱涝灾害的影响在 1840 年以前显著为正,但在 1840 年以后却变得不显著,这与竺可桢(1979)有关中国气温在 1850 年后上升的事实[1]是一致的;全国人口对米价的影响在 1840 年前显著为正,之后由于各种内外战争瘟疫等,影响不再显著,这与 1840—1880 年人口大幅下降的事实完全一致。

相较而言,白银流入密度的影响在 1840 年前后比较稳健,而其余大多数控制变量的影响均发生变化,说明,1840 年的确是近代中国经济的一个重要分界线,此前中国经济发展基本自主、平稳,唯一的影响是美洲白银持续流入,但 1840 年后,美洲白银加上帝国主义武力侵略,内忧外患的结果,整个经济体的平衡被打破。

7.5-3 白银流入存量对距离密度的影响及其时间差异性

表 7.6 是按照回归方程(7.2)先进行全样本回归接着考虑时间差异的回

---

[1] 竺可桢(1972)发现,中国的气温在 1700—1800 年上升、1800—1850 下降、1850 年后再次上升。Bai and Kung(2011),赵红军(2012)的实证研究发现,中国历史的气温升高对农业生产有正面影响,而温度降低有负面影响。因此,1850 年以后中国的气温上升,使旱涝灾害对米价的影响不再显著。

归结果。

表 7.6　白银流入存量对距离弹性的影响与时间差异

被解释变量	上米价格($ricep1$)		
样本	全样本	1840 前	1840 后
方程	(1)	(2)	(3)
核心解释变量			
白银存量对距离密度($silvstden3$)	**149.6 *****	**182.2 *****	**48.82 *****
	(8.29)	**(3.84)**	**(3.47)**
控制变量			
旱涝灾害($weath$)	**1.216 ****	3.051 ***	0.189
	(2.55)	(5.58)	(0.28)
通商口岸($tport3$)	−5.548	3.373	7.566 **
	(−0.83)	(0.16)	(2.02)
是否通航($navig$)	7.945	4.160	13.31
	(0.75)	(0.37)	(1.20)
是否沿海($coast$)	**−104.2 *****	−135.6 ***	−14.04
	(−4.54)	(−3.75)	(−0.74)
人口密度对数($lpopd1820$)	3.642	1.649	7.839
	(0.58)	(0.16)	(1.10)
全国人口总数($lnpop$)	**92.91 *****	101.0 ***	−9.192
	(7.55)	(6.84)	(−0.73)
战争瘟疫($war2$)	**0.053 0 *****	−0.030 2	0.014 8
	(3.67)	(−0.11)	(1.43)
土地面积($larea$)	11.52	9.178	19.04 ***
	(1.53)	(0.79)	(2.70)
农业适宜度($agrosuit$)	**5.474 ***	7.302 **	5.095
	(1.83)	(2.34)	(1.62)
1840 年后虚拟($t1840$)	**−15.83 *****		
	(−4.36)		
_cons	−1 991.3 ***	−2 166.7 ***	57.20
	(−7.56)	(−7.23)	(0.21)
组间 R^2	0.23	0.17	0.35
N	9 426	4 995	4 431

注:括号内数字为 T 统计值，* $p<0.10$，** $p<0.05$，*** $p<0.01$。

　　类似的是,由该表可见,白银存量对距离密度的影响与白银流入密度的影响几乎是完全一致的,即无论是 1840 年以前还是以后,它对米价的影响系数均显著为正,并且这一系数在 1840 年之后有类似的缩小趋势,这与流量部分的结果是完全类似的。

在控制变量中,全样本结果显示,旱涝灾害、全国人口、战争瘟疫、农业适耕度的影响与白银流入密度部分完全一致,系数显著为正,但人口密度和土地面积的影响变得不显著。甚至靠近沿海的影响在 1840 年以前显著为负,有点让人意外。其余绝大多数控制变量系数发生改变,说明,1840 年的确是中国近代经济的由盛至衰、由自主到丧权辱国的分界线。另外一点值得注意的是,白银存量这一被解释变量只是理论上的白银流入总量,在现实生活中到底有多少白银真正进入流通、有多少又进入窖藏,我们并不知晓,因此,这一回归只是一个理论上的预测。一个可能的检验方法是,运用各个地区的银铜比价数据来检验其对米价的影响,但我们所获的府级层面的银铜比价数据仍然十分有限,不可能用于实证研究,这留待以后更多研究来解开谜底。

7.5-4 稳健性检验

在这部分,我们将主要以回归方程(7.3)和(7.4)为主,前者是检验我们采用的另外一个主要解释变量(通商口岸白银流入密度和存量密度)的影响,后者是我们考虑被解释变量也就是粮价指数时的情况是否有所变化。

表 7.7 核心解释变量为通商口岸白银流入密度的回归结果

被解释变量				*ricep*1		
样本	全样本	1840 前	1840 后	全样本	1840 前	1840 后
方程	(1)	(2)	(3)	(4)	(5)	(6)
核心解释变量						
通商口岸白银流入密度(*silfcden*)	**0.443 *****	**0.704 *****	**0.405 *****			
	(8.29)	**(4.47)**	**(7.92)**			
通商口岸白银存量密度(*silvcstden*)				104.6 ***	194.7 ***	43.05 *
				(9.79)	(5.26)	(1.88)
控制变量						
旱涝灾害(*weath*)	1.313 ***	**3.348 *****	−0.411	1.105 **	**2.902 *****	0.062 6
	(2.74)	**(6.18)**	(−0.52)	(2.33)	**(5.44)**	(0.08)
通商口岸(*tport*3)	1.585	−20.32	6.848	−7.169	3.317	6.611
	(0.25)	(−1.30)	(0.71)	(−1.07)	(0.15)	(0.66)

（续表）

被解释变量	ricep1					
样本	全样本	1840 前	1840 后	全样本	1840 前	1840 后
方程	(1)	(2)	(3)	(4)	(5)	(6)
是否通航（navig）	9.315	7.181	13.90	8.311	4.095	13.56
	(0.94)	(0.75)	(1.13)	(0.83)	(0.37)	(1.11)
是否沿海（coast）	26.53*	23.35	27.90	−56.59***	−131.8***	−5.935
	(1.69)	(1.36)	(1.61)	(−3.02)	(−4.65)	(−0.22)
人口密度对数（lpopd1820）	10.47*	15.80*	10.76	6.952	3.432	8.396
	(1.87)	(1.84)	(1.64)	(1.19)	(0.35)	(1.26)
全国人口总量（lnpop）	101.1***	**138.0*****	−29.62	89.84***	**71.12*****	6.607
	(8.34)	**(8.72)**	(−1.58)	(7.30)	**(4.86)**	(0.21)
战争瘟疫（war2）	0.065 6***	−0.276	0.028 1***	0.055 3***	−0.085 1	0.013 5
	(4.66)	(−1.03)	(2.92)	(3.79)	(−0.33)	(1.44)
土地面积（larea）	11.81*	15.55	**19.03*****	11.83*	10.34	**19.12*****
	(1.92)	(1.53)	**(3.35)**	(1.78)	(0.92)	**(3.40)**
农耕适宜度（agrosuit）	**6.911****	9.217***	**5.485***	5.760**	7.353**	5.181
	(2.47)	(3.22)	**(1.74)**	(2.06)	(2.35)	(1.64)
1840 年后虚拟（t1840）	−13.15***			−16.59***		
	(−3.65)			(−4.62)		
_cons	−1 996.7***	−2 780.5***	511.1	−1 878.4***	−1 589.1***	−247.2
	(−7.80)	(−9.07)	(1.34)	(−7.17)	(−5.38)	(−0.38)
组间 R^2	0.36	0.33	0.35	0.30	0.18	0.35
N	9 426	4 995	4 431	9 426	4 995	4 431

注：括号内数字为 T 统计值，* $p<0.10$，** $p<0.05$，*** $p<0.01$。

　　表 7.7 是以通商口岸流入国内的白银流量密度与存量密度作为核心解释变量，而以上米价格作为被解释变量的回归结果。从中可以发现，即使主要解释变量更换为通过通商口岸流入的白银流入密度和存量密度后，我们前面的发现并未发生改变，即无论是 1840 年以前还是以后抑或是全样本，每千米美洲白银流入密度与存量密度的增加均显著地提高了南方地区的米价，且相较而言，1840 年以前这种对米价的抬升效应要大于 1840 年以后。从相关控制变量来看，除了农耕适宜度在白银流入密度情形显著性没有差异外，其余所有控制变量的显著性在 1840 年之前和之后均存在差别。

表 7.8 被解释变量为复合大米价格指数的回归结果

被解释变量	ricepindex					
样本	全样本	1840 年前	1840 年后	全样本	1840 年前	1840 年后
方程	(1)	(2)	(3)	(4)	(5)	(6)
核心解释变量						
千米白银流入密度($silvden3$)	0.400 ***	0.676 ***	0.377 ***			
	(7.71)	(4.40)	(7.72)			
千米白银存量弹性($silvstden3$)				140.7 ***	186.2 ***	26.61 *
				(8.06)	(4.35)	(1.93)
控制变量						
旱涝灾害($weath$)	1.129 **	3.053 ***	−0.451	1.035 **	2.763 ***	0.203
	(2.45)	(5.68)	(−0.63)	(2.28)	(5.10)	(0.31)
通商口岸($tport3$)	−3.677	−5.157	4.362	−10.42	20.01	6.010 *
	(−0.57)	(−0.37)	(0.44)	(−1.55)	(1.13)	(1.65)
是否通航($navig$)	9.701	8.637	12.00	8.975	4.914	11.53
	(1.11)	(1.01)	(1.04)	(0.89)	(0.48)	(1.04)
是否沿海($coast$)	22.64	21.17	19.59	−101.9 ***	−142.5 ***	−2.983
	(1.55)	(1.42)	(1.19)	(−4.49)	(−4.14)	(−0.15)
人口密度对数($lpopd1820$)	9.429 *	12.97	11.25 *	3.471	−0.609	9.580
	(1.70)	(1.53)	(1.72)	(0.56)	(−0.06)	(1.30)
全国人口总量($lnpop$)	89.70 ***	130.2 ***	−43.46 **	81.91 ***	91.95 ***	−35.67 ***
	(7.40)	(8.76)	(−1.98)	(6.69)	(6.62)	(−2.96)
战争瘟疫($war2$)	0.062 7 ***	−0.253	0.022 8 **	0.051 3 ***	−0.020 1	0.013 2
	(4.79)	(−1.01)	(2.09)	(3.82)	(−0.08)	(1.30)
土地面积($larea$)	13.81 **	13.83	22.79 ***	14.72 **	8.899	22.96 ***
	(2.13)	(1.35)	(3.83)	(1.98)	(0.78)	(3.21)
农耕适宜度($agrosuit$)	5.831 **	8.048 ***	4.404	4.450	6.269 **	4.199
	(2.34)	(3.01)	(1.54)	(1.61)	(2.08)	(1.29)
1840 后虚拟($t1840$)	−10.07 **			−12.70 ***		
	(−2.51)			(−3.26)		
_cons	−1 791.9 ***	−2 603.8 ***	744.6 *	−1 797.3 ***	−1 986.2 ***	562.9 **
	(−7.10)	(−9.13)	(1.70)	(−7.03)	(−7.09)	(2.14)
组间 R^2	0.28	0.26	0.28	0.16	0.12	0.27
N	9 754	5 137	4 617	9 754	5 137	4 617

注:括号内数字为 T 统计值，* $p<0.10$，** $p<0.05$，*** $p<0.01$。

表 7.8 是被解释变量更改为大米价格指数后的结果。从中可以发现,与表 7.5 和 7.6 一样的结果,即白银流入在每千米距离的流量密度显著正向地影响了米价,

且这一影响在 1840 年以前显著高于 1840 以后。从白银存量对每千米距离的密度来看，也是类似的结果。而其余控制变量也在 1840 以前和以后存在较大差别。

表 7.9　被解释变量和核心解释变量同时调整的回归结果

被解释变量	ricepindex					
样本	全样本	1840 前	1840 后	全样本	1840 年前	1840 后
方程	(1)	(2)	(3)	(4)	(5)	(6)
核心解释变量						
通商口岸白银流入密度（$silfcden$）	0.416***	0.776***	0.377***			
	(7.98)	(4.99)	(7.72)			
通商口岸白银存量密度（$silvcstden$）				99.31***	194.8***	26.36***
				(9.18)	(5.88)	(2.79)
控制变量						
旱涝灾害（$weath$）	1.113**	3.069***	−0.451	0.930**	2.625***	0.109
	(2.42)	(5.76)	(−0.63)	(2.05)	(4.98)	(0.17)
通商口岸（$tport3$）	−3.796	−5.028	4.364	−12.06*	19.02	5.257
	(−0.59)	(−0.36)	(0.45)	(−1.77)	(1.11)	(1.44)
是否通航（$navig$）	9.701	8.759	12.00	9.253	4.993	11.69
	(1.11)	(1.03)	(1.04)	(1.00)	(0.50)	(1.05)
是否沿海（$coast$）	22.60	20.71	19.59	−57.30***	−135.3***	−0.936
	(1.55)	(1.39)	(1.19)	(−3.18)	(−4.96)	(−0.06)
人口密度对数（$lpopd1820$）	9.454*	13.55	11.25*	6.388	1.524	9.753
	(1.70)	(1.59)	(1.72)	(1.09)	(0.16)	(1.33)
全国人口总量（$lnpop$）	89.36***	130.6***	−43.47**	79.11***	62.63***	−24.15*
	(7.36)	(8.75)	(−1.98)	(6.44)	(4.59)	(−1.83)
战争瘟疫（$war2$）	0.0629***	−0.284	0.0228**	0.0532***	−0.0827	0.0119
	(4.80)	(−1.13)	(2.09)	(3.92)	(−0.34)	(1.17)
土地面积（$larea$）	13.82**	14.44	22.79***	14.59**	10.28	23.00***
	(2.13)	(1.41)	(3.83)	(2.15)	(0.92)	(3.21)
农耕适宜度（$agrosuit$）	5.823**	8.120***	4.404	4.697*	6.352**	4.222
	(2.33)	(3.05)	(1.54)	(1.84)	(2.12)	(1.30)
1840 后虚拟（$t1840$）	−10.18**			−13.51***		
	(−2.53)			(−3.51)		
_cons	−1785.4***	−2621.0***	744.7*	−1689.2***	−1418.6***	336.4
	(−7.05)	(−9.14)	(1.70)	(−6.60)	(−5.21)	(1.20)
组间 R^2	0.28	0.26	0.28	0.21	0.13	0.27
N	9754	5137	4617	9754	5137	4617

注：括号内数字为 T 统计值，* $p<0.10$，** $p<0.05$，*** $p<0.01$。

在表 7.9 中,我们用大米价格指数作为被解释变量,且核心解释变量更改为通商口岸白银流入密度与存量弹性的回归结果。结果同样显示出我们所构建的核心解释变量的高度稳健性,尽管相关控制变量的影响以及显著性在 1840 年前后有一些变化。

在以上稳健检验的基础上,曾准备尝试 DID 方法,来进一步检验 1840年前后以及沿海和非沿海地区,或者通商口岸与非通商口岸白银流入与米价关系,但由于通商口岸的开通和白银流入都不是在同一时点上开始,而是随着时间和地点逐步渗透的,此外由于中国清代的走私和民间贸易一直比较猖獗,这样就使得在南方地区寻找实验组与参照组非常困难,这样,就使得所谓的 DID 方法变得不可行。另外一种可能的尝试是运用空间计量模型进行分析,但前提是要将本章中所有缺失的历史数据全部填充,但查看表 7.3所有变量统计信息以及所有回归表格中观测值数目之间的不小差异后,就使得我们果断放弃这种想法,毕竟本章分析的基础是现有可获的真实历史数据,而在大量人为填充之后所得到的结果恐怕与现实就差之远矣。

7.6 结论

文章通过针对中国清代 12 省 114 府 176 年的面板数据,验证了在该段时间中国是否发生物价革命的经典假说,研究发现以下基本结论:

第一,美洲白银流入密度显著地提升了南方地区的米价,白银存量弹性对米价的抬升作用更加明显,二者将使得以 1736—1750 年为基期的米价分别上升 71.03% 和 296.57% 左右。这意味着,清代的确发生了类似于欧洲物价革命的米价普遍上升,但其程度比欧洲显然弱了很多。这与全汉昇(1957)的研究结论一致,原因之一是中国到欧洲距离遥远;二是可能由于大量白银进入窖藏与银器消费,因而这一影响可能被削弱;还有,中国铜币的存在也对白银引起的通货膨胀起到了很好的对冲作用(Zhao, 2016)。

第二,美洲白银流量密度和存量密度对米价的影响存在着一定的时间差异性。普遍的发现是,1840 年以前影响较大,1840 年以后影响有所减小。背后的原因可能是,1840 年以前,中国奉行闭关锁国政策,因而,农业大国凭借丝绸、瓷器、茶叶等西方严重依赖的商品获得了大量贸易顺差,于是白银流入较大,但1840年之后随着更多通商口岸的开通,内外贸易结构发生改变,白银净流入有所减少。

第三,从文献中促成中国清代物价革命的其他各种因素的影响来看,本章控制了它们的影响。比较一致的发现是,从全样本并考虑白银流入密度情形下,旱涝灾害、是否沿海、人口密度、人口规模、自然灾害、战争瘟疫、农耕适宜度等是促成粮价提升的重要力量。但这些因素的影响在1840年之前和之后存在着不同,这也可证明,1840年的确是中国经济由盛至衰的分界线。且这些控制变量中白银存量弹性情形也有较大变化。

第四,如果将本章涉及的所有影响米价的因素进行分类归纳就会发现,货币金融类变量,包括白银流入密度和存量密度的影响似乎更加稳健一些,相反,传统因素包括人口规模、土地、战争瘟疫、旱涝灾害等的影响稳健性相对较差。这与彭凯翔(2006)的猜测一致。这是否意味着,在经济体的长期发展演变中,财政货币性因素的作用要显得更加重要一些?而外生的土地、旱涝灾害、战争要相对表面一些?本章对此不作回答,留待读者思考。

长三角气候变化、人口、货币
与米价关系的实证检验：
1638—1935

8.1 引言

    1959年，全汉昇、王业键合著的《清雍正年间(1723—1735)的米价》一文篇首提到，"在一个社会中，物价的变动被认为是一种极为重要的经济指标，它可以显示货币购买力的升降、工商业的动态以及人民的生活状况。而在一个近于自给自足的农业社会中，粮食价格又是物价中最重要的一项，粮价的变动甚至可以代表一般物价的情况，因为粮食为人人所必需，在一个以农业为主的社会中，其产品大部分都是粮食，一般物价也都随着粮价而升降"(全汉昇、王业键，1959:157—185)。这段话非常清楚地表明了研究粮价、米价变动趋势对于理解中国历史时期经济和社会发展的重要意义。

    第一，在中国历史上，粮价、米价的历史记录非常全面，相反，现在用于衡量一国总体经济状况的 GDP 指标在当时则完全不可获。在这种情况下，通过研究粮价或米价变动将打开分析和度量中国历史时期经济发展状况的另一扇大门；第二，粮价或米价变动不仅受气候、天气因素影响，而且也受到人口多寡、货币购买力等诸多因素影响，在此基础上，粮价和米价的稳定性又是影响中国社会稳定性的一个重要因素。很显然，抓住了粮价和米价这一关键变量，就能更加有效地洞察中国在过去这些世纪的经济发展状况，为我们把握外生冲击、内部反应以及相关宏观经济变量乃至政策调整等等打开了探索之门。

本章选取长三角的苏州和上海两个城市作为研究样本，来系统地考察中国历史时期气候变化、人口、货币、战争等影响米价长期趋势的诸多因素的相互作用，并通过针对 1638—1935 年长达 297 年的时间序列数据的计量经济学分析，试图揭示影响米价长期趋势的诸多因素及其相对解释力。本章所采取的研究视角与现有有关米价的研究稍有不同。现有有关米价长期影响因素的研究，大多考察了一定时间和空间范围内的诸多因素及其相互作用，比如，著名经济史学家王业键考察了长三角地区的苏州、上海、萧山、常熟等多个地区一定时间段内的米价及其相关作用问题（Wang，1992）；陈仁义、王业键和周昭宏（2002）通过分析东南沿海地区的苏州、常州、松江、镇江各地米价之间的相互关系，讨论了 18 世纪东南沿海地区的米价市场整合问题。

本章则选取一个代表性的地区作为研究样本，然后结合这个地区的气候变化重建数据、当时国家的宏观总量指标，比如人口、战争以及货币价值等数据，来考察该地区米价的长期趋势与这一地区气候变化的关系，以及全国其他宏观经济变量对于这一地区米价的综合影响问题。在本章的研究视角下，我们虽不能考察这个地区与周边地区的米价互动与所谓的市场整合问题，但却可以考察全国宏观经济变量对这一地区米价的影响，以及这一地区气候变化这一外生变量对这一地区米价变动的影响及其传导机制。应该说，这两个视角都有研究意义，并且在很大程度是相互补充、相互印证的。本章致力于目前学界研究较少的这一视角，并试图通过与专门讨论地区之间米价互动与市场整合问题的另一研究视角相互印证，以求得最可靠的分析结论。

8.2 文献综述

在过去的半个世纪中,已经出现了一批有关清代米价或粮价问题的研究文献。这些文献在有关史料的整理、数据集的建立和整理方面都作出了突出贡献,对于今天有关这一问题的后续研究具有十分重要的理论引导作用。

彭信威(1954)的著作虽然并不是一部专门研究清代米价或者粮价的文献,但作者以大米这一实物作为基本的消费品,纵向比较了不同朝代、不同货币单位下的粮价或者米价问题,从而能够相对客观准确地衡量不同朝代货币的实际购买力。特别是,作者有关清代银价、铜钱、金银之间的换算比例、金银输出入及其对米价影响的研究,十分值得研究清代米价问题的学者借鉴。另外,他有关清代米价的数据与资料对于国内的量化经济史研究也具有重要的参考意义。

全汉昇(1957)最早从美洲白银输入角度探讨了18世纪中国的米价、丝价、地价的普遍上涨现象。他认为,米价的波动一般被认为是由于收成的好坏所导致的,可是这种收成好坏只是影响米价波动的短期因素。从长期趋势看,人口增长和货币因素才是影响米价上涨的重要因素。可惜的是,这篇文献当时只是运用一些相对描述性的数据分析,论述人口增长对米价上升的影响。同样的是,虽然作者也提到了18世纪米价上涨的货币性原因,并认为美洲白银的大量输入造成了物价的普遍上涨,可是作者有关当时各国输入中国白银的数量证据也很不充分,仅仅提到了1771—1789年输入广州的白银数、1708—1757年、1776—1791年等少数几个年份英国输入中国的白银数。尽管如此,这篇文献仍然是学界研究清代米价问题的经典文献之一。

全汉昇、王业键(1959)的文献较早专门讨论清雍正年间(1723—1735年)中国南部江苏、浙江、安徽、江西、湖南、福建、广东、广西、云南、贵州和四川等12个省米价问题。由于所涉及的数据时间范围较短且很不规则,很多月份的数据残缺,所以作者只通过列表和图示的方法进行了分析。他们的研究认为,雍正年间,由于耕地能够随着人口的稳步增加而增加,且当时在全国没有发生严重的自然灾害，同时自康熙 1683 年平定台湾内乱后，一直到雍正时期终止，全国经济政治相对平稳，几乎没有发生大的战乱，所以，全国各地的米价不存在时间上的长期趋势。而东南沿海人口稠密区的局部性缺米和米价高涨却时有存在，这在某种程度上反映了东南沿海地区的人口稠密、人地比例相对较少，同时也是这些地区工商业发达、人民购买力较高所综合作用的结果。作者指出，米价长期趋势的存在可能和货币因素，人地比例密切相关。这说明，如果我们要考察米价的长期变化趋势，最好要考察货币、人口和人地比例这些重要因素的影响。

Chuan 和 Kraus（1975）主要讨论清代中期以前的大米市场与贸易问题。两位作者利用丰富的历史史料讨论了当时朝廷的两种价格报告制度——常规性报告制度与特殊性报告制度。作者认为，无论是从市场的存在性、大米贸易的种类和质量、市场的种类和销售条件、交易的媒介还是度量单位等角度来看，都发现清代中期大米市场的存在性和数据的真实性。两位作者还通过 1713—1719 年苏州米市与 1913—1919 年上海米市价格的季节波动对比，发现 1713—1719 年的苏州米市市场体系相当发达，毫不逊色于 20 世纪早期的上海米市。另外，两位作者还对当时全国的大米产销地区、缺米省份、大米富裕省份以及它们之间的大米贸易规模及其由此产生的价格差异进行了分析。他们的结论认为，1713—1719 年的苏州市场上相对稳定的米价一方面是由于一个很大规模的、长距离的大米贸易市场支持的结果，另外一方面，政府也以建立粮仓制度、大米进贡制度、官方在大米市场的购买、运输等制度政策，干预了当时的大米市场，但政府并没有对大米市场的自由运作进行直接的价格干预，也没有阻止大米自由市场的运作。

比如，Wang（1992）在梳理长三角地区米价数据，特别是苏州和上海米价的基础上，整理出了 1638—1935 年 297 年的米价时间序列数据。由于长江三角洲地区在清朝具有国内贸易枢纽和市场中心的地位，而上海则兴起于晚清时期，所以选择两地的米价数据进行研究具有一定的代表性。此外，从王业键先生所用数据的资料来源来看，也比较全面和准确。他的 1695—1838 年的上海米价数据来自《阅世编》《历年记》等笔记，1696—1740 年，1741—1910 年的苏州米价数据来自于江苏巡抚以及苏州织造的奏报以及粮价奏报制度下苏州府的定期奏报，而 1911—1935 年的上海米价为上海社会局以及《银行周报》所编的数据(卢峰、彭凯翔,2005:438)。因此,在苏州和上海米价序列的基础上整理的长江三角洲的米价数据序列,对于米价长期趋势的分析便具有十分重要的理论和现实意义,因此该文献出版以后很快就成为此后有关米价相关研究的必读文献之一。

Marks(1998)主要运用1650—1850年中国广东省的气候、降雨、水旱灾害与作物收成的数据资料,讨论了影响米价的诸多因素以及相对重要性。他发现,18世纪北半球的气候变化包括温度和降水存在着高度的相关性和一致性,这说明,当时的气候变化在很大程度上是全球性的,并且这种气候变化与米价之间的关联也得到了中外证据的支持。但是值得注意的是,中国当时的一些制度性安排,比如灌溉工程的扩张、国家粮仓制度、赈灾救济以及一个有效率的市场机制等,都是减少或者降低气候变化对米价影响进而减少人口死亡率的因素,这说明,气候变化、灌溉工程的数量、国家粮仓制度、赈灾活动以及有效率的市场体系都是影响米价的重要因素。但该文献的缺陷是作者并没有完全量化地处理并证明气候变化,以及这些制度性措施对于米价的影响问题,从而为后来的研究留下了扩展的空间。

王业键、黄莹珏(1999)运用了《中国近五百年旱涝分布图集》中有关旱涝的数据资料,以及长三角地区的粮价数据和丰富的历史史料,考察了气候变化对于华北地区、华东地区旱涝灾害和粮价的影响。作者认为,1641—1720年、1741—1830年间的粮价与旱灾变动趋势一致,而1831—1880年的粮价与涝灾变动趋势一致,但在长期中气候变化与粮价之间则并无明显的关系。两位作者最后得出结论:气候变化与粮价之间在长期的不相关性表明,货币、人口、水利设施等对于粮价的长期变动可能发挥着更大的作用。但同样的是,两位作者也没有运用量化的资料实证检验气候变化、货币、人口、水利设施等与粮价之间的关系,尽管两位作者在论文中给出了较为丰富的数据资料。

类似的是,谢美娥(2010)也运用了《中国近五百年旱涝灾害分布图集》中的数据资料,并专门针对台北和台南两个站点的旱涝等级资料以及清代档案中的收成分数,讨论了自然灾害、收成与台湾米价关系的变动关系。作者得出的结论认为,短期内自然灾害和收成影响米价,但长期中其影响并不显著。但该文献的缺陷也同样是仅仅针对这些数据资料进行了初步的对照分析,而没有针对这些数据资料进行量化的回归和协整分析,因而其结论就显得有些粗糙且值得商榷。

在这方面,卢峰、彭凯翔(2005)、彭凯翔(2006)的研究大大前进了一步。卢峰、彭凯翔(2005)借鉴了清代、民国和新中国长达三个半世纪的米价资料,汇集并整理了长期的米价序列,然后又通过不同历史时期不同货币的兑换关系,给出了米价的长期名义价格指数,之后又通过一般物价指数的整理和估测,将名义米价转换为实际米价数据。该文献的贡献主要在于米价序列的建立和时间序列化,这为此后有关米价长期趋势的研究奠定了一定的基础,但作者并没有在此基础上考察米价序列的影响因素问题。

另一类有关清代米价的研究,与以上有关研究密切相关,但其关注的重点有所不同。以上研究总体上描述了清代米价的时间趋势以及短期和长期影响因素,而这类研究更多地关注了当时不同区域、空间的米价或者粮价相互关联问题,也就是经济学中常说的市场整合问题。

龚胜生(1995)讨论了18世纪两湖地区粮价的时空特征。他的研究发现,在时间上,两湖地区的粮价存在着明显的季节变化;从年份和时间趋势看,米价存在着螺旋上升的趋势,这主要是因为两湖地区人口不断增加和耕地不成比例所带来的结果。湖南和湖北粮价的波动轨迹非常类似,这表明两湖地区在粮食的供求市场上是一个密不可分的整体,尽管由于粮食生产、人口状况以及交通条件的不同,两湖地区内部还是存在着较大的区域差异性。

陈仁义、王业键和周昭宏(2000;2002)主要在王业键先生有关清代粮价资料库的基础上,运用相关系数矩阵的方法,以18世纪东南沿海4个省的州府为单位,根据粮食作物分布、粮食供需情况、米粮贸易运输线路和地理位置等特性,组合成10个不同的组群,然后进行组群之间的相关系数分析。结果显示,从米价的角度看,18世纪长江三角洲和珠江三角洲经济关联性尚比较弱,但是粮食不足地区与粮食有余地区之间的地域分工与经济交流明显,一个一般的规律是,以长三角为中心,地理上和交通运输上愈接近的地区,市场的整合程度就愈高。但该文献的缺陷是,其所运用的相关系数矩阵这一方法尚比较初步,也难以准确地衡量和测度各种影响粮价的因素及其相对重要性。

Carol Shuie(1999)运用了清代 1792—1795 年的粮价和收成数据发现，当时中国十个主要省份之间存在着空间上的市场整合。一般的规律是，加权加总之后的全国粮价对省会城市的粮价具有较大的影响，而不论一个省份是否具有直接通航的河流。他们还发现，18 世纪的中国大米市场存在着地区之间的相互影响。另外，政府推出的救荒、公共灾荒救助等对平抑粮价举措也发挥了重要的作用。Carol(2004)进一步讨论了 18—19 世纪中国各地的粮仓及其对于中央政府赈灾的影响。作者发现，受到中央政府频繁赈灾援助的省份，粮仓体系就相对较差。这种赈灾带来的结果是，它改变了当地进行自我保险的激励，导致了一定程度上的道德风险问题。该研究尽管没有直接讨论粮价的市场整合问题，但对于加深当时粮价市场的整合问题具有重要的意义。Wolfgang 和 Carol(2007)运用空间计量方法发现，1742—1795 年的大米市场存在着市场之间的相互影响。作者发现，空间特征的差异对于区域之间的大米贸易以及价格具有重要影响。

颜色、刘丛(2011)利用第一历史档案馆 1742—1795 年 15 省的府级主要粮食月度价格数据，通过回归和协整分析比较了清代南北方市场整合程度的差异。作者的研究发现，南方的市场整合程度优于北方，其中天气冲击、政府干预、自然条件特别是交通条件的差异是导致南北方市场整合程度差异的重要原因。

与其他文献略显不同的是，Cheung(2008)认为，长江下游大米市场的贸易并没有像 Chuan 和 Kraus(1975)所认为的有那样大的规模，也不是因为江南早期工业化所带来的大米向下游地区的市场化流动，相反，则主要是由于本来就自给自足的江南地区农业的歉收。18 世纪晚期和 19 世纪早期，长江中游向下游大米运输不断减少，这并不是政府能力下降的结果，也不是长江中游地区经济发展所带来的输送难度，相反，是由于较好的天气原因使得江南地区大米生产增长。作者认为，米价和地区之间粮食市场的同步性只是在少数情形下才出现，并且常常是出现在相对危机和困难的时期，而不是经济繁荣的时期。尽管当时江南地区存在着早期工业化的迹象，但清代中期的总体经济发展仍然处于比较原始的状态。

近年来，这类文献之所以不断增多，主要原因在于：第一，随着中国历史档案的出版，有关清代时间上、空间上粮价资料的信息不断增多，因此，在此基础上便可进行有关粮价在时间上和空间上整合程度的相关研究;第二,清代的中国处于农业经济高度发达的经济阶段,此时的人口规模已经达到一个较高的量级,同时,市场经济、城市商业活动也日益兴盛,因此,通过考察清代粮食市场在时间上和空间上的整合,可以洞察清代中国经济发展的内在动力,市场力量的成长、政府的作用及其这些力量的相互作用。

本章所采用的分析视角总体上属于第一类,也就是说,本章主要是从时间序列的角度,系统地探讨 1638—1911 年米价波动的长短期因素及其相互作用。主要的意义在于,之前有关第一类问题的研究,时间序列的长度有限;另外,其他相关因素的考虑都存在欠缺,比如,由于数据的残缺,之前有关米价时间序列的研究基本没有考察人口这一重要的供需条件影响;另外,由于数据的残缺,以往的研究均没有考虑到通货膨胀对米价的影响。还有,政府所进行的平抑米价以及灾荒救济政策措施等对米价的长期影响,也即政府应对米价波动的有效性等,也没有进行很好的分析。本章都将综合考察这些因素,并在一个更长的时间跨度内检验有关米价长期波动的相关理论。

8.3 理论框架

笔者以为,影响米价变动的因素可分为短期因素和长期因素两类。

从短期看,由于我国南方农作物以稻米为主,通常的情形是每年春季下种,夏秋之间收成。有些地方是一年两熟,所以早稻通常是 7 月收成,晚稻是 10 月收成。所以只要是稻米生产期内的天气变化,包括气温、降雨、自然灾害等都是影响稻米收成进而造成米价短期波动的因素。在如此短的时间内,由于稻米的耕种方法和生产技术很难出现较大改进,人口这一影响米价需求的因素也不会有太大变化,因此,天气、降雨等变化以及收成通常是影响米价短期波动的重要因素。按照经济学推理,这个月或者今年的天气不好、收成不好只可能影响米价的短期波动,而不能影响米价的长期波动,因为高涨的米价会由于来年的天气好转、收成改善而得到抑制,这在传统的农产品蛛网模型中能得到较为清楚的证明。

从长期看,影响米价变化的因素将包括需求、供给以及其他因素等三个方面:从供给方面看,大致有以下几个条件值得关注。

(1) 土地的肥沃程度与供给状况。在中国历史上,由于土地在很大程度上是可以自由买卖的,并且历代的政府通常都鼓励农民进行农业垦荒,因此,土地的肥沃程度和供给状况,通常并不构成一个对大米或粮食供给的很重要制约因素。此外,中国古代的先民对于土地的利用在各朝各代都基本遵循着同样的规则,那就是区位、自然、肥沃程度最好的土地往往最先得到利用,之后区位、自然和肥沃程度不好的土地才会得到利用。还有,当时的政府鼓励农民垦多少荒,耕种多少土地完全是人口多寡这一变量的内生结果。因此,土地的肥沃程度和供给状况并不是一个影响当时粮食生产的重要因素。

(2) 农业生产技术是影响米价变化的重要因素,这里所指的农业生产技术包括土地的可灌溉状况、水利工程的多少以及新的粮食品种的引进或者新的农具的使用等。因为中国历史上的各个朝代,都有兴修水利工程、促进农业生产的历史传统。例如,公元前 256 年,秦昭襄王在位期间,蜀郡郡守李冰父子率领四川各族人民修建了著名的都江堰水利工程。该项水利工程充分发挥了防洪、灌溉、水利、运输等多项功能,其相关的灌溉面积约 60 万—70 万公顷,对于保证当时成都平原地区的农业生产起到了非常重要的作用。但比较麻烦的是,这类因素往往难以量化,只能在时间确定的条件下,使用所谓的虚拟变量方法进行辅助回归。

(3) 如果天气变化存在着较长期的变冷或者变热趋势,那么,这时的天气变化就成为气候变化的因素,并成为影响稻米生产与供给的重要因素。其作用机制为,气候变化影响农业生产与收成,与此同时,自然灾害或者灾荒频繁发生,这些都严重地打击了农业生产,其结果是,需求力量给定条件下的供给减少就导致了米价高涨。为了清楚地考察气候变化影响米价的机制,我们分别从气温和降水两个维度来考察气候变化对米价的影响。一个一般的共识是,气温降低导致农业收成降低,气温升高,导致农业收成增加;降水增加,通常能增加农作物收成,进而抑制米价上升,反之降雨减少,通常导致干旱发生,因而推动米价上升①。

---

① 比如,赵红军(2012),Bai 和 Kung(2011)都有类似的实证发现。在中国经济史的大多数文献中,也有类似的发现。

（4）影响粮食或大米生产与供给的因素还包括自然灾害、战争等。自然灾害肯定是影响粮食生产的一个重要因素。比如，无论是旱灾还是水灾都会影响大米或者小麦的生产与收成，因而必然影响粮食的供给；一般的规律是，旱灾会导致较大面积农作物和稻米的减产，相反，水灾对农业生产的影响范围较为有限，因而影响相对较小。

但是战争对农业与粮食生产的影响却并不一定那么重要。有关这一点，可以从战争的原因谈起。在古代农业经济条件下，战争的起因可以划分为内乱和外患两种，前者是国内不同政治派别之间发生的战争，后者是国内与国外不同国家或者民族之间所发生的战争。尽管战争的起因有所不同，但战争在更为终极的目的上而言，都不过是为了资源、国土、人口等经济利益的争夺。可以想象，当这种战争发生时，国内的农业生产肯定会受到影响，粮食的价格也必然受到牵连，但是粮食生产、农业生产受到牵连往往可能是战争发生之前就已经发生的现象，而不是战争发生的结果。换句话说，如果当时的农业生产稳定、粮价平稳，人们可以通过交换或者农业生产获得必然的生产与生产资料，那人们或者社会之间为什么还会发生战争呢？恐怕这种战争如果是存在的话，那也仅仅限于经济利益之外的争夺，而不是经济利益的争夺。如果仔细分析一下这类战争，我们就会发现，这类战争在总的战争发生频数中并不占有较高的比重。尽管如此，由于 A 地农业生产、自然灾害、收成不好，或者官民关系紧张等引起的战争很可能诱发波及全国战争的发生，并进而影响全国其他地方的农业生产以及粮食生产、粮食市场进而影响粮价的价格。比如，清代波及全国的太平天国运动肯定会对南方地区的稻米生产、粮食市场运作等发生影响，所以，我们就有必要控制这些因素对米价的影响。

从需求方面看，人口的规模以及增长速度无疑是影响粮食价格的最为重要因素，因为人口对粮食价格或者米价的影响将通过两个途径而发挥作用：

第一，人首先是消费者，每个人为了保持生存都必须消费粮食。在中国历史上，用于消费的主粮主要是北方的小麦和南方的大米，并且从整个历史时期的情况看，这一消费模式相对稳定。因此，从长期看，一个大的人口规模或者较快的人口增长必然意味着对粮食或者大米的更大需求，相反，一个较小的人口规模或者较低的人口增长必然意味着较少的粮食需求。

第二,人口对粮食的需求是一种终极性的需求、生存性的需求,相反,人口对土地的需求则在很大程度上是人对粮食这种终极性需求所引发出来的派生性需求。在土地规模给定的条件下,一个较大的人口规模必然产生对土地较大的需求。土地利用中一个一般性的原则是,那些具有较好自然、地理条件、肥沃程度的优等土地往往会最先得到利用,此后才是那些自然、地理和肥沃程度较差的土地。随着人口的不断增长,社会上优等土地的存量就会减少,这样,那些具有较劣自然和地理条件的贫瘠土地就会得到利用,其结果是,从长期看,随着人口对土地需求规模的增加,加上常见的土地边际效率递减规律,农业的生产成本就必然会上升,因而稻米或者粮食生产的供给曲线就会向上移动,其结果就会导致稻米价格上升。这两个途径共同发挥作用的结果必然带来一个影响,那就是随着人口规模或者人口增长的加速,粮食价格会出现上升,这不仅是因为人口需求这一条件而且在很大程度上也源于土地边际生产率递减、土地存量减少这样的客观事实。

除了以上两个影响粮食或稻米供给与需求的条件外,还有一个外部条件显得十分重要,它就是当时社会的通货膨胀水平,或者当时社会的物价总水平。因为在1638—1935年间,在中国大地上流行的铜银平行本位制。一般的情况是,大的交易使用银两,小的交易使用铜钱。从政府的角度看,重点则在于白银上,并且按照彭信威(1958:537)的说法,政府则"有提供使用银两的明白表示"①。按照货币数量论的观点,货币的存量乘以货币的流通速度应该等于经济体中的产量乘以价格水平。这样,在货币的流通速度不变或者经济体的产出水平不是增加很快的情况下,如果银钱存量不断增加,那么,就必然会导致经济体中物价水平的上升。实际的情况是,清代三百年间,货币的购买力不断下降。其中的原因有二:一是清初的两百年间,铜钱大多是政府铸造,可是后期越来越多的私人加入了铜钱制造的行列,铜钱存量大大增加;二是从明代开始,外国的银元就开始流入中国。当时葡萄牙人来到澳门、广州、宁波、泉州等地经商,同时菲律宾的华侨来往频繁。西班牙人也于16世纪占据了吕宋,当时的华侨不断将外国银元输入中国(彭信威,

---

① 《皇朝文献通考·钱币考》载,乾隆十年"嗣后官发银两之处,除工部应发钱文者仍有钱外,其支用银两,俱即以银给发,至民间日用,亦当以银为重"。

1958:540)。特别是清朝嘉庆以后的上百年,外国银元越来越多地流入中国,这样,银钱的存量也大大增加,银币的购买力大大降低。

综合起来看,本章有关 1638—1935 年间南方地区米价影响因素的分析,可在图 8.1 所示的逻辑框架中得到较为清楚地体现。

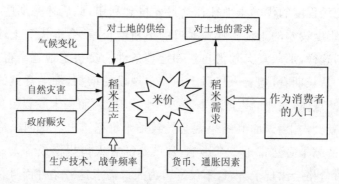

图 8.1 米价变动的长短期影响因素

8.4 变量与数据说明

8.4-1 解释变量

1. 气候变化的代理变量分为两类:第一类是气温变量,第二类是降水或者降雪变量。我们选用如下气温序列和降雨序列来考察气候变化的情况,这些序列来自不同地区,涉及不同的季节,可以较为准确地考察气候变化的影响。

(1) 1470—2002 年中国北方中部地区夏季(6 月至 8 月)的温度异常时间序列数据(*NCCTEMP*),这个温度序列是以北纬 33—41 度,东经 108—115 度的地区作为样本区域而获得的。从该样本区域来看,它覆盖了我国安徽铜陵(北纬 30.45°,东经 117.42°)以北以西,包头(北纬 40.39°,东经 109.49°)以南以西,四川万县(东经 108.35°,北纬 30.83°)以北以东的广大区域。该数据的时间跨度为 1470—2002 年的年度数据。该数据来源于 Yi 等人(2011),是在中国自然科学基金(项目编号:40602018、41002125 和 41072260)以及国际基础研究项目(编号:2010CB95120001)和中国科学院百人计划(项目编号:A0961)的资助下,通过综合中国历史上旱涝指数以及树轮记录而获得的。

(2) 1470—2002 年中国北方中部地区夏季(6 月至 8 月)的降雨异常时间序列数据(CCPRECIAN),该数据的时间、地理覆盖面和来源完全等同于(1),在此不再赘述。

(3) 公元前 665—公元 1985 年北京地区夏季(5 月—8 月)的温度以及温度异常(BJTEMP)时间序列,该温度序列是通过北京石花溶洞石笋的每年厚度和其他气象工具变量比如石笋中的二氧化碳等重建的。该数据来源于 Tan,M. 等人(2003),是在国家自然科学基金(编号:49894170 和 40072098)、国家科技部(项目编号:G1999043402)以及中国科学院(项目编号 KZCX-SW-118 以及 KZCX3-SW-120)的资助下完成的。该序列又包含两个序列,一个是温度绝对值数据序列,另一个是温度异常序列,是相对于整个序列的平均值的异常序列。

(4) 北半球过去两千年的温度异常时间序列(NTEMP),是斯德哥尔摩大学的科学家 Moberg,A.等人(2005)根据树轮记录、湖泊和海洋沉积物以及其他气象数据重建的温度序列。这些科学家综合了低分辨率的代理变量与树轮记录,并运用了小波转换技术(wavelet transformation)获得了时间序列数据,结果发现了他们的重建数据与钻孔方法获得的重建数据以及通过一般循环模型(general circulation model)获得的重建温度数据是高度一致的。值得注意的是,该序列是相对于 1961—1990 年间北半球的平均温度而言的异常数据,换句话说,该重建温度数据是这些年度的重建温度数据与 1961—1990 年北半球年度温度数据的差,若异常高于后者,即为正数,反之则为负数。

(5) 1600—2000 年中国中部地区夏季的降雨时间序列数据,代表了这一时间段的总降雨量。该数据序列涵盖了中国中部两个地区,一个是北纬 33—36 度,东经 108—112 度的地区;一个是北纬 38—41 度,东经 110—114 度的地区。两个地区相较而言,前者可称之为中国北方中部地区范围内较西南的地区 A,我们以 NCCPRECIA 表示,另一个可代表中国中部地区较东北的地区 B,我们以 NCCPRECIB 来表示。并且,从两个地区温度序列来看,前者代表的是四月至七月的春天以及早夏季节的总降雨量,后者代表的是六月至八月的夏季降雨量。该数据来源于 Yi 等人(2010),是在中国自然科学基金(项目编号:40576035),IGCP464 以及"Chinese Offshore Investigation and Assessment"(编号:908-01-ZH2)的资助下完成的。

2. 自然灾害代理变量,我们使用两个指标,一个是旱灾次数,一个是水灾次数。

(1) 1638—1935 年的全国旱灾次数(*Drought*);(2)1638—1935 年全国的水灾次数(Flood),由于旱灾和水灾与一定的地理区域相联系,所以,如何将这些不同地理区域内发生的旱灾和水灾次数进行加总就是一个很大的问题;同时,旱灾次数和水灾次数在很大程度上只能代表这些自然灾害的发生频率,而不能代表这些自然灾害的严重程度,所以仅仅用自然灾害次数并不是一个很好的代表自然灾害的变量。

从现有的资料来看,我们还不存在一个有关这一时间段自然灾害的年度时间序列数据。《中国农业自然灾害史料集》系统地记录了中国自远古直至1910 年的旱灾、水灾等自然灾害的情况,但其中的很多历史记录比较粗糙。比如,公元 715 年,根据《新唐书》卷三六《五行志》记载,"河南、河北水",但这条记录并没有反映任何有关水灾严重程度的描述。又如,1733 年,资料中显示全年共在三、六、八月发生大雨的记录,但有关三月的这条史料中只记载发生连阴雨,八月的这条史料也只记载发生大水,但都没有记载是否构成水灾以及严重到什么程度,伤亡人数,等等。相比前面的两条,六月的这条记载算很翔实了,同时记载了发生大雨的地方,以及桥梁道路冲塌多处等信息,但这样的记载还不是很多。另外,有关这一年的历史记载中,只是笼统地介绍该年在若干地方发生了大水,其中有的地方与前面的记载有重合的嫌疑,有的地方记载前面没有记载的新地名,这样,我们就很难判断,这一年的记载是否包含了以前月份的水灾次数。陈高傭(2007)包含了中国从公元前146—公元 1913 年的水灾次数,但作者提供的数据是 10 年间的加总资料,而不是时间序列数据。鉴于以上所面临的具体情况以及数据的可获得性问题,我们只好忍痛割爱舍弃掉这些变量,而只使用以上两个时间序列数据。

3. 我国历年的人口数据,我们用 POP 来代表,我国 1638—1935 年的全国年度人口数据起初参考了梁方仲(1980)和赵文林、谢淑君(1983)的数据。由于梁方仲(1980)人口数据的来源在 1734 年之前只有 2 000 万左右,之后一下子变为 1 亿、2 亿,笔者认为该数据可能存在一定问题;此外,该数据在清代残缺较多,因此,笔者放弃了梁方仲(1980)的数据,而以赵文林、谢淑君(1983)的数据作为 1638—1935 年人口数据的来源。从该数据的大体趋势来看,1645 年,我国人口规模约为 8 900 万,1685 年时,中国的人口跃升到 1亿,1758 年,中国人口跃升到 2 亿,1800 年,中国人口跃升到 3 亿,19 世纪 30年代,跃升到 4 亿,至 1935 年约为 4.6 亿人口,这与 Ho(1959)以及中国相关历史记载基本吻合。

4. 金银比价数据,我们使用 *GSPRICE* 来代表。为什么要使用金银比价来代表货币因素或者通货膨胀程度呢? 原因是明清时期,我国主要是以白银作为通用货币来完成交易的。但是使用白银也存在一个问题,那就是银价本身也受到白银供给的影响。比如,自从明代后期,由于世界上其他各国纷纷废除银本位制,结果,外国银元就随着与东方贸易的开展,而从西班牙、欧洲、菲律宾、日本等国而大量流入中国(全汉昇,1957;1972;倪来恩、夏维中,1990 等)。这样一来,如果使用白银本身的价值就不能准确地反映货币供给因素对米价的影响。因此,本章采用金银比价作为衡量货币供给因素对米价的影响,如果一定单位的黄金能够换取更多的白银,这就意味着白银贬值,反之,就是白银升值。

5. 战争频率,我们使用 *WARN* 来代表。具体而言,使用每年发生的战争次数来代理,如果每年发生的战争次数较多,可以理解为该年发生战争的概率较高,反之,则较低。该数据序列是来自《中国军事史》编写组编写的《中国历代战争年表》而统计出来的。

由于数据的可获性,我们无法获得生产技术变量的时间序列、政府赈灾的时间序列以及土地供给和需求的时间序列等,故暂时放弃考察这些变量对米价的影响。

8.4-2 被解释变量

在本文中,我们的核心被解释变量主要是米价(*RICEP*)。其实,米的种类有很多,仅仅清代的米就分为上米、中米和下米、京米、中红米、籼米、仓米、晚米、大米、上红米、细晚米等多种类型(Wang, 1992)。根据王业键先生多年的研究,1992 年,他曾经给出了 1638—1935 年长江三角洲地区,主要是苏州和上海的大米的时间序列数据,在他看来,这一地区的米价数据最为丰富,数量质量也最高;此外,这一地区地处中国的经济中心,这里的大米价格往往反映了全国性市场的大米价格,而不是一个区域性的大米市场价格;还有,长江三角洲地区由于长江贯通东西,京杭大运河连接南北,而从海南直至辽宁的沿海航运则将所有沿海地区连接成一片,因此,这一地区的米价就能作为一个全国性的价格序列,来反映当时大米市场的价格行情(Wang,1992)。这一变量综合了 1638—1695 年的上海米市时间序列、1696—1740 年作为苏州地区首府的苏州米市数据、1741—1910 年作为苏州地区的米价数据以及 1911—1935 年的上海米市价格数据。

根据 Wang(1992)的研究,这一综合的数据序列与 1684—1802 年间的萧山米价、1836—1860 年的常熟米价、1862—1910 年的上海米价高度相关,同时这一米价时间序列数据也与其他来源获得的米价趋势高度一致。比如,1756 年、1786 年、1814—1815 年和 19 世纪 60 年代是米价的高峰时期,1755 年长江流域、淮河流域由于强降雨而米价下跌,1785 年一场大干旱席卷长江中下游流域、华北平原和满洲,结果米价上涨;1814 年,浙江、福建、江西遭受水灾,而江苏、安徽、河南、四川和山西遭受旱灾。另外,1850—1864 年,太平天国运动期间,米价也是最高的。这说明,本章用这一米价时间序列代理全国的米价数据并不是异想天开,而是具有一定依据的。

8.5　实证模型与结果

8.5-1　分析方法

由于所有的变量都是时间序列变量,所以下面我们将使用时间序列分析方法检验变量之间的相互关系。首先,我们将检验各变量的平稳性;其次,如果需要进行差分等处理,我们将进行处理;另外,如果所有的变量同阶单整,我们将使用协整分析法分析它们之间的关系。

8.5-2　变量的统计量信息

综上,我们共获得了表 8.1 所示的变量。

表 8.1　变量的定义与数据来源

变量名称	定　义	来　源
NCCTAN	北方中部地区夏季气温异常数据	Yi, L., H. Yu, J. Ge, Z. Lai, X. Xu, L. Qin, and S. Peng(2011)
BJT	北京地区夏季的气温数据	Tan, M., T.S. Liu, J. Hou, X. Qin, H. Zhang, and T. Li(2003)
BJTAN	北京地区夏季的气温异常数据	Tan, M., T.S. Liu, J. Hou, X. Qin, H. Zhang, and T. Li(2003)
NHTAN	北半球年度气温异常数据	Moberg, A., D.M. Sonechkin, K. Holmgren, N. M. Datsenko and W. Karl(2005)
NCCPAN	北方中部地区夏季的降雨异常	Yi, L., H. Yu, J. Ge, Z. Lai, X. Xu, L. Qin, and S. Peng(2011)
NCCPA	北方中部西南片区地区春与早夏的降雨总量	Yi, L., H. Yu, X. Xu, J. Yao, Q. Su, and J. Ge (2010)
NCCPB	中国北方中部东北片区地区春与早夏的降雨总量	Yi, L., H. Yu, X. Xu, J. Yao, Q. Su, and J. Ge (2010)
POP	我国历年全国人口数据	赵文林、谢淑君(1983)
GSP	历年金银比价数据	戴建兵(2003)，彭信威(1957)
WN	历年的战争频率	中国军事史编写组,《中国历代战争年表》
RICEP	长三角地区的米价	Wang Yeh-chien(1992)

表 8.2 给出了这些变量的统计量信息。

表 8.2　各变量的统计量信息

	RICEP	WN	NCCPA	NCCPB	NCCPAN	BJT	NHTAN	GSP	BJTAN	POP	NCCTAN
均　值	2.36	2.61	328.22	261.04	0.07	23.06	−0.45	16.99	0.36	270 000 000	0.09
中位数	1.89	2.00	330.11	261.78	0.08	23.13	−0.44	15.00	0.42	298 000 000	0.06
最大值	13.22	19.00	425.96	355.03	0.93	23.98	0.10	78.60	1.27	484 000 000	1.39
最小值	0.50	1.00	202.46	157.76	−1.02	21.50	−0.98	10.00	−1.20	88 486 000	−1.00
标准差	1.95	2.72	39.63	41.33	0.31	0.480	0.21	10.91	0.48	130 000 000	0.41
偏　度	2.85	2.80	−0.24	−0.09	−0.19	−0.58	0.17	2.91	−0.58	−0.13	0.35
峰　值	12.31	12.95	3.07	2.63	3.37	3.00	2.59	13.53	3.00	1.44	3.14
观测值	298	172	298	298	298	298	298	262	298	253	298

8.5-3　变量的相关系数矩阵

表 8.3 给出了这些变量之间的相关系数矩阵。

表 8.3 相关变量的相关系数矩阵

	RICEP	WN	NCCPA	NCCPB	NCCPAN	BJT	NHTAN	GSP	BJTAN	POP	NCCTAN
RICEP	1.00										
WN	0.23	1.00									
NCCPA	−0.00	0.10	1.00								
NCCPB	−0.00	0.22	0.56	1.00							
NCCPAN	0.02	0.10	0.73	0.84	1.00						
BJT	0.23	−0.05	−0.20	−0.15	−0.10	1.00					
NHTAN	0.40	0.01	0.12	0.02	0.06	0.14	1.00				
GSP	0.61	0.00	0.17	0.00	0.13	0.27	0.58	1.00			
BJTAN	0.23	−0.05	−0.20	−0.15	−0.10	1.00	0.14	0.27	1.00		
POP	0.57	0.15	0.05	0.01	0.07	0.46	0.62	0.68	0.46	1.00	
NCCTAN	−0.01	−0.05	−0.61	−0.30	−0.52	0.11	−0.06	−0.17	0.11	0.01	1.00

从该相关系数矩阵中,我们可以粗略地看出一些解释变量与被解释变量之间的相互关系的情况。

从被解释变量与解释变量关系看,我们发现长江三角洲地区的米价跟历年战争次数、以北京为代表的北方地区的温度、北半球的温度、金银比价、北京地区的温度异常、人口之间存在着较大的正相关关系,而与北方中部地区的降雨、北方中部地区夏季的温度异常等存在着微弱的负相关关系。

从解释变量之间的关系来看,代表北京地区夏季的温度(BJT)与北方中部地区西南片区早春和夏天的降雨(NCCPA)、东北片区早春和夏天的降雨(NCCPB)以及北方中部地区夏季的降雨异常值(NCCPAN)之间呈负相关关系。这说明,从北方地区的情形来看,当温度升高的时候,降雨就减少,反之则相反。这说明,夏季温度与降雨之间的反向关系。从人口与其他变量的关系来看,人口与长江三角洲地区的米价(RICEP)、全国发生的战争频率(WN)、北京地区的温度(BJT)、全国的金银比价(GSP)等都存在着正向的相关关系。这说明,人口是我们考察长江三角洲地区米价时必须考虑的一个重要因素。另外,战争次数与绝大多数变量之间的相关系数较小,与米价的相关系数为0.23,与北方中部地区夏季的降雨相关系数为 0.22,其余相关系数很低。

8.5-4 被解释变量、解释变量关系散点图

如果我们将与米价相关系数大小作为一个初步的判断标准,那么,人口、金银比价、北半球的温度异常、以北京为代表的北方地区的气温以及战

争频率可能会成为影响米价高低的因素。为此，我们通过散点图进一步检验米价与它们的关系。

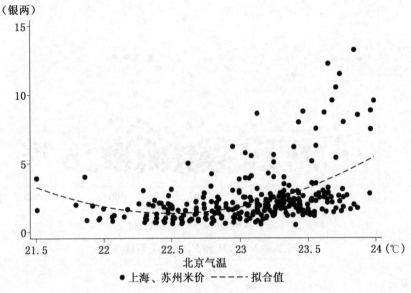

图 8.2a　*BJT* 和 *RICEP* 关系散点图

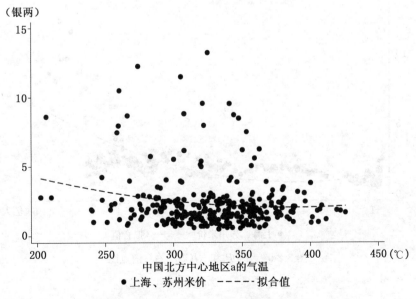

图 8.2b　*NCCTA* 与 *RICEP* 关系散点图

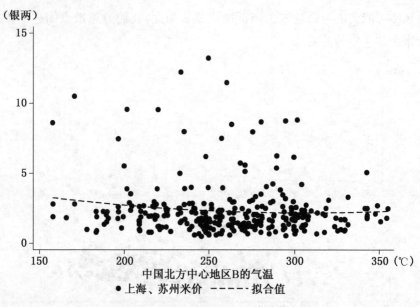

（银两）

中国北方中心地区B的气温
● 上海、苏州米价 ----- 拟合值

图 8.2c *NCCTB* 和 *RICEP* 关系散点图

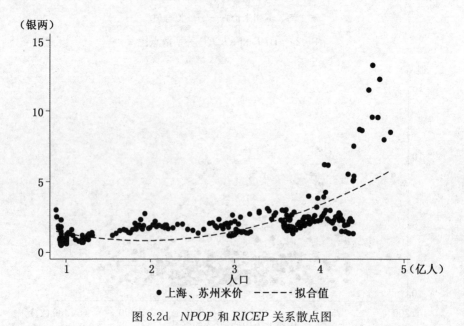

（银两）

人口
● 上海、苏州米价 ----- 拟合值

图 8.2d *NPOP* 和 *RICEP* 关系散点图

（银两）

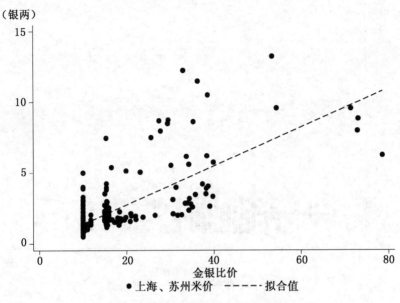

图 8.2e *GSP* 和 *RICEP* 关系散点图

（银两）

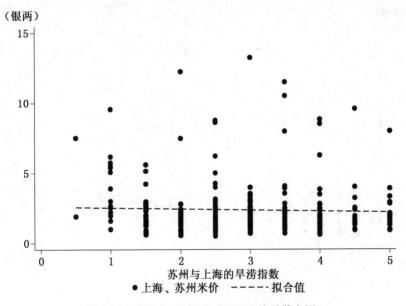

图 8.2f *SSWINDEX* 和 *RICEP* 关系散点图

（银两）

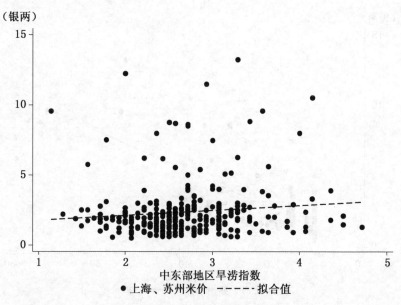

图 8.2g *CEINDEX* 和 *RICEP* 关系散点图

（银两）

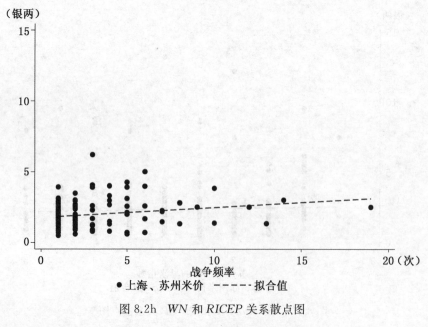

图 8.2h *WN* 和 *RICEP* 关系散点图

图 **8.2** 米价与其他变量关系散点图

从图 8.2 的 8 幅图来看,米价与其他几个相关变量呈现较为明显的相关关系。图 8.2a 表明,上海与苏州地区米价与北京地区为代表的温度呈现明显的相关关系,但这种关系可能并不是简单的线性关系,而完全可能是非线性关系;图 8.2b 表明,北方中部地区 A 片区的温度与苏州上海地区的米价之间也似乎存在非线性的相关关系,这意味着,我们在后面的分析中可能要对温度或者米价数据取对数形式;图 8.2c 同样表明,我们选择的北方中部地区 B 区域的温度与苏州上海地区的米价呈现非线性相关关系,意味着,我们在后面的回归中可能均要做相应的线性处理;图 8.2d 表明,米价与全国人口之间也存在非线性关系,也表明了基本类似的结论;图 8.2e 表明,金银比价与米价之间存在一定的正相关关系,但可能是由于数据离散度比较高的缘故,因此,后面要对此进行一定的对数变换或者相应的处理;在图 8.2f 和 8.2h 中,我们分别使用苏州和上海地区的旱涝指数(SSWINDEX)与覆盖整个苏州上海以及中东部更广阔地区的旱涝指数(CEINDEX)与苏州上海米价之间的关系,结果发现,苏州上海地区旱涝灾害指数与米价之间存在着微弱的负线性相关关系,而整个中东部地区的旱涝灾害指数与米价之间却存在一定的正相关关系。最后一幅图中,我们考察了全国的战争次数与苏州上海地区米价的关系,发现二者之间呈现一定程度的正相关关系。说明,全国性的战争次数和苏州上海地区米价之间的确存在一定的关联程度,这也是非常符合我们直觉的,因为全国性的战争次数较多,国内的宏观经济形式往往比较紧张,这肯定会对苏州上海为代表的全国米价价格产生比较大的影响。

8.5-5　各变量单位根检验

根据如上的相关系数检验,我们对 *BJT*、*GSP*、*NPOP*、*NCCTA*、*NCCTB*、*RICEP* 等进行了对数处理,并分别以 *LBJT*、*LGSP*、*LNPOP*、*LNCCTA*、*LCCTB*、*LRICEP* 等变量来表示。由于这些数据全部是时间序列数据,因此,我们有必要对它们进行平稳性检验。

表 8.4 给出了我们后面计量分析中所用的所有变量的单位根检验结果。从中可以看出,除了全国人口变量(*LNPOP*)存在单位根以外,其余变量均水平平稳,不存在单位根,这意味着它们是平稳的,可以直接进行分析。但是对全国人口变量对数项进行一阶差分后(*D.LNPOP*)它就不存在单位根了。

表 8.4　被解释变量、解释变量单位根检验

变　量	原假设	ADF 检验值	1％门槛值	5％门槛值	结论
LBJT	带常数项＋时间趋势下存在单位根	−9.931	−3.988	−3.428	1％拒绝
LGSP	带常数项＋时间趋势下存在单位根	−3.444	−3.990	−3.430	5％拒绝
LNCCTA	带常数项＋时间趋势下存在单位根	−15.544	−3.988	−3.428	1％拒绝
LNCCTB	带常数项＋时间趋势下存在单位根	−12.123	−3.988	−3.428	1％拒绝
LRICEP	带常数项＋时间趋势下存在单位根	−4.017	−3.988	−3.428	1％拒绝
D.LNPOP	带常数项＋时间趋势下存在单位根	−7.944	−3.995	−3.432	1％拒绝
SSWINDEX	带常数项下存在单位根	−13.627	−3.456	−2.878	1％拒绝
CEINDEX	带常数项下存在单位根	−13.400	−3.456	−2.878	1％拒绝
WN	带常数项下存在单位根	−9.949	−3.506	−2.889	1％拒绝
DROUGHTN	带常数项下存在单位根	−4.55	−4.465	−2.881	1％拒绝
FLOODN	带常数项存在单位根	−12.205	−3.458	−2.879	1％拒绝

在进行了如上的单位根检验之后,我们又重新查看了相关取对数变量与被解释变量米价的散点图,结果发现,现在这些变量与被解释变量米价之间的关系已经转变为线性关系了,因此,下面我们就采用双对数模型进行后面的回归,其中有的变量没有取对数。

8.5-6　实证检验

由于我们的分析是基于时间序列的检验,并且我们的不少解释变量的含义是相同的,只是采取的数据形式有所不同,所以我们将依据下列回归模型进行回归:

$$lricep_t = \alpha + \beta_1 \cdot lbjt_t + \beta_2 \cdot \ln ccta_t + \beta_3 \cdot \ln cctb_t + \beta_4 \cdot nccpan_t +$$
$$\beta_5 \cdot \ln popu_t + \beta_6 \cdot wn_t + \beta_7 \cdot \lg sp_t + \varepsilon_t \qquad (8.1)$$

另外由于其中有些变量比如,全国人口 LNPOP 是不稳定的,但其一阶差分项却是稳定的,所以我们运用它的一阶查分项进行稳健性检验;还有,代表温度的变量除了方程(8.1)中的几项外,还有一些温度异常的变量,我们也放在稳健性检验当中;还有中北方地区降雨异常变量与北方中部地区 B区的降雨相关系数高达 0.7967,所以我们放在稳健性检验部分,将这两个变量分开纳入回归结果。总体的回归结果见表 8.5 所示。其中方程(1)是纳入所有解释变量的结果。回归方程(2)和(3)考虑了全国人口(LNPOP)与金银币价(LGSP)之间较高的系数(0.813 0)而分别单独放入回归的结果。回归

方程(4)和(5)是考虑了北方中部地区 B 区的温度($LNCCTB$)与北方中部地区的降雨异常($NCCPAN$)之间较高的相关系数(0.796 7)而单独放入回归的结果。方程(6)没有考虑全国人口的当期值($LNPOP$)而放入了它的一阶滞后项($D.LNPOP$)。

表 8.5　基准回归结果

被解释变量			$lricep$			
方法			OLS			
方程	(1)	(2)	(3)	(4)	(5)	(6)
$lgsp$	0.388*		0.771***	0.407*	0.398*	1.053***
	(1.79)		(6.79)	(1.89)	(1.85)	(8.04)
$lnpop$	0.362***	0.529***		0.358***	0.360***	
	(3.51)	(9.82)		(3.47)	(3.50)	
$sswindex$	−0.001 09	−0.006 08	−0.021 3	−0.002 03	−0.004 50	−0.017 3
	(−0.03)	(−0.16)	(−0.48)	(−0.05)	(−0.11)	(−0.40)
$ceindex$	0.0582	0.068 3	0.140*	0.058 2	0.062 0	0.053 4
	(0.84)	(1.06)	(1.85)	(0.84)	(0.90)	(0.71)
$lbjt$	−0.163	0.731	0.368	0.036 8	−0.046 7	1.361
	(−0.09)	(0.43)	(0.20)	(0.02)	(−0.03)	(0.72)
$lnccta$	−0.452	−0.336	−0.149	−0.212	−0.408	−0.583
	(−1.09)	(−0.91)	(−0.34)	(−0.61)	(−1.00)	(−1.34)
$lncctb$	−0.227	−0.202	−0.501	0.085 3		−0.206
	(−0.59)	(−0.56)	(−1.30)	(0.34)		(−0.50)
$nccpan$	0.259	0.247	0.219		0.149	0.240
	(1.05)	(1.08)	(0.82)		(0.94)	(0.93)
wn	0.025 3*	0.014 0	0.044 8***	0.024 1*	0.024 2*	0.034 1**
	(1.80)	(1.06)	(3.11)	(1.73)	(1.75)	(2.29)
$droughtn$	0.023 0*	0.017 3	0.001 89	0.022 5*	0.023 7*	0.023 4*
	(1.88)	(1.52)	(0.14)	(1.84)	(1.95)	(1.82)
$floodn$	0.020 2*	0.011 6	0.031 6***	0.021 5**	0.020 0*	0.025 5**
	(1.90)	(1.21)	(2.63)	(2.04)	(1.89)	(2.28)
$D.lnpop$						−2.988
						(−1.10)
$\_cons$	−3.542	−9.248	0.370	−7.243	−5.397	−2.460
	(−0.51)	(−1.44)	(0.06)	(−1.21)	(−0.87)	(−0.33)
N	119	136	143	119	119	116
adj.R^2	0.497	0.515	0.307	0.496	0.500	0.447

注:括号内的数字为 T 统计值，* $p<0.10$，** $p<0.05$，*** $p<0.01$。

从这些回归方程来看,我们可以发现以下信息:(1)金银比价比较显著地影响了苏州和上海地区的米价水平。弹性系数在 0.388—1.053 左右,意味着,金银比价上升 1%,则米价价格会上升 0.38%—1.053% 左右。很显然,这意味着,海外白银流入所到导致的金银比价上升的确影响了国内的米价;(2)全国人口对苏州和上海地区米价发挥了比较显著的推动作用,系数在 0.358—0.529 之间,意味着,全国人口每增加 1%,则苏州和上海地区的米价指数就会上升约 0.358%—0.529% 的比例。这是非常符合我们的直觉的。毕竟来自南方的大米供给了中国大半部居民的生活,并且相对于北方地区的小麦而言,大米显然已经成为清代全国性的粮食品种。(3)全国性的战争(WN)、旱灾指数($DROUGHTN$)和洪灾指数($FLOODN$)的系数尽管并不十分显著,且不稳健,但是总体上符合我们的预期,即它们共同推动了米价的上升。这里并不显著的系数意味着,这些全国性气候变量,对于解释苏州和上海地区米价的确有点牵强,毕竟这里的大米价格与这些地区附近的天气、战争和自然灾害数据更加密切相关,而当地米价与全国性气候的相关性就要差很多。但同样令人感到奇怪的是,与上海、苏州比较靠近的北方中部地区 A 区域、B 区域的温度和降雨异常的系数也不显著,这是否意味着,我们要删除掉全国性的灾害指数,而仅仅放入北方中部地区的天气和灾害指数,并进行一个稳健性检验,这样才能更好地考察天气、灾害等当地气候性因素对米价的影响。这些将是我们下面部分的工作。

8.5-7 稳健性检验

在下面的稳健性检验中,我们做的第一项工作是,将全国性的旱灾、洪灾等指标删除,看看以上的结果是否会发生变化。我们要做的第二项稳健性检验就是分别考虑上海和苏州周边的旱涝灾害指数($SSWINDEX$)与中东部地区的旱涝灾害指数($CEINDEX$),而不是将他们同时放在回归中,尽管二者的相关系数只有 0.65。从经验值来判断,这一相关系数并不是特别高,但考虑到本章所用的数据为时间序列数据,并且观测值也不是特别多,因此,我们进行这一稳健性检验还是非常有意义的。

表 8.6　稳健性检验 1

被解释变量				lricep		
方法				OLS		
方程	(1)	(2)	(3)	(4)	(5)	(6)
lgsp	0.627 ***		0.735 ***	0.634 ***	0.634 ***	1.052 ***
	(3.22)		(7.08)	(3.26)	(3.28)	(8.68)
lnpop	0.232 **	0.507 ***		0.233 **	0.231 **	
	(2.39)	(9.41)		(2.41)	(2.39)	
sswindex	0.002 25	0.013 4	−0.042 7	0.000 359	−0.000 264	−0.016 1
	(0.05)	(0.34)	(−0.96)	(0.01)	(−0.01)	(−0.38)
ceindex	0.031 8	0.031 5	0.134 *	0.032 6	0.035 2	0.049 6
	(0.45)	(0.48)	(1.78)	(0.47)	(0.51)	(0.66)
lbjt	−0.239	0.598	−0.341	−0.094 7	−0.156	0.677
	(−0.13)	(0.34)	(−0.19)	(−0.05)	(−0.09)	(0.37)
lnccta	−0.654	−0.355	−0.126	−0.478	−0.619	−0.801 *
	(−1.54)	(−0.92)	(−0.29)	(−1.39)	(−1.49)	(−1.85)
lncctb	−0.166	−0.166	−0.439	0.057 0		−0.238
	(−0.42)	(−0.45)	(−1.14)	(0.23)		(−0.57)
nccpan	0.179	0.142	0.205		0.096 5	0.252
	(0.71)	(0.60)	(0.80)		(0.62)	(0.97)
wn	0.028 7 **	0.019 3 *	0.040 7 ***	0.027 4 **	0.027 6 **	0.023 2 *
	(2.61)	(1.82)	(3.46)	(2.53)	(2.60)	(1.70)
D.lnpop						−2.402
						(−0.88)
_cons	−0.356	−8.334	2.486	−3.078	−1.736	1.375
	(−0.05)	(−1.26)	(0.37)	(−0.51)	(−0.28)	(0.18)
N	127	145	154	127	127	123
adj.R^2	0.473	0.469	0.300	0.475	0.476	0.446

注:括号内的数字为 T 统计值,* $p<0.10$,** $p<0.05$,*** $p<0.01$。

　　表 8.6 给出了第一个稳健性检验的结果。从中发现,表 8.5 中的发现基本上没有大的变化。即金银币价、全国性人口以及战争等变量是影响苏州和上海地区米价上涨的主要因素。如果说这三类因素分别划分为货币性因素和实体性因素(包括人口的影响,战争的影响),那么,我们就会发现,米价的确不仅受到货币性因素的影响,而且也受到实体性因素的影响,显然是二者综合作用的结果。

表 8.7　稳健性检验 2

被解释变量	lricep					
方法	OLS					
方程	(1)	(2)	(3)	(4)	(5)	(6)
lgsp	0.622 ***		0.729 ***	0.628 ***	0.629 ***	1.055 ***
	(3.21)		(6.98)	(3.25)	(3.27)	(8.72)
lnpop	0.237 **	0.510 ***		0.237 **	0.236 **	
	(2.46)	(9.55)		(2.47)	(2.46)	
sswindex	0.015 8	0.026 9	0.011 8	0.014 2	0.014 6	0.004 53
	(0.54)	(0.98)	(0.36)	(0.49)	(0.51)	(0.15)
lbjt	−0.359	0.480	−0.461	−0.216	−0.279	0.471
	(−0.20)	(0.28)	(−0.25)	(−0.12)	(−0.16)	(0.26)
lnccta	−0.674	−0.385	−0.165	−0.496	−0.636	−0.830 *
	(−1.60)	(−1.02)	(−0.38)	(−1.45)	(−1.54)	(−1.93)
lncctb	−0.187	−0.190	−0.477	0.037 7		−0.263
	(−0.48)	(−0.51)	(−1.23)	(0.16)		(−0.64)
nccpan	0.181	0.147	0.197		0.086 8	0.250
	(0.72)	(0.62)	(0.76)		(0.57)	(0.96)
wn	0.029 5 ***	0.020 1 *	0.043 0 ***	0.028 2 ***	0.028 3 ***	0.024 6 *
	(2.72)	(1.91)	(3.65)	(2.64)	(2.69)	(1.83)
D.lnpop						−2.791
						(−1.05)
_cons	0.220	−7.671	3.505	−2.515	−1.285	2.389
	(0.03)	(−1.19)	(0.52)	(−0.43)	(−0.21)	(0.33)
N	127	145	154	127	127	123
adj.R^2	0.476	0.472	0.290	0.478	0.480	0.449

注:括号内的数字为 T 统计值，* $p<0.10$，** $p<0.05$，*** $p<0.01$。

表 8.7 给出了我们删除中东部地区自然灾害变量（CEINDEX）后的结果。从中可以发现与表 8.5 几乎完全一样的信息，即货币性因素、实体性因素主要包括人口、战争等是影响苏州、上海地区米价的主要原因。另外一个结果，也就是删除苏州和上海周边自然灾害指数（SSWINDEX）后的结果与表 8.7 完全类似。还有，即使我们同时再考察北方中部 A 区和 B 区的温度之间存在的相关性，因为这两个地区一个是北方中东部地区的西南部，一个是西北部，我们的发现结果并没有发生什么变化。

在如上的检验中，我们发现，有些变量的形式是温度或者降水异常值，也就是说,这一变量的形式是原始变量与这一变量的平均值的差,而其余变量的形式则是原始值,或者我们顶多对这些变量进行了对数变换处理,这样的话,由于变量形式的不同,就对以上的回归产生了一定的影响。为了更加准确地检验这些变量与长江三角洲地区米价之间的关联,我们将会对所有的变量进行标准化处理,然后再次进行回归。

我们所采用的标准化形式为:

$$X_t^* = \frac{(X_t - \overline{X})}{S_X} \tag{8.2}$$

有关我们在回归中所用的解释变量以及被解释变量的统计量信息如表8.8所示。

表8.8 上述回归中所使用的变量统计量信息

变量名称	观测值	均值	标准差	最小值	最大值
lricep	298	0.649 581	0.607 786 8	−0.693 147 2	2.581 731
lgsp	262	2.707 621	0.453 303 4	2.302 585	4.364 372
lnpop	253	19.264 06	0.580 881 4	18.298 36	19.997 29
sswindex	298	2.845 638	1.052 333	0.5	5
ceindex	298	2.677 133	0.600 086 7	1.142 857	4.714 286
lbjt	298	3.138 154	0.020 962 3	3.068 098	3.177 415
lnccta	298	5.786 096	0.125 147 2	5.310 543	6.054 346
lncctb	298	5.551 615	0.164 307	5.061 075	5.872 202
nccpan	298	0.070 224 8	0.316 364 5	−1.02	0.93
wn	172	2.610 465	2.726 201	1	19
droughtn	253	3.434 783	2.589 795	1	17
floodn	274	5.510 949	3.205 117	0	19

在做了如上方程所示的标准化变换以后,按照计量经济学原理,下面的回归将要采用过原点回归进行回归,因此,相应的回归计量方程就变成了下列方程:

$$lricep_t^* = \beta_1 \cdot lbjt_t^* + \beta_2 \cdot \ln ccta_t^* + \beta_3 \cdot \ln cctb_t^* + \beta_4 \cdot nccpan_t^* + \beta_5 \cdot \ln pop_t^* + \beta_6 \cdot wn_t^* + \beta_7 \cdot \lg sp_t^* + \varepsilon_t \tag{8.3}$$

在上式中,所有变量后面的星号意味着它们均是经过上述标准化变换之后的新变量,相应的回归结果见表8.9所示。

表 8.9　稳健性检验 3:过原点回归

被解释	$lricep$ *					
方法	过原点回归					
方程	(1)	(2)	(3)	(4)	(5)	(6)
$lgsp$ *	**0.595***		**0.615***	**0.599***	**0.595***	**0.876***
	(3.97)		**(7.58)**	**(4.02)**	**(4.00)**	**(9.46)**
$lnpop$ *	**0.203**	**0.507***		**0.203**	**0.204**	
	(2.09)	**(9.03)**		**(2.10)**	**(2.10)**	
$sswindex$ *	−0.029 6	−0.026 7	−0.047 2	−0.030 1	−0.031 0	−0.031 4
	(−0.39)	(−0.37)	(−0.61)	(−0.40)	(−0.42)	(−0.41)
$ceindex$ *	0.082 5	0.079 0	0.147 *	0.082 1	0.083 3	0.055 5
	(1.13)	(1.14)	(1.97)	(1.13)	(1.15)	(0.73)
$lbjt$ *	0.031 3	0.048 3	0.024 5	0.035 1	0.032 2	0.041 1
	(0.48)	(0.76)	(0.39)	(0.54)	(0.50)	(0.62)
$lncta$ *	−0.123	−0.086 9	−0.026 4	−0.090 7	−0.121	−0.135
	(−1.36)	(−1.05)	(−0.29)	(−1.21)	(−1.36)	(−1.47)
$lncctb$ *	−0.015 7	−0.016 2	−0.124	0.037 7		−0.036 1
	(−0.14)	(−0.15)	(−1.19)	(0.53)		(−0.32)
$nccpan$ *	0.085 9	0.089 1	0.096 1		0.071 1	0.101
	(0.63)	(0.69)	(0.69)		(0.81)	(0.74)
wn *	**0.154**	**0.121***	**0.205***	**0.150**	**0.153**	**0.157**
	(2.34)	**(1.91)**	**(3.15)**	**(2.30)**	**(2.35)**	**(2.29)**
$droughtn$ *	**0.093 4***	0.070 0	0.010 2	**0.092 2***	**0.094 2***	**0.103***
	(1.68)	(1.32)	(0.17)	**(1.67)**	**(1.71)**	**(1.83)**
$floodn$ *	**0.137**	0.085 8	**0.177***	**0.141**	**0.136**	**0.150**
	(2.32)	(1.56)	**(2.79)**	**(2.41)**	**(2.33)**	**(2.50)**
$D.lnpop$ *						−4.044
						(−1.55)
N	119	136	143	119	119	116
adj.R^2	0.548	0.490	0.365	0.551	0.552	0.548

注:括号内的数字为 T 统计值,* $p < 0.10$,** $p < 0.05$,*** $p < 0.01$。

由该表结果可见,金银币价、人口、战争的影响仍然是显著的,而旱灾和洪灾的影响并不稳健,尽管符号正确,但时而显著,时而不显著。结果与前面基本一致,即影响米价的因素主要是货币性因素和实体性因素诸如人口以及战争,并且幅度也是基本一致的。举个例子,金银比价每上升 1 个标准差,江南的米价就会上升 0.595—0.876 个标准差;人口每上升 1 个标准差,米价就上升 0.2—0.5 个标准差;战争频率每提升 1 个标准差,米价就上升

0.15—0.20个标准差。这说明,全国性战争的发生会在很大程度上影响作为全国米市的长三角地区的米价上升;金银比价的提升,也就是说,银价的下跌也在很大程度上影响了长江三角洲地区米价的上升;人们通常认为的全国人口总量会影响粮价和米价,在本章的这一部分分析中也得到了支持。相比较而言,本章并没有发现相关地方性因素对米价的显著影响,这可能有两方面原因,一方面是我们相关的地方性因素变量可能存在一定偏差,或者是数据质量有问题;另一方面可能就是,地方性因素对长三角米市价格的影响并没有这些全国性因素的影响强,这也许在某种程度上意味着,长三角地区米市的确可能已经是一个比较全国性市场了。但有关这一点,我们还不能如此鲁莽地进行推断,毕竟我们还需要更多数据的支持。

8.6　结论与启示

综合实证部分的内容,我们可以获得下列一些初步的结论:

(1) 气候变化与米价之间的关系,在本章数据下,并没有得到完全肯定的结论。在基准回归中,表征全国性旱涝灾害的两个变量对苏州上海地区的米价并没有显著的一致性的影响,而表征当地旱涝灾害、气温以及降雨异常的变量,也均不显著。在稳健性检验中,我们的这一发现并没有什么变化。由于本章所用的气候数据要么是全国性的旱涝灾害数据,要么是当地周边地区的温度或者降雨异常数据,这些数据都是时间序列数据,这可能是导致我们分析结果并不显著的原因,因为米价如果是一个全国性市场的话,它更可能是全国性因素的结果,而不仅仅是地方性因素影响的结果。另外一个可能的原因是,我们所使用的气候数据只来自某一个地点,而并不能很好地代表苏州、上海地区周边较为广阔的地理区位,因而,这就导致二者的关系并不显著。这说明,如果我们要对气候变化与米价关系进行一个准确的检验,还必须依赖于面板数据,因为它能将不同的地理区位和空间因素考虑进来,这样就能比较准确地考察气候变化与米价之间的关系。

(2) 有关人口与粮价的关系,一般的认识是,人口多对粮食的需求多,因而粮价可能是上涨的。在本章的实证中,这一点得到了非常好的证明。无论是在我们的基准回归中,还是在稳健性的回归中,我们都系统地发现全国性人口对米价的显著正向影响。这一结果具有一定的现实意义,因为在清代大米已经是一种全国性的粮食产品,因而其价格在很大程度已经成为全国人口的影响结果,而不仅仅是当地人口影响的结果。按照理论推理,当地人口更可能是米价下降的因素,因为当地人口往往构成当地大米的生产者而不是主要的消费者。但非常可惜的是,我们无法获得当地人口的相关变量。

(3)有关通货膨胀这一货币性因素和米价的关系,得到了本章实证分析的支持,这是本章非常重要的一个发现,也在很大程度上证明了粮价与通货膨胀之间的紧密关联性。无论我们前面部分的检验,还是后面的稳健性检验以及标准后变量的稳健性检验都发现,明清之后外国白银的流入在很大程度上导致了中国的通货膨胀,这被全汉昇称为"十八世纪的物价革命"。其实,本章通过 1638—1935 年的实证检验发现,全汉昇所称的这种物价革命不仅存在于 18 世纪,而且也存在于 17 世纪乃至 19 世纪中期以前。可以想象,这种物价革命对于中国经济、贸易、国际关系的发展都产生了巨大的影响,但人们对这些影响的分析却非常少见。本章通过明清时期金银比价数据与米价关系的研究表明,至少从时间序列数据角度看,这一关系是成立的。并且,相对于气候变化因素、人口因素而言,这种货币性通货膨胀因素可能显得更加的重要,因为它对米价影响的弹性系数更大也更加稳健。

(4)有关战争和米价的关系向来众说纷纭。有人认为,米价上升可能导致战争,因为米价上升到人们难以承受的时候,战争就会发生,所以米价上升是战争发生的前提或者解释性因素,但是仔细思考一下就发现这种说法并不具有解释力,因为中国历史上的战争并不全是由于吃饭问题引起的,有时候,中国与少数民族的战争可能更会由于历史原因或者政治冲突而产生,或者是由于文化冲突而造成的。也有人认为,战争也是引起全国粮价上升的一个重要的原因,比如,太平天国运动发生于 1851—1864 年,主要发生在南方,但这场战争的风险和恐慌可能会在全国传播,于是,粮价就会由于战争而出现上涨,因此,如果要准确地衡量二者的关系,就有必要将战争、米价等与特定地理空间等因素联系在一起进行分析,这样才能得到可靠的结论。

就本章的时间序列数据而言,我们发现,全国性战争的次数与长江三角洲地区的米价之间存在着显著的正相关关系,无论我们是使用时间序列数据还是使用标准化后的变量形式,都发现了类似的结果。这表明,战争与粮价之间的关系相对于气候变化与米价的关系而言,显得更加地稳健。不过这只是时间序列数据获得的结果,还有赖于更加准确的面板数据的更进一步检验。

气候变化是否影响了中国
过去千年间的农业社会稳定?[*]

9.1 引言

 近年来,研究气候变化与经济发展包括社会不稳定的关联关系已成了当下国际经济学界、政治学界、社会学界以及各国政府讨论的热点问题,原因在于 20 世纪 20 年代以来工业化所带来的日益广泛的气候变暖已严重地影响了人类社会的工农业生产,土壤、植被和水文的变化、生物多样性乃至沿海国家的生存(比如 IPCC, 2007; Melissa et al, 2012; 吉登斯, 2009 等)。然而,这些讨论以及国际社会所给出的政策建议大多是建立在工业化和后工业化国家的经济结构和发展模式之上。事实上,我们面前的世界不仅是一个文化多元的世界,而且在很大程度上仍是一个经济多元的世界。比如,一些亚洲、拉丁美洲和大多数非洲的发展中国家离工业化国家的距离仍相当

---

* 这章内容曾经发表于《经济学季刊》2012 年第 2 期。此处经过了再次修订。

遥远,到目前为止这些穷国只为全球变暖提供了微不足道的碳排放(吉登斯,2009)。即使是对已经相当工业化的中国而言,虽然它的中、东部地区已深深地卷入了全球化为代表的工业生产和贸易体系当中,但其背后的广阔腹地和广大的中、西地区仍然有着相当数量的农业部门和农业人口。不但如此,很多与农业、农产品相关的粮油经济、食品加工业、农副产品加工业乃至轻工制造业等对全球的变暖也没有造成多大的影响。因此,盲目地套用工业化和后工业化条件下的气候变化经济学成果并对全世界来个"一刀切"式的政策动议,很可能在某种程度上是对这些国家和部门的一种不公;不仅如此,在当今的国际气候谈判中,盲目套用工业革命以来的气候变化经济学成果,也很可能不利于为我国经济和社会的长远发展争取到一个有利的国际政治环境。

还好,中国不仅是一个历史悠久的古国,而且也是一个拥有非常齐全历史记录的文明古国。在过去的两千年间,我们的主要经济形式一直是农业经济(李银蟠,1998;黄宗智,2000 等),而且在这一历史进程中也的确发生了多次的气候冷暖交替现象(竺可桢,1979;牟重行,1996 等)。特别是,从 11世纪开始,世界包括我国的气候总体上开始变冷,这不仅使农业生产受到很大影响,而且也使中国周边游牧民族的生产和生活受到沉重打击,他们与汉族的关系也因此而不断恶化,同时,人口由北向南的迁移和国家的经济和政治重心也发生了重大变迁,不少的朝代更因此而灰飞烟灭,比如宋朝的灭亡、元朝之取而代之就是如此(赵红军,2010a;2010b;2010c)。毫无疑问,这些史籍就提供了我们一个考察历史气候变化与农业经济社会不稳定关联关系的历史实验场。

我们的研究发现,中国历史上的气候变冷不太有利于农业经济社会的稳定,相反,当时的气候变暖则在某种程度上有利于农业经济社会的稳定,这与当今气候变暖的影响在很大程度上是相反的,这是一个让人意外的结论(满志敏,2009),但它却能为中国今后的国际气候谈判提供一个坚实的历史经验支持;此外,本章的实证分析也证明,经济史学家有关历史气候变化及其经济社会稳定性关联关系的理论和实证工作,也会非常不同于他们对气候变暖的政治经济学分析①,这就表明,有关气候变化的经济学绝不应该只

---

① 　可参见 Gottinger(1998:139—168)。

有一个版本,相反很可能有两个版本。

本章其余部分的安排如下:第二部分是一个有关历史气候变化与农业经济社会不稳定关联关系的文献综述;第三部分是本章的理论分析框架;第四部分是实证分析中可获得的变量以及理论假说,第五部分是一个过去两千年来历史气候变化、米价、自然灾害、人口、社会不稳定程度之间关联关系的实证分析;第六部分是全文的结论及其对当代的政策启示。

9.2 文献综述

与本章探讨的主题——气候变化与社会不稳定——相关性较大的文献大致分为两类:

一类是直接针对中国历史气候变化与经济、社会发展关系的研究,这类研究始于 20 世纪 80 年代经济史学家和历史学家的探索性工作,比如张家城(1982)的研究发现,我国历史气温每升高(降低)1 ℃,农作物的产量就增加(减少)10%。倪根金(1988)也发现,宋金的寒冷期时,小麦的产量减少了8.3%,同样,年平均气温若下降 2 ℃,农作物的分布区位就会南移 2—4 个纬度。萧楚辉(1981)、Hinsch(1988)讨论了中国历史上人口迁移的原因以及经济发展中心在地理空间上的演变与王朝更迭问题。胡焕庸、张善余(1983)、赵文林(1985)等则专门从人口流动和人口地理的角度,探讨了伴随着经济发展的人口流动和经济发展空间地理结构的变化问题。由于经济发展的长期进程不仅可能伴随着经济总量的变化,而且还关涉到经济发展在空间结构上的变化。所以这些早期的研究对于人们理解气候变化及其对中国经济社会发展的影响问题奠定了文献基础。

进入 90 年代以后,这类研究逐渐增多,研究的内容也更加细致。比如Fang 与 Liu(1992)、Chu 与 Lee(1994)、王铮等(1996)、郑学檬(2003)等分别讨论了我国历史气候变化下发生的饥荒、内乱以及人口迁移、经济重心转变、疆域变迁乃至朝代兴衰等问题。满志敏(2000)讨论了我国历史上的气候变化对农牧过渡带、动植物分布带的影响。值得注意的是,自然科学家对这一问题的关注也到了一个新的高度,比如 Fang,王铮等很多人都是自然科学家甚至院士。

近年来,随着气候变化在国际上重要性的增加,越来越多的科学家、历史学家、经济史学家日益发现,综合运用自然科学方法和古代历史记录相结合,来重建古气候时间序列的重要性,并在这方面进行了有益的探索。比如Briffa等(1995)、王玉玺等(1982)分别利用来自乌拉尔山区的树轮记录和祁连山园柏年轮,重建了我国公元1000—2000年温度的时间序列数据。一些历史学家,比如Zhang等(1989)则试图通过中国各朝的历史记录来复原过去1000年间气候变化的数据序列。

在此基础上,近年来学界在结合自然科学有关古气候重建数据以及中国历史记载量化研究二者关联度方面也取得了进展,比如Zhang等(2007,2010)在气候变化量化研究的基础上,讨论了气候变迁与我国历史上的战争次数以及王朝更迭之间的统计关联关系;Zhang等(2010)等讨论了中国历史上的气候变化与自然灾害、战争频率之间的关联关系。不足之处是,这些研究仍非常少见,并且较多地运用自然科学和统计学的平稳自助法(Bootstrap method)和交叉相关函数法(Cross-correlation functions),讨论了时间序列变量之间的相关程度,而没有运用计量经济学方法分析变量之间的因果互动关系。

第二类文献,主要是西方社会学家、经济学家等有关气候变化与经济、社会、政治发展关系的一般性讨论。比如孟德斯鸠(2009)曾经指出:"在北部的气候条件下,那里的人们拥有较少的恶习,更多的美德、诚心和真诚,而越往南走,人们的美德就越少,情欲就越旺盛,并且就越容易犯罪⋯⋯温度是如此的炽烈,以至人们的身体被炙烤得有气无力⋯⋯会导致人们毫无好奇心,更无力进行有意义的事业。"著名的经济学家阿尔弗雷德·马歇尔在《经济学原理》中也谈道,在早期文明的发展阶段,气候、自然等因素发挥了很大作用。他认为:"如果气候对人的体质不利,则这些东西(种族的品质)是不能有所作为的。自然的恩赐,它的土地、河流和气候决定着种族所事的性质,从而给予社会政治制度以一定的特征。"(马歇尔,1997:373)。美国地理学家亨廷顿在《亚洲的脉动》一书中认为,13世纪蒙古人的大规模向外扩张主要是由于他们居住地气候干旱、牧场条件变坏所致。他在1915年出版的《文明与气候》一书中更进一步提出,人类文明只有在刺激性的气候条件下才能发展的学说。这些有关气候与经济发展关系的经典论述存在着合理的因素,但如果说气候对人类文明或者经济发展的影响是决定性的却有些言过其实,本章后面的实证分析也表明,气候对经济社会发展的确具有影响作用,但夸大这种影响的作用却不符合科学探索的精神。

近年来,随着气候变暖趋势的加剧,西方政治经济学界、社会学界出现了越来越多研究气候变暖与社会不稳定关系的大量文献,比如,美国暴乱监控委员会在其 1968 年的报告,Carlsmith 和 Anderson(1979),Boyanowsky(1999)等都通过实证研究发现,较高的温度会提高动乱或者暴乱的发生频率。Melissa 等人(2012)则通过 Polity IV 数据库以及 Archigos 数据库的数据实证检验了温度对社会不稳定的影响,结果发现,欠发达国家的气温每上升一摄氏度,政治发生变迁的概率就会上升 2.3 个百分点。(Miguel et al,2004)运用美国 1981—1999 年的数据发现,较多的降雨与较低的冲突发生概率存在着一定关联关系。还有,Curriero, F. et al(2002)讨论了近年来美国东部 11 个城市的气候变暖与人口死亡率上升之间的关联关系。(Deschenes, O. & E. Moretti, 2007)讨论了极端天气与死亡率和人口迁移之间的关系。虽然这类文献与本章所研究的中国历史气候变化与社会不稳定的关系较远,但对于本章的研究而言也具有重要的参考意义。

相对现有文献而言,本章主要是利用自然科学家、社会科学家有关中国历史气候变化的重建数据,以及中国经济史学家、历史学家有关影响古代中国经济社会不稳定的其他因素的历史记录,更多地运用经济社会学、计量经济学分析方法来研讨这一主题;并且本章有关中国历史气候变化与社会不稳定的一些新的发现,与当代有关气候变化的经济学认识以及现代的气候变化经济学存在着一定程度上的差异,这也能给予当代的国际气候谈判以有益的启示。

9.3　理论分析框架

学术界通常认为,气候(climate)主要是指某个地区所处的特定地理区域内长期所形成的温度、降水、季风、干湿度等相对稳定的天气特征。由于温度、降水、季风、干湿度等是生活于这一地理区域上的人类以及生物生存所必须的基本条件,因此,气候变化必然会成为影响中国古代人类经济活动长期发展与稳定与否的重要因素之一。

根据我们的文献涉猎,目前经济学界尚不存在一个有关历史气候变化与社会不稳定的正规理论模型,本章试图通过以上文献综述归纳出分析我国古代农业经济时代气候变化与社会不稳定的一个初步理论框架:

首先,气候的变化必然会影响古代最为主要的农业生产活动所赖以进行的生产要素的效率,比如土地的生产力会由于降水的增加、温度的提高而提高,但当温度太高,或降水太多时,农业生产率可能会因此而下降;而作为生产要素投入的劳动力以及管理者的体力、精神状况也会受到气温、降雨、降雪、季风等气候变化的影响;由于农业是我国古代经济发展赖以存在的最重要的支柱产业,因此我们判断,当农业生产受到的打击较大并且已经影响到农民的生存与生产时,粮食的价格很可能就会上升。更加严重的是,若国家的赈灾活动难以应付时,大面积的饥荒就可能发生,这样,整个农业经济社会的发展与社会稳定就会在很大程度上受到影响。

其次,如前所述一些少数民族所从事的游牧业是一个完全"靠天吃饭"的行业,气候的恶化会迫使游牧民族的游牧活动区域在空间上发生迁移进而与定居于东面、南面的农业民族遭遇,并发生冲突和战争。图9.1给出了过去两千年间中国历史上主要外患发生的频率。从图9.1可见,公元300—630年、1100—1280、1400—1653年分别是我国外患发生次数较多的时期,而这些时期也基本上对应着图3.1中的a、b、c、d或者e五个气温较冷期。这可能不单单是一种巧合,而更隐含着一种内在的关联关系。

再次,由于气候关涉一个地区在特定地理条件下较长时期的平均温度、降雨、降雪、舒适度、季风特征的变化,因此,在温度、降水、降雪发生异常变化的条件下,除了它对农业和牧业生产所造成的打击之外,各种对温度、降水等比较敏感的自然灾害,比如旱灾、水灾、雪灾、冰雹等的发生频率就很容易增加。事实上,中国历史上就有着非常丰富的有关气候变化引起的自然灾害的详细记录。图9.2给出了陈高傭统计的中国从公元前246—1913年的水灾、旱灾和其他自然灾害的发生频率数。从该图的信息中至少可以发现以下两点:一是在古代农业经济条件下,气候必定是人类经济活动之外影响各类自然灾害的一个重要因素;二是在气候变化影响自然灾害的情况下,当时朝代要实现统治稳定的成本就必然大大增加,国家的社会稳定就会在一定程度上受到挑战。

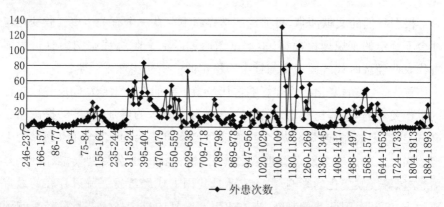

图 9.1　公元前 246 年—公元 1913 年我国外患发生频率

资料来源:陈高傭(2007)。

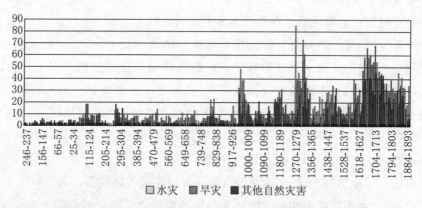

图 9.2　公元前 246 年—公元 1913 年我国自然灾害发生频率

资料来源:陈高傭(2007)。

综上,本章归纳的一个初步的气候变化影响农业社会不稳定的理论分析框架为:(1)气候变化包括温度、降雨、降雪等自然条件变化,构成了农业经济时代国家社会不稳定的深层次影响因素;(2)其影响途径之一为,通过作用于农业生产要素投入或者劳动力的生产效率而影响农业生产,进而影响到国家的社会稳定,也就是内乱的发生概率;(3)影响途径之二为,通过影响游牧民族的游牧生产活动,而影响游牧民族的活动区域,进而影响游牧民族与农耕民族的关系,也就是外患的发生频率;(4)影响途径之三为,通过直接影响自然灾害的发生频率,而影响国家的社会稳定性。

与现有气候变化的经济学分析框架相比，本章所归纳的气候变化与农业经济社会不稳定的分析框架将至少存在三点不同：

第一，古代的气候变化更多是外生于农业经济和社会系统的，是世界大气循环的一部分，而当今的气候变暖在很大程度上是工业革命以后人类生产能力、制造能力提升的负面效应，因而气候变化对于前者而言是一种外生的气候冲击，对于后者而言则是内生决定的；

第二，我国古代的经济形式是农业经济，而工业革命之后的经济形式是工业和制造业经济。相对于环境而言，农业经济是一个环境相对友好型的经济模式，而工业、制造业经济则不可避免地产生出过多的碳排放。

第三，古代的气候变化对人类经济活动、社会不稳定的影响已成为历史，而当今的气候变暖正如火如荼地上演，人类对于此未知未来的探索尚在进行之中，因此，探讨古今气候变化与经济社会稳定性之间的关联与共同之处，对于当今的气候变暖研究无疑也具有非常重要的理论和现实借鉴意义。

9.4 实证假说与变量选择

9.4-1 实证假说

在以上的理论分析框架下，本章的实证理论假说可具体化为：

由于气候变化可能影响国内的农业生产、牧业生产，还可能影响自然灾害的发生频率，因此，很可能是造成中国历史上农业经济社会变迁乃至社会不稳定程度的深层次原因。为此，有必要在控制自然灾害、农业生产、人口等对社会不稳定程度影响的基础上，考察气候变化对社会不稳定的影响。

用以表征农业社会不稳定的指标可能有很多，比如，农民起义的次数、政治的剧烈变迁或者改朝换代，等等。但本章更愿意将历史上内乱次数(inwar)、外患次数(outwar)和总的人祸次数(totalwar)作为对社会不稳定的一个度量，因为这一统计的时间跨度最长，统计范围更广，并且这一变量维度更多。比如，内乱在很大程度上反映了一国国内的社会不稳定程度，而外患则反映该国外部势力对该国社会不稳定程度的影响。而总的人祸次数则反映了包含内乱、外患和二者之外的其他人祸。为此，有必要建立如下的回归方程：

$$\{inwar_t, \ outwar_t, \ totalwar_t\} = \beta_1 + \beta_2 \Delta temp_t + \beta_3 preci +$$

$$\beta_4 snow + \beta_i \sum_{i=1}^{n} \gamma_{it} + \sigma_t \qquad (9.1)$$

其中总括号中的被解释变量为三者选一,目的是分别考察这些以不同指标度量的社会不稳定对气候变化的反映程度。用来表征气候变化的因素,我们选用了历史时期的温度异常、降水以及降雪异常三个因素,γ_{it}表示其他影响社会不稳定的控制因素,比如,自然灾害、农业生产情况、人口等。

9.4-2 可获的变量

假说常常是建立在完美的理论推理的基础之上的,要使之具体化,还必须有赖于相关可获变量的支撑,本章可获的变量有:

(1) 气候变化的变量,我们采用三个变量作为代理,分别为气温异常变化($\Delta TEMP$)也就是气温相对平均值的异常变化程度、降水量($PRECI$)和降雪异常($SNOW$),因为这些气候变量与农作物的生长、自然灾害甚至农业生产乃至社会不稳定的关系最为密切。

从数据来看,气温异常变量时间跨度最长,从公元元年—1910 年,时间间隔为 10 年,共 220 个样本。该变量是在 9 个重建的气温代理变量序列的基础上综合而成的,其中 4 个序列来自青藏高原的冰核和树轮记录的古温度重建,5 个序列来自中国东部和日本,包括金川、中国东部地区的档案记录、日本的树轮记录和中国台湾的湖泊沉积物的科学测定,因此基本上能够比较客观地反映中国气温在过去 2 000 年的变化情况(Yang et al.,2002)。

降水变量($PRECI$)是根据 Yi(2010)获得的过去 400 年间的中国华北地区重建的降水时间序列数据,由于其他变量的时间间隔均为 10 年,所以,经过如此处理的降水变量就只有 32 个观测值。为了防止将这一变量纳入分析对整个回归分析产生的很大数据偏误,所以我们只能忍痛割爱,剔除此变量。

降雪异常变量($SNOW$)来自 Chu(2008)的研究成果,是作者根据中国历史上有关降雪异常的历史记录,结合世界大气循环等科学研究而重建的一个降雪异常指数。该数据的覆盖区域为北纬 25—46 度、东经 100—130 度的中国东部地区,时间跨度为公元元年—1900 年,数据间隔为 10 年,共 190 个观测值。

(2) 用以表征社会不稳定程度的变量,我们采用陈高傭《中国历代天灾人祸表》中人祸次数的多少来表征,其子统计项目包括内乱次数,也即在中国境内发生的,或者接受中国文化、传统、文字来治理的国家内部发生的叛乱次数[1]($inwar$)、外患次数($outwar$),也即中国境外异族之叛乱,或者他们在边疆地区或者侵入中原所造成的动乱[2]和包含内乱、外患以及二者之外的其他人祸[3]次数的总人祸次数总和($totalwar$)等。通常情况下,一个朝代的内乱、外患和总的人祸次数越多,就意味着当时的社会越不稳定,因此我们使用这三个变量来反映中国历史上社会不稳定程度。同理,该变量的时间间隔为 10 年,跨度从公元前 246 年直至 1913 年,共 220 个样本。

　　(3) 其他控制变量:中国历史上的自然灾害变化情况,我们用两个代理变量来衡量,它们分别是水灾次数(FLD)、旱灾次数($DRGT$)[4]。另外

---

[1]　陈高傭(2007:4—5)认为,可以用三个标准来衡量一场动乱是内乱还是外患,(1)凡是外族反复无常的叛乱,都是外患。原因是这些外族虽然一度被中国征服,但他们与汉民族并没有同化为一个整体,所以不能以内乱看待;(2)凡外族侵入中原,建国称帝者,虽然取法汉制,但如果其政权未曾统一中国,仅仅是割据一方的,由此发生的动乱也划分为外患。这样的话,比如十六国时期前赵、北凉、夏(匈奴系)、前燕、后燕、南燕、西秦、南凉(鲜卑系)、后赵(羯系)、成汉、前秦、后凉(氐系)、后秦(羌系),南北朝时代的元魏、北周、北齐(鲜卑系)、宋代之辽(契丹)、金(女真)、西夏(党项)等祸乱都归入外患。相反,如五代之后唐、后晋、后汉(沙陀族)虽然未能统一中国,然而他们的政权都是取代前朝而代之的,这样就将这些朝代发生的叛乱归入内患。到后来,蒙古族对于宋朝而言,满洲对于明朝而言,满洲对于清而言,起初都是外患,后来统一中国,将前朝取而代之,这样,从此时起的叛乱就归入内乱。

[2]　至于本国境内的少数民族,如蛮、夷、苗等族,有时因政治压迫或者生计之困难所作的叛乱却应该算作内乱。见陈高傭(2007:5)。

[3]　还有一部分既非内乱也非外患,却令当时的人民也受到了较大的影响,则归入其他人祸当中,比如,外族并没有对中国侵略,而中国为了扩充领土,发扬国威,而劳师远征;还有专制暴政,滥用刑罚甚至一时杀人数百数千;党派之争、文字之狱,有时也牵连多人牺牲,诸如此类,也算作其他人祸。本文沿用陈高傭的做法,将内乱、外患、其他人祸次数的加总看作总的人祸次数。见陈高傭(2007:5—6)。

[4]　有人认为,应该采用水灾或者旱灾的影响程度而不是发生次数作为衡量自然灾害的代理变量,但问题是中国历史上有关自然灾害的记载大多是模糊而不准确的记载,比如,灾害影响"数县",或者"浙、皖两省",等等,此外还有很多记载根本就没有影响范围的描述,而只记载"伤者数千",因此,我们就很难用一个客观而统一的数据来度量灾害的程度。

一个表征自然灾害的指标称之为其他自然灾害,意指那些既不属于水灾,也不属于旱灾,或者记述不清楚属于哪一类的自然灾害。由于这一指标所隐含的统计模糊性,所以我们剔除了这一指标。文中所用两个代理变量的时间跨度从公元前 246 年开始,到 1913 年结束,共 220 个样本,时间间隔同样为 10 年,原始数据来源于陈高傭:《中国历代天灾人祸表》。由于作者给出的天灾人祸的时间跨度与每 10 年间隔的温度、降雪异常存在不匹配现象,所以我们对这些序列按照时间进行了重新调整,原则上要使温度的数据正好位于天灾人祸的时间区间之内,否则就会影响到后面分析的客观性。

农业生产的好坏也是影响古代经济社会不稳定的重要因素。最理想的情形是运用经过统一核算的农业亩产量数据,但由于我们可获数据的时间跨度有限,所以只好放弃。可喜的是,我们可以历代米价(RICEP)的高低作为农业生产变化情况的一个初步的代理变量,原因在于当农业受到气候变化和自然灾害的较大负面影响下,米价通常就会倾向于上涨,反之,米价会倾向于下降。有关米价的数据来自彭信威的《中国货币史》(1954:505、705、498、850)。数据的起始点为 960 年,终点为 1910 年,时间间隔为 10年,其中 1261—1360 年和 1411—1420 年的数据缺乏,并且其中宋代的米价是彭本人报告的银两数,Liu(2005)按照每两白银重约 37.68 克统一转化为克两银,本研究采用了这一转化后的数据作为米价的代理变量。

在气候变化影响社会不稳定的分析框架下,还有必要控制人口变量(POP)的影响。原因有二:一是前面我们用米价高低作为农业生产变化情况的一个代理变量的隐含假设是,在人口总量也即对粮食的需求变化不大的情况下,米价的高低才能作为农业生产情况的一个代理变量,否则,这一代理变量就失去了意义;第二个重要的原因是,在古代农业经济条件下,人口总量较大,增长太过迅速的话,它本身就会构成对农业生产和社会稳定的更大压力,事实上,这正是马尔萨斯人口论所反映的基本规律(Turchin, 2003;Turchin and Korotayev, 2004);还有,在人口规模较大、资源稀缺的条件下,人们出于生存的考虑也会加大对自然的开发,而这必然会形成对自然的巨大破坏,甚至成为气候变化和各种自然灾害发生的重要原因。比如侯家驹(2008:787)曾经指出:"就是由于(人们对土地的)过度利用,使气候大变,原来丰腴的关中一带农田,早已成为瘠地。"①在此基础上,本章所用的人口变量原始数据来自梁方仲(1980)、杜兰德(Durand,1960)以及李(Lee,1921),赵红军(2010a)对此进行了系统的重新整理和汇总。本章按照气候变量的时间对人口变量进行了调整,总共形成了 92 个观测值,覆盖了中国公元 2 年至 1910 年的时间范围。

此外,中国历史上的社会不稳定在一定程度上还会由于有关朝代的不良治理所引起,故而古代知识分子十分重视德政、仁政的作用,例如,孔子在《论语·为政》中记述道:"为政以德,譬如北辰,居其所而众星共(拱)之";而《孟子·梁惠王下》中则提到,"君行仁政,斯民亲其上,死其长也"。但由于历史学家、经济学家对中国历史上各朝代治理绩效的评价见仁见智,尚存在着很大的分歧,所以很难建构一个大家公认的虚拟变量,故我们暂时舍弃掉这一变量。

综上,可以得到表 9.1 所示的本章分析中所用的各变量及其定义。

表 9.1　变量名称、代表性及其定义

变量名称	代表性	定　　义
气温异常变化	气候变化	气温相对于平均值的偏离程度
降雪异常指数		根据中国历史记录和世界大气循环重建的一个降雪异常指数
内乱频率	社会不稳定	在中国境内发生的,或者接受中国文化、传统、文字来治理的国家内部发生的叛乱次数
外患频率		中国境外异族之叛乱,或者他们在边疆地区或者侵入中原所造成的叛乱和人祸次数总和
总的人祸次数		指内乱、外患和其他难以归入内乱和外患的人祸次数总和
旱灾频数	自然灾害	中国历史上记录的旱灾次数,而不是旱灾的严重程度或者波及面
水灾频率	自然灾害	中国历史上记录的旱灾次数,而不是水灾的严重程度或者波及面
米价	农业生产	中国历史上有关米价的记载,并经过统一的单位换算
人口	人口规模	中国历史上有关历朝历代人口的记载

相应地,后面回归中用到的准确回归模型将为:

---

① 非常感谢匿名审稿人的提示笔者注意这一文献,经过重新查证,并在后面的实证分析中考虑了人口对社会不稳定的影响。

$$\{inwar_t, outwar_t, totalwar_t\} = \beta_1 + \beta_2 \Delta temp_t + \beta_3{}^* snow_t + \beta_i \sum_{i=1}^{n} \gamma_{it} + \sigma_t$$

$$(9.2)$$

由于气温、降雪等气候变化的长期性,因此必要时,还将考虑气温或者降雪的滞后分布模型形式,也就是方程(9.3):

$$\{inwar_t, outwar_t, totalwar_t\} = \beta_1 + \beta_2 \Delta temp_t + \beta_{2i} g \sum_{i=1}^{n} \Delta temp_{i-n} +$$

$$\beta_3 snow_t + \beta_{3i} g \sum_{i=1}^{n} snow_{i-n} + \beta_i \sum_{i=1}^{n} \gamma_{it} + \sigma_t$$

$$(9.3)$$

9.5 历史气候变化与社会不稳定关系的实证研究

9.5-1 回归前的预分析

表9.2给出了计量分析中所涉及的9个变量的统计量信息。

表9.2 气温与经济社会不稳定相关变量的统计量信息

变量	均值	中位数	最大值	最小值	标准差	偏度	峰度	观察值
TEMP	−0.009	−0.03	1.188	−1.015	0.44	0.29	2.88	192
SNOW	0.47	0.50	0.82	0.17	0.16	0.08	2.21	190
RICEP	44.07	34.05	265.42	9.63	41.60	3.33	16.78	84
POP	79 089 560	48 317 005	428 000 000	7 672 881	104 000 000	2.23	6.65	92
DRGT	12.05	7	68	0	14.13	1.93	6.38	218
FLD	12.93	7	85	0	14.78	1.67	6.17	219
INWAR	21.47	11	250	0	31.77	3.34	18.09	219
OUTWAR	15.36	8	132	0	19.98	2.43	10.74	219
TOTWAR	40.25	31	251	0	38.35	2.18	9.40	219

在这些变量中,由于我们所用的温度异常为距离平均值的异常值,降雪异常是一个规格介于0—1之间的指数,中国历史上的旱灾、水灾、内乱、外患以及总的人祸次数等变量都是整数计数变量,所以无需对它们进行任何处理。而米价(RICEP)和人口(POP)变量数值较大,因此,为了保证回归系数

的可解释性,故对二者进行了自然对数变换,分别用 *LRICEP* 和 *LPOP* 来代表。表 9.3 给出了除被解释变量以外的其他解释变量之间的相关系数矩阵。从中可见,除了人口和米价之间的相关系数大于 0.88 以外,绝大多数变量之间的相关系数较小,因而不会对后面的回归产生大的偏差。

表 9.3　相关解释变量相关系数矩阵

变量名称	DRGT	FLOOD	TEMP	SNOW	LGRICEP	LPOP
DRGT	1					
FLOOD	0.24	1				
TEMP	−0.15	0.05	1			
SNOW	−0.48	−0.22	0.35	1		
LGRICEP	−0.64	−0.32	0.59	0.53	1	
LPOP	−0.74	−0.48	0.51	0.50	0.88	1

由于所有变量均为具有一定时间间隔的时间序列变量,因此有必要检验这些变量的平稳性和单位根,通过图形以及表 9.4 中给出的各变量的 ADF 检验结果可发现,绝大多数变量在 1% 水平上不存在单位根,旱灾、米价和人口对数值在 5% 水平上不存在单位根,因此,变量基本平稳。这符合我们的理论预期,因为我们选取的社会不稳定变量为十年间隔的加总变量,而温度、降雪异常等变量为 10 年间隔的变量,因而变量之间的时间趋势可能不太明显,故可不进行差分处理。

表 9.4　所有解释变量与被解释变量的单位根检验结果

变量名称	原假设	ADF 统计量	1%水平的门槛值	5%水平的门槛值	结　论
TEMP	带常数项单位根	−4.10	−3.46	−2.87	1%水平上拒绝单位根
SNOW	带常数项单位根	−9.88	−3.46	−2.87	1%水平上拒绝单位根
DRGT	带常数项单位根	−3.05	−3.46	−2.87	5%水平上拒绝单位根
FLD	常数、时间趋势单位根	−3.63	−4.00	−3.43	1%水平上拒绝单位根
LRICEP	带常数项单位根	−2.93	−3.51	−2.89	5%水平上拒绝单位根
INTERWAR	带常数项单位根	−8.01	−3.46	−2.87	1%水平上拒绝单位根
OUTWAR	带常数项单位根	−3.94	−3.46	−2.87	1%水平上拒绝单位根
TOTWAR	带常数项单位根	−8.74	−3.46	−2.87	1%水平上拒绝单位根
LPOP	带常数项单位根	−3.89	−3.73	−2.99	5%水平上拒绝单位根

　　图 9.3 给出了气温、降雪异常两个气候变化的主要代理变量与社会不稳定各代理指标——内乱、外患和总的人祸次数等之间的 6 幅散点图。由这些散点图可见,气温与内乱、外患与总的人祸次数之间存在着比较明显的线性关系,而降雪异常与内乱、外患和总的人祸次数之间的线性关系相对较弱。

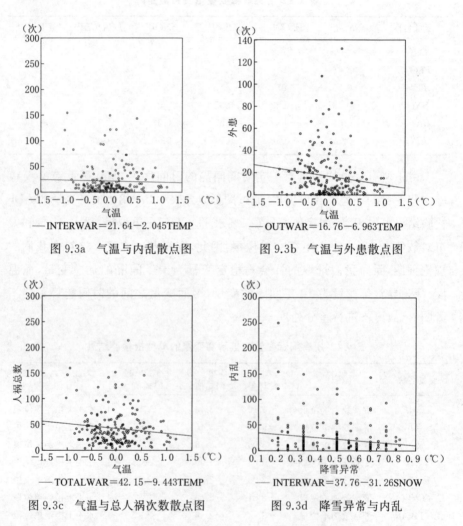

图 9.3a　气温与内乱散点图

图 9.3b　气温与外患散点图

图 9.3c　气温与总人祸次数散点图

图 9.3d　降雪异常与内乱

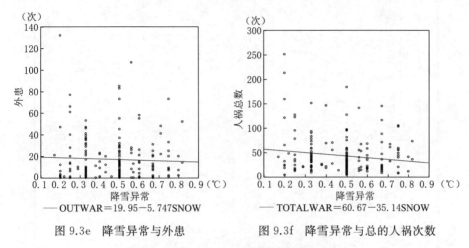

图 9.3e　降雪异常与外患　　　　图 9.3f　降雪异常与总的人祸次数

图 9.3　气温、降雪异常与其他变量关系散点图

9.5-2　气候变化对以内乱衡量的社会不稳定程度的影响

由于我们所用的社会不稳定变量是以内乱、外患和总的人祸次数等来衡量的，所以后面的回归要选取 Integer Count Model 而不是普通的 OLS 模型，原因是当被解释变量以某一事件的发生次数等作为衡量时，如果使用普通的 OLS 回归就会对结果造成偏差，相反采用整数计数模型，就可以通过泊松分布正确地刻画这种没有时间记忆的随机数据的回归分析。

表 9.5 给出了我们同时控制米价、人口、水灾、旱灾之后，气候变化对以内乱衡量的社会不稳定的影响情况。由于我们所选取的两个控制变量——米价和人口之间存在较高的相关系数（0.88），所以模型（1）（2）（3）采取了分别纳入、同时纳入这两个变量且气候变化各变量无滞后情况下的回归结果。模型（4）—（8）采取了米价、人口同时纳入，而气候变化代理变量之一的温度存在一到五阶滞后情况下的回归结果。类似的是，模型（9）—（10）采取了米价和人口同时纳入，气候变化另一代理变量降雪异常滞后一到三阶情况下的回归结果。由这些模型之间的比较可以清楚地发现以下几点：

表 9.5　气候变化对内乱程度的短期和长期影响

被解释变量	INWAR(ML/QML-Poisson Count)										
	(1)	(2)	(3)	(4)	(5)	(6)	(7)	(8)	(9)	(10)	(11)
模型/滞后程度		无滞后		温度一阶	温度二阶	温度三阶	温度四阶	温度五阶	降雪一阶	降雪二阶	降雪三阶
常数项	3.47*** (24.03)	4.81*** (9.02)	5.69*** (8.24)	5.43*** (7.67)	5.12*** (7.06)	5.28*** (7.08)	4.63*** (6.10)	4.62*** (6.10)	0.52 (0.64)	0.80 (0.94)	1.14 (1.26)
$TEMP$	−1.01*** (−16.12)	−0.80*** (−12.12)	−1.59*** (−16.82)	−1.28*** (−5.94)	−1.30*** (−6.02)	−1.45*** (−6.41)	−1.61*** (−6.80)	−1.60*** (−6.80)	−0.95*** (−8.72)	−1.07*** (−8.89)	−1.17*** (−9.11)
$SNOW$	−1.28*** (−9.15)	−1.19*** (−6.96)	−1.13*** (−5.65)	−1.14*** (−5.65)	−1.33*** (−6.28)	−1.22*** (−5.16)	−1.29*** (−5.22)	−1.30*** (−5.25)	−0.55** (−2.55)	−0.33 (−1.43)	−0.19 (−0.81)
$DRGT$	−0.01*** (−7.76)	−0.01*** (−7.30)	−0.02*** (−8.35)	−0.02*** (−8.40)	−0.02*** (−8.93)	−0.02*** (−8.38)	−0.03*** (−9.01)	−0.03*** (−9.06)	−0.01*** (−3.11)	−0.01*** (−3.34)	−0.008** (−2.12)
FLD	0.02*** (7.96)	0.02*** (7.83)	0.02*** (5.98)	0.02*** (6.16)	0.02*** (6.35)	0.02*** (6.02)	0.02*** (5.81)	0.02*** (5.86)	0.007** (2.02)	0.007* (1.82)	0.007** (1.97)
$LRICEP$	−0.001 (−0.03)		0.11* (1.81)	0.10* (1.69)	0.10* (1.69)	0.18*** (2.80)	0.20*** (2.82)	0.20*** (2.86)	−0.30*** (−3.79)	−0.22*** (−2.58)	−0.16* (−1.79)
$LPOP$		−0.09*** (−2.91)	−0.16*** (−3.91)	−0.15*** (−3.44)	−0.12*** (−2.76)	−0.15*** (−3.33)	−0.11*** (−2.47)	−0.11*** (−2.47)	0.17*** (3.39)	0.15*** (2.76)	0.09* (1.70)
adj R^2	0.17	0.17	0.45	0.45	0.45	0.46	0.57	0.56	0.17	0.18	0.21
调整观察	81	90	63	63	63	62	61	61	62	60	58
温度的累积影响	−1.01*** (−16.12)	−0.80*** (−12.12)	−1.59*** (−16.82)	−1.62*** (−16.82)	−1.68*** (−17.16)	−1.83*** (−16.95)	−2.01*** (−17.79)	−2.00*** (−17.60)			
降雪的累积影响	−1.28*** (−9.15)	−1.19*** (−6.96)	−1.13*** (−5.65)						−0.20 (−0.68)	−0.36 (−0.99)	0.17 (0.43)

注：在模型（4）中，温度一阶滞后纳入模型，模型（5）中，温度一阶滞后、二阶滞后纳入模型，对模型（6）—（11）以此类推。

（1）从气温异常对内乱的即期影响来看，无论我们是否单独纳入米价、人口还是同时控制米价和人口的情况下，抑或是同时纳入温度滞后、降雪异常滞后变量时，气温异常对内乱的即期影响均在 1‰ 统计水平上显著为负，只是系数存在着一些差别。比如，在单独控制米价或者人口变量时［模型（1）和（2）］，气温异常的即期影响系数在 −0.80 到 −1.01 之间，可是当我们同时控制二者时，气温异常的即期影响系数显著增大为 −1.59；当我们考虑气温滞后［模型（4）—（8）］和降雪异常滞后影响［模型（9）—（11）］时，气温异常对内乱的影响系数介于 −0.95 和 −1.61 之间，且均在 1‰ 水平上显著。这说明，气温异常对以内乱衡量的社会不稳定具有非常稳健的负面影响，这意味着，在中国历史上，气温的升高对于农业经济社会的稳定而言是好事，相反，气温的降低则是促使农业社会不稳定的因素。

（2）从气温异常对内乱的长期影响来看，我们考察了气温一阶到五阶滞后的情形，并将这些变量同时纳入对内乱的解释中，结果发现，气温滞后对内乱的累积影响逐步增大，在第四期达到最大，系数为 −2.01，第五期后开始缩小，且均在 1‰ 水平上显著。这说明，气温异常对内乱的影响在气温变化后的十到五十年时间内仍可能持续，这与人们惯常所持的"冰冻三尺，非一日之寒"的有关气候变化的观点基本上是一致的。

（3）从降雪异常变量对内乱的影响来看，情形几乎是类似的。短期内，无论我们单独纳入米价、人口还是同时纳入二者，降雪异常对内乱的影响均显著为负，系数在 −1.13 到 −1.28 之间［模型（1）（2）（3）］；在同时考虑气温的各阶滞后影响下，降雪异常的即期影响仍然非常稳健，系数在 −1.14 到 −1.33 之间［模型（4）—（8）］；这说明短期内降雪异常对当期的内乱程度有着显著的负面影响，意味着降雪异常增加，当期国内发生内乱的可能性就减少，反之就增加；在考虑降雪异常滞后变量也就是降雪异常的长期影响后，降雪异常的即期影响时而不显著，但符号仍然为负［模型（9）—（11）］，这再次印证了前面的说法。

（4）从降雪异常的长期累积效应来看，滞后一阶、二阶和三阶的累积影响均为负，但均不显著，这说明，降雪异常对内乱的影响在很大程度上是短期的，在长期内，这种影响则不显著。

图 9.4 清楚地表明了，气温滞后和降雪滞后的累积影响，气温对内乱的

长期影响在10—50年内存在,而降雪对内乱的影响只见于短期,在长期会很快消失。

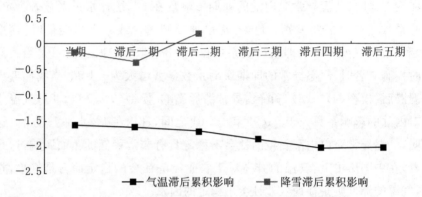

图9.4　气候滞后和降雪滞后对内乱的累积影响分布图

9.5-3　气候变化对以外患衡量的社会不稳定的影响

对以外患衡量的社会不稳定而言,表9.6给出了气候变化相关代理变量、控制变量以及气温和降雪滞后变量滞后的回归结果。类似的是,模型(12)—(14)为没有任何滞后项,而只考虑米价、人口以及二者同时纳入的回归结果。模型(15)—(19)考察了气温滞后变量的影响,模型(20)—(22)考察了降雪滞后变量的影响。从表9.6可见,尽管绝大多数结果与内乱的情形类似,但仍然存在以下不同之处。

(1) 从气温对外患的短期影响看,在没有加入气温滞后变量[模型(12)(13)和(14)]和仅仅加入降雪滞后变量时[模型(20)(21)和(22)],气温对外患的影响仍然显著为负,这是与内乱情形类似的地方,但是当我们同时加入气温的滞后项以后[模型(15)—(19)],气温的即期影响变得不再显著。这说明,气温异常对外患的即期影响没有对内乱的影响那么稳健,其中气温滞后变量会对此短期影响产生一定作用。

(2) 从气温滞后的累积效应来看,气温对外患的影响主要是中短期,气温滞后一期的累积效应达到最大,为−0.99,二期缩小,三期有所增大,之后逐步减退,且均在1%统计水平上显著。这说明,相对于内乱而言,气温变量对外患的长期影响有所波动,在滞后一期和滞后三期之间摇摆,此后持续衰退。

表 9.6　气候变化对外患程度的短期和长期影响

被解释变量	OUTWAR (ML/QML-Poisson Count)										
模型	(12)	(13)	(14)	(15)	(16)	(17)	(18)	(19)	(20)	(21)	(22)
滞后程度	无滞后	无滞后	无滞后	温度一阶	温度二阶	温度三阶	温度四阶	温度五阶	降雪一阶	降雪二阶	降雪三阶
常数项	3.18*** (19.35)	0.29*** (8.07)	11.31*** (9.50)	10.74*** (9.20)	10.61*** (9.08)	10.73*** (9.10)	9.66*** (8.16)	9.58*** (8.09)	11.97*** (9.54)	11.59*** (8.69)	11.18*** (8.14)
$TEMP$	−0.82*** (−10.76)	−0.59*** (−7.93)	−0.89*** (−7.80)	−0.15 (−0.73)	−0.12 (−0.55)	0.29 (1.30)	0.30 (1.35)	0.27 (1.20)	−0.91*** (−7.41)	−0.81*** (−6.34)	−0.75*** (−5.75)
$SNOW$	−0.29** (−1.94)	1.55*** (7.64)	2.16*** (8.33)	1.89*** (7.23)	1.98*** (7.38)	1.61*** (5.68)	1.66*** (5.56)	1.65*** (5.50)	2.10*** (8.06)	1.38*** (5.14)	1.23*** (4.42)
$DRGT$	−0.03*** (−8.96)	−0.02*** (−5.61)	−0.03*** (−8.21)	−0.03*** (−8.70)	−0.03*** (−7.68)	−0.03*** (−8.16)	−0.03*** (−7.13)	−0.03*** (−7.14)	−0.03*** (−7.84)	−0.02*** (−5.58)	−0.02*** (−5.39)
FLD	−0.04*** (−12.49)	−0.01*** (−3.91)	−0.01*** (−3.33)	−0.01*** (−3.02)	−0.01*** (−3.27)	−0.01*** (−2.92)	−0.02*** (−4.12)	−0.01*** (−4.03)	−0.01*** (−2.93)	−0.01*** (−3.44)	−0.01*** (−3.66)
$LRICEP$	0.29*** (8.07)		−0.11 (−1.60)	−0.09 (−1.35)	−0.11 (−1.57)	−0.16** (−2.15)	−0.21*** (−2.73)	−0.20*** (−2.63)	−0.10 (−1.44)	−0.13* (−1.77)	−0.20** (−2.57)
$LPOP$		−0.18*** (−4.63)	−0.49*** (−6.82)	−0.45*** (−6.41)	−0.44*** (−6.31)	−0.43*** (−5.98)	−0.36*** (−4.89)	−0.36*** (−4.85)	−0.54*** (−7.07)	−0.56*** (−6.97)	−0.51*** (−6.04)
adj R^2	0.26	0.08	0.25	0.25	0.26	0.30	0.26	0.25	0.23	0.31	0.29
调整观察	81	90	63	63	63	62	61	61	62	60	58
温度累积影响	−0.82*** (−10.76)	−0.59*** (−7.93)	−0.89*** (−7.80)	−0.99*** (−8.51)	−0.94*** (−7.82)	−0.96*** (−7.77)	−0.83*** (−6.50)	−0.83*** (−6.53)			
降雪累积影响	−0.29** (−1.94)	1.55*** (7.64)	2.16*** (8.33)						2.36*** (6.49)	3.82*** (9.44)	3.32*** (7.91)

注：在模型(15)中，温度一阶滞后纳入模型 模型(16)中，温度一阶滞后、二阶滞后纳入模型 对模型(17)—(22)以此类推。

（3）从降雪异常的即期影响来看，情形是类似的，即无论我们是分别控制米价、人口还是同时控制它们，或是不控制它们，抑或是同时控制气温滞后、降雪滞后项，降雪异常对外患的即期影响都相当稳健，结果显著为正，这说明，在短期看，降雪异常是促使外患增加的重要因素，这颇为符合本章的理论假说，冬季的降雪异常会在更大程度上影响到位于北方的游牧民族，因而就成为迫使他们向南进行迁移和掠夺的重要气候诱因。

（4）从长期影响看，降雪异常对外患的滞后二期累积影响达到最大，系数为 3.82，且在 1% 统计水平上显著，此后衰退。此外，降雪异常的即期、滞后一阶、二阶项的符号均为正，而只是在滞后三阶时，符号才变负，这说明，降雪异常是影响外患发生与否的重要外生因素，并且这一影响会在降雪异常发生后的二三十年内继续存在。

图 9.5 清楚地显示，降雪异常的滞后累积影响是正向的，在滞后二期达到最大，之后衰减，而气温异常滞后的累积影响在 10—50 年内持续存在。

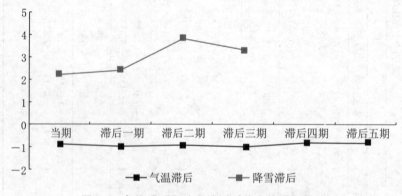

图 9.5　气温滞后和降雪滞后对外患的累积影响

9.5-4　气候变化对以总的人祸次数衡量的社会不稳定的影响

表 9.7 给出了类似于表 9.5 和表 9.6 的分析，从中可以发现基本类似的结果：

（1）气温异常对以总的人祸次数衡量的社会不稳定具有显著为负的即期影响，并且这一结果非常稳健，不会因为我们是否加入气温、降雪滞后变量以及是否同时纳入米价和人口而发生大的变化，这一点充分地表现在模型(23)—(34)当中。

（2）从气温对总的人祸次数的长期影响看，气温的滞后累积影响在滞后四期达到最大，为−1.29，之前影响显著提升，之后影响显著递减［模型(26)—(30)］，说明气温对总的人祸次数的影响绝不仅仅是短期内的，而是影响农业经济社会长期稳定程度的重要因素。

（3）在控制米价、人口以及二者时［模型(23)—(25)］，降雪异常的即期变量只有在米价纳入的情形下显著为正。在考虑降雪滞后变量后［模型(31)—(34)］，降雪异常的即期影响仍然显著为正，但在控制人口和同时控制米价、人口时［模型(24)—(25)］，降雪异常的即期影响不显著。这说明，降雪异常对外患的短期影响会随着国内人口的多寡而不同。这意味着，降雪异常会成为促使外患增加的原因，但国内人口的规模却很可能会成为外患的震慑力量。这非常符合我国很多朝代的历史事实，比如，我国历史上人口较多的朝代通常都是社会稳定、生产有序、国力强盛的时期，人口较少的朝代通常是兵荒马乱、生产荒废、国力衰败之时，因而，人口很可能就成为震慑外敌入侵的重要因素。

图9.6清楚地显示了气温滞后和降雪滞后对于外患的累积影响情况。从中可见，气温滞后的负面影响在第四期达到最大，之后开始衰退。而降雪异常的累积影响在滞后三期达到最大，这再次证明了气候变化对于社会不稳定的长期动态影响。

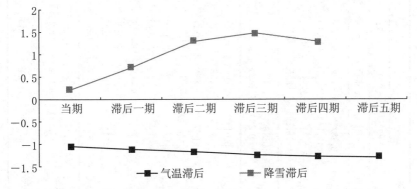

图9.6　气温异常滞后与降雪异常滞后对总人祸次数的累积影响

表 9.7　气候变化对总的入袭次数的短期和长期影响

被解释释						$INWAR$(ML/QML-Poisson Count)						
模型	(23)	(24)	(25)	(26)	(27)	(28)	(29)	(30)	(31)	(32)	(33)	(34)
滞后程度		无滞后后	无滞后	温度一阶	温度二阶	温度三阶	温度四阶	温度五阶	降雪一阶	降雪二阶	降雪三阶	降雪四阶
常数项	3.98***	6.38***	9.13***	8.72***	8.66***	9.00***	8.97***	8.89***	6.45***	6.21***	6.28***	5.80***
	(40.14)	(16.52)	(18.10)	(17.17)	(16.96)	(17.17)	(16.99)	(16.91)	(11.63)	(10.76)	(10.46)	(9.28)
TEMP	−0.71***	−0.58***	−1.09***	−0.49***	−0.51***	−0.43***	−0.42***	−0.44***	−0.76***	−0.74***	−0.75***	−0.70***
	(−16.19)	(−12.70)	(−17.23)	(−3.61)	(−3.73)	(−3.04)	(−2.98)	(−3.14)	(−10.73)	(−9.99)	(−9.69)	(−8.80)
SNOW	−0.86***	0.17	0.20	0.16	0.10	−0.03	−0.06	−0.07	0.51***	0.44***	0.43***	0.56***
	(−9.23)	(1.42)	(1.44)	(1.11)	(0.69)	(−0.21)	(−0.37)	(−0.45)	(3.39)	(2.80)	(2.69)	(3.47)
DRGT	−0.01***	−0.01***	−0.02***	−0.02***	−0.02***	−0.02***	−0.02***	−0.02***	−0.01***	−0.01***	−0.00***	−0.01***
	(−8.78)	(−6.33)	(−9.81)	(−10.76)	(−10.76)	(−11.21)	(−11.36)	(−11.51)	(−6.28)	(−4.89)	(−4.01)	(−5.82)
FLD	−0.007***	0.008***	0.003	0.005**	0.006**	0.006**	0.006**	0.007***	−0.003	−0.003	−0.00	−0.001
	(−4.05)	(3.71)	(1.50)	(2.24)	(2.41)	(2.43)	(2.56)	(2.88)	(−1.15)	(−1.26)	(−1.45)	(−0.39)
LRICEP	0.18***		0.16***	0.16***	0.17***	0.19***	0.20***	0.20***	−0.005	−0.006	−0.001	−0.05
	(7.52)		(4.08)	(4.08)	(4.16)	(4.66)	(4.56)	(4.68)	(−0.12)	(−0.12)	(−0.02)	(−1.09)
LPOP		−0.16***	−0.34***	−0.31***	−0.31***	−0.33***	−0.32***	−0.32***	−0.17***	−0.17***	−0.18***	−0.14***
		(−7.22)	(−10.89)	(−10.03)	(−9.77)	(−10.07)	(−9.77)	(−9.71)	(−4.83)	(−4.90)	(−4.93)	(−3.68)
adj R^2	0.13	0.06	0.29	0.31	0.30	0.30	0.30	0.31	0.20	0.20	0.19	0.20
调整观察	81	90	63	63	63	62	61	61	62	60	58	57
温度累积影响	−0.71***	−0.58***	−1.09***	−1.15***	−1.18***	−1.27***	−1.29***	−1.28***				
	(−16.19)	(−12.70)	(−17.23)	(−17.91)	(−17.95)	(−18.36)	(−18.38)	(−18.23)				
降雪累积影响		0.17	0.20						0.68***	1.31***	1.44***	1.29***
		(1.42)	(1.44)						(3.35)	(5.36)	(5.46)	(4.71)

注：在模型（26）中，温度一阶滞后纳入模型，模型（27）中，温度一阶滞后、二阶滞后纳入模型，对模型（28）—（34）以此类推。

9.5-5 其他控制变量的影响

控制变量的主要目的是考察,在控制影响古代农业社会的诸多不稳定因素后,气候变化是否仍然具有稳健的影响力。上述(二)(三)(四)(五)部分的内容其实已经证明了这一点,因为上述所有的回归是已经控制了影响农业社会不稳定的其他因素之后的结果。于是,一个自然的问题就是,相对于气候变化而言,这些因素的相对重要性到底有多大?

要回答这一点,其实非常简单,因为在表 9.5、表 9.6、表 9.7 绝大多数模型中,气候变化的系数的绝对值在绝大多数情形下都大于自然灾害、人口和米价的系数,这就表明,对于古代的农业经济体而言,气候变化恐怕是影响社会不稳定的更深层次因素,其余因素固然重要,但它们相对于气候变化的重要性而言还是小了许多。

比如,就旱灾而言,人们通常认为,它会不利于社会稳定,但我们的研究却发现,它对内乱、外患还是总的人祸次数等均具有显著的负面影响,系数均在 -0.01 到 -0.03 之间。我们认为,造成这种现象的原因是,中国历史上的旱灾在一定程度上恐怕是天气或气候原因造成的,所以,当我们在模型中纳入气温和降雪异常等气候变化因素后,旱灾对社会不稳定的正向影响就被削弱了。事实上,如果我们仅仅运用气温异常和降雪异常对旱灾进行一个简单的回归就发现,二者的解释率可达 6%,并且二者均在 1% 或者 5% 的水平上显著,这就充分地证明了我们这样的说法。

水灾对社会稳定的负面作用虽然比较明显,比较符合人们传统上对自然灾害负面影响的一般认识,比如水灾对内乱的影响在所有模型中均显著为正,这意味着,国内水灾的发生造成了对农业生产和老百姓生活的负面影响,因而会成为国内发生叛乱的诱因,但其影响系数远小于气候变化的影响系数。对外患而言,虽然水灾有着显著的负面影响,这说明,国内水灾的发生会成为阻碍外患发生或外敌入侵的因素,这也比较符合我国历史上江河自西向东的流向以及历史上水灾的发生常常会阻断北方游牧民族从北向南入侵的历史事实。但同样的是,其影响系数的绝对值总体上非常小,其对社会不稳定的影响远小于气候变化本身。

人口变量对社会稳定的作用总体上是正面的。对外患和总的人祸次数而言(表9.7),无论我们是否考察气温滞后、降雪滞后等气候长期影响,其系数均显著为负。对内乱而言(表9.5),在纳入气温滞后变量后,结果仍然是稳健的,符号显著为负,但是纳入降雪滞后变量后,人口对内乱的影响变成显著为正。这说明,中国历史上大的人口规模通常是国富民强的一个象征,也是阻碍外患发生的重要震慑力量,而不是像传统假说所设想的那样是构成社会不稳定的重要因素。但是这一说法也是有条件的,那就是,在风调雨顺的条件下,较多的人口当然是有利于生产发展和社会稳定的好事,但是,在恶劣的气候条件下,中国历史上较多的人口也可能成为内乱发生的一个诱因。原因在于,我们文中所用的两个气候变化代理变量代表着完全不同的气候变化维度。对于前者而言,气温高于平均值的变化既可能意味着夏季的降水增加,也可能意味冬季降雪的减少,因而,当我们控制气温异常这一变量时,它并没有影响到人口对社会稳定的正面作用,但降雪异常增加则必然意味着冬季的降雪太少对北方农业生产的巨大负面冲击,这样,降雪的异常就会使一个大的人口规模成为影响导致国内社会不稳定的重要需求成因。

米价对社会不稳定的作用相对复杂,与是否纳入人口(米价上升的需求因素)和气候变量(米价上升与否的供给条件)相关。

在不考虑人口因素时,米价对内乱的影响不显著[模型(1)],当考虑人口因素时[模型(3)],它的影响显著为正,并且这一结果在考虑气温滞后变量时[模型(4)—(8)]也是比较稳健的,但在同时控制降雪异常滞后对内乱的影响时[模型(9)—(11)],米价对内乱的正面影响变为显著的负面影响,这充分地显示了人口这一米价上升的需求力量和气候变化这一影响米价上升的供给条件的综合作用。一方面,人口是粮食的需求方,当人口规模较大时,对粮食的需求就会增加,因而米价的上升就成为促使内乱发生的因素;另一方面,气温、降雪等气候条件很可能是影响米价高低的重要供给条件。当气候变化对农业生产不利时,比如降雪异常通常会对北方越冬作物比如小麦造成很大的负面影响,因而当我们加入降雪异常等滞后变量后[模型(9)—(10)],米价的正面影响变为显著的负面影响。

值得注意的是,我们所使用的两个气候变化的代理变量具有完全不同的含义,即气温异常高既可能意味着降雨的增加,也可能意味着降雨的异常少,因而气温异常对米价的影响可能是中性的,所以在我们考虑气温滞后变量后,并没有影响到米价对社会不稳定的正面影响。但降雪异常无论是异常多还是异常少都必定意味着它对越冬作物生长过程的打击,于是,当我们同时考虑其滞后影响时,米价对社会不稳定的影响变为完全相反。

对外患而言,在不考虑人口的影响时,米价对外患的影响显著为正[模型(12)],但是当我们考虑人口影响后,米价对外患的正面影响变为负面影响,时而显著,时而不显著[模型(14)—(22)],这说明,米价上升对外患的影响并不稳健,在很大程度上受到国内人口多寡的影响,这主要是因为,对外患而言,人口在很大程度上是阻碍外敌入侵的重要震慑力量,因为我国人口越多,外敌入侵遇到的阻力就会越大,于是当我们不考虑人口的影响时,米价就会促使外患发生,但在考虑人口因素是,米价并不一定是外患产生的因素。

对总的人祸次数而言,是否加入人口和气温异常滞后变量并没有影响到米价对社会不稳定的负面影响,但是加入降雪异常则影响了米价对社会不稳定的作用,这与前面针对内乱部分的分析结果是类似的,也就是说,米价对社会不稳定的影响依赖于人口这一需求条件和气候变化这一供给条件。

9.5-6　稳健性检验

表9.5、9.6、9.7给出的绝大多数回归,基本上都同时考察了米价和人口同时发挥作用情形下,气温、降雪对社会不稳定的即期和长期影响问题。然而,正如上面针对相关控制变量部分的分析所表明的那样,米价上升是否影响社会不稳定,在很大程度上,不仅依赖于气候这一供给条件,而且还依赖于人口多寡这一需求条件。另外,前面米价和人口之间高达0.88的相关系数也表明,同时将人口和米价纳入社会不稳定的回归方程中,可能存在着一定的回归偏差。为此,我们还特别剔除掉人口因素,并重新考察以上结果的稳健性。表9.8、9.9、9.10分别是剔除了人口因素以后,其余滞后形式均未发生变化的回归结果。由这些表格可见。

(1)气温异常对内乱、外患和总的人祸次数衡量的社会不稳定的即期影响完全类似,均显著为负,其长期累计影响也将在气温变化后的20—50年内存在;降雪异常对内乱、外患和总的人祸次数的即期影响也基本类似,其长期影响将持续10—20年。

表 9.8 没有人口影响时的气候变化对内乱的短期和长期影响

模型	(35)	(36)	(37)	(38)	(39)	(40)	(41)	(42)	(43)	(44)
滞后程度	无滞后	温度一阶	温度二阶	温度三阶	温度四阶	温度五阶	温度六阶	降雪一阶	降雪二阶	降雪三阶
常数项	3.47*** (24.03)	3.43*** (23.60)	3.34*** (22.05)	3.13*** (19.28)	3.16*** (18.58)	3.16*** (18.50)	3.11*** (17.61)	3.28*** (20.22)	3.40*** (19.41)	2.99*** (15.63)
TEMP	-1.01*** (-16.12)	-1.92*** (-13.24)	-1.89*** (-13.00)	-1.94*** (-13.07)	-2.24*** (-14.10)	-2.24*** (-13.89)	-2.48*** (-15.47)	-1.06*** (-15.05)	-1.21*** (-16.51)	-1.10*** (-14.78)
SNOW	-1.28*** (-9.15)	-1.20*** (-8.72)	-1.66*** (-11.44)	-1.70*** (-11.11)	-1.87*** (-11.97)	-1.87*** (-11.83)	-1.70*** (-10.63)	-1.25*** (-7.87)	-1.28*** (-7.80)	-1.24*** (-7.29)
DRGT	-0.01*** (-7.76)	-0.01*** (-4.24)	-0.01*** (-7.17)	-0.01*** (-6.48)	-0.02*** (-8.31)	-0.02*** (-8.23)	-0.02*** (-7.43)	-0.01*** (-7.27)	-0.02*** (-7.23)	-0.01*** (-3.82)
FLD	0.02*** (7.96)	0.01*** (6.06)	0.02*** (7.52)	0.01*** (5.83)	0.01*** (6.18)	0.01*** (5.78)	0.02*** (6.52)	0.01*** (5.31)	0.01*** (4.27)	0.01*** (3.81)
LRICEP	-0.001 (-0.03)	-0.02 (-0.54)	0.06 (1.61)	0.13*** (3.27)	0.16*** (3.91)	0.16*** (3.88)	0.12*** (2.91)	0.06 (1.63)	0.15*** (3.82)	0.09** (2.05)
adj R^2	0.17	0.17	0.27	0.29	0.36	0.35	0.41	0.07	0.13	0.14
调整观察	81	81	79	77	75	74	72	78	75	72
温度的累积影响	-1.01*** (-16.12)	-0.90*** (-14.24)	-1.21*** (-17.42)	-1.33*** (-17.45)	-1.56*** (-19.14)	-1.57*** (-17.92)	-1.39*** (-15.10)			
降雪的累积影响	-1.28*** (-9.15)							-1.27*** (-6.47)	-2.10*** (-8.90)	-1.16*** (-4.24)

注：在模型（36）中，温度一阶滞后纳入模型，模型（37）中，温度一阶滞后、二阶滞后纳入模型，对模型（38）—（44）以此类推。

表 9.9 没有纳入人口变量时气候变化对外患的短期和长期影响

模型	(45)	(46)	(47)	(48)	(49)	(50)	(51)	(52)	(53)
滞后程度	无滞后	温度一阶	温度二阶	温度三阶	温度四阶	温度五阶	降雪一阶	降雪二阶	降雪三阶
常数项	3.18*** (19.35)	3.16*** (19.10)	3.17*** (19.10)	3.33*** (19.64)	3.52*** (19.82)	3.75*** (20.56)	3.27*** (18.50)	2.98*** (15.45)	3.09*** (14.59)
TEMP	−0.82*** (−10.76)	−1.03*** (−6.37)	−1.02*** (−6.17)	−0.86*** (−4.98)	−0.75*** (−4.32)	−0.68*** (−4.00)	−0.87*** (−11.02)	−0.86*** (−10.67)	−0.84*** (−10.15)
SNOW	−0.29** (−1.94)	−0.22 (−1.45)	0.25 (−1.59)	−0.41** (−2.57)	−0.51*** (−3.09)	−0.54*** (−3.21)	−0.28* (−1.79)	−0.50*** (−3.09)	−0.62*** (−3.82)
DRGT	−0.03*** (−8.96)	−0.03*** (−8.75)	−0.03*** (−8.68)	−0.03*** (−9.01)	−0.03*** (−8.16)	−0.03*** (−7.67)	−0.03*** (−9.08)	−0.02*** (−7.54)	−0.02*** (−6.38)
FLD	−0.04*** (−12.49)	−0.04*** (−12.63)	−0.04*** (−12.93)	−0.04*** (−12.50)	−0.04*** (−13.52)	−0.05*** (−12.70)	−0.04*** (−12.18)	−0.04*** (−12.76)	−0.04*** (−13.47)
LRICEP	0.29*** (8.07)	0.29*** (7.98)	0.30*** (8.01)	0.28*** (7.52)	0.25*** (6.53)	0.17*** (4.39)	0.30*** (8.07)	0.26*** (6.98)	0.22*** (5.64)
adj R^2	0.26	0.25	0.25	0.25	0.23	0.28	0.25	0.23	0.24
调整观察	81	81	79	77	75	74	78	75	72
温度的累积影响	−0.82*** (−10.76)	−0.87*** (−11.02)	−0.86*** (−10.67)	−0.84*** (−10.15)	−0.84*** (−9.98)	−0.83** (−9.53)			
降雪的累积影响							−0.43** (−2.19)	0.25 (1.03)	0.32 (1.13)

注：在模型(46)中，温度一阶滞后纳入模型，模型(47)中，温度一阶滞后，二阶滞后纳入模型，对模型(48)—(53)以此类推。

表 9.10 没有纳入人口变量时的气候变化对总的人祸次数的短期和长期影响

模型	(54)	(55)	(56)	(57)	(58)	(59)	(60)	(61)	(62)
滞后程度	无滞后	温度一阶	温度二阶	温度三阶	温度四阶	温度五阶	降雪一阶	降雪二阶	降雪三阶
常数项	3.98*** (40.14)	3.96*** (39.79)	3.92*** (38.55)	3.91*** (36.70)	3.98*** (35.83)	4.04*** (36.17)	3.90*** (35.48)	3.89*** (32.49)	3.72*** (28.56)
TEMP	−0.71*** (−16.19)	−1.13*** (−11.55)	−1.11*** (−11.30)	−1.05*** (−10.43)	−1.07*** (−10.40)	−1.01*** (−9.77)	−0.75*** (−15.76)	−0.82*** (−16.80)	−0.76*** (−15.01)
SNOW	−0.86*** (−9.23)	−0.79*** (−8.44)	−1.02*** (−10.62)	−1.14*** (−11.57)	−1.33*** (−13.15)	−1.35*** (−13.36)	−0.77*** (−7.47)	−0.87*** (−8.24)	−0.92*** (−8.66)
DRGT	−0.01*** (−8.78)	−0.01*** (−6.91)	−0.01*** (−8.62)	−0.01*** (−8.53)	−0.01*** (−9.70)	−0.01*** (−9.88)	−0.01*** (−8.73)	−0.01*** (−7.67)	−0.01*** (−5.16)
FLD	−0.007*** (−4.05)	−0.009*** (−4.90)	−0.008*** (−4.17)	−0.01*** (−5.21)	−0.01*** (−4.91)	−0.008*** (−3.85)	−0.01*** (−6.02)	−0.01*** (−7.34)	−0.01*** (−7.85)
LRICEP	0.18*** (7.52)	0.17*** (7.12)	0.21*** (8.78)	0.24*** (9.70)	0.26*** (10.06)	0.24*** (9.02)	0.21*** (8.71)	0.24*** (9.49)	0.20*** (7.67)
adj R^2	0.13	0.13	0.17	0.17	0.20	0.22	0.16	0.17	0.19
调整观察	81	81	79	77	75	74	78	75	72
温度累积影响	−0.71*** (−16.19)	−0.75*** (−15.76)	−0.82*** (−16.80)	−0.76*** (−15.01)	−0.74*** (−14.38)	−0.73*** (−13.69)			
降雪累积影响							−0.83*** (−6.50)	−0.97*** (−6.25)	−0.49*** (−2.76)

注：在模型(55)中，温度一阶滞后纳入模型，模型(56)中，温度一阶、二阶滞后纳入模型，对模型(57)—(62)以此类推。

　　(2) 在其他控制变量中,旱灾对内乱、外患和总的人祸次数的影响均在1‰水平上显著为负,与同时纳入人口时的表9.7中的情形完全类似;水灾对内乱的影响显著为正,对外患的影响显著为负,与没有纳入人口变量时的情形完全相同。对总的人祸次数的影响显著为负,与没有纳入人口时的情形(见表9.10)稍有差别。

　　(3) 差别较大的情形出现在米价上,没有纳入人口变量时,米价对内乱的影响因为是否纳入气温滞后、降雪滞后而不同,时而显著,时而不显著(见表9.8)。对外患和总的人祸次数而言,米价的影响全部显著为正(见表9.9和表9.10)。这说明,在不考虑人口时,高昂的米价在大多数情形下不利于社会稳定,是促使社会不稳定的因素。但在考虑人口以后,米价的影响并不系统地显著为正或者为负(见表9.7),这充分说明了我们前面的基本判断,也就是人口是否加入回归方程中,在很大程度上只是影响与之密切相关的米价对社会不稳定的显著性,而并不影响气候变化对社会不稳定之间的关系。

　　综合起来看,即使我们放弃了对社会不稳定具有重要影响的一个控制变量——人口——时,我们仍然发现,气候变化包括气温与降雪对社会不稳定的影响,并没有受到系统的影响,而是否纳入人口只会影响相关控制变量内部的结构变化以及相关的显著性,而不会对气温、降雪等变量的显著性和符号造成影响。这充分地证明了本章实证分析部分所得到的结论,即无论从长期还是短期看,以气温和降雪为代理变量的气候变化都是影响农业经济社会不稳定的重要因素,并且它们的影响将在气候变化发生后的10—50年内持续存在。

9.6　结论及其政策启示

9.6-1　结论

　　总结起来看,尽管我们所获得的相关数据信息仍比较有限,但透过这些分析,还是获得了一些非常宝贵的有关中国历史气候变化对社会不稳定程度的有意义的结论:

（1）气候变化的确是影响中国过去千年间社会不稳定程度的重要变量。研究发现，在短期内，气温的升高（降低）降低（提高）了以内乱、外患、总的人祸次数所衡量的社会不稳定程度；在长期内，气温对社会不稳定的影响将持续 10—50 年；在短期内，降雪异常会成为减少内乱、增加外患的因素，虽然它对总的人祸次数的影响并不显著。在长期中，降雪异常对内乱的影响不显著，对外患的影响在滞后二期达到最大，对总的人祸次数而言，降雪异常的累积效应在滞后四期达到最大，这说明，以此二者衡量的气候变化的确是影响历史上社会不稳定的重要因素。

（2）在控制气候变化对经济社会不稳定的影响之后，旱灾的作用是负面的，这说明，我们惯常所持的，旱灾会增加自然灾害的破坏力的说法，在控制气候变化因素以后，可能并不如此。水灾对社会不稳定程度的影响是复杂的，它增加了内乱频率，这基本上符合人们惯常所持的自然灾害增加社会不稳定的说法，但值得注意的是，它却在某种程度上阻碍了外患发生的可能，这说明，我们惯常所持的自然灾害增加社会不稳定的说法可能是非常笼统的，当我们用外患衡量社会不稳定时，情形可能恰恰是相反的。尽管如此，这个发现却非常符合中国历史上的黄河泛滥多次阻碍外敌入侵的历史事实。

（3）以米价为代理变量的农业生产情况也是影响社会不稳定程度的一个重要因素。在考虑人口规模乃至气温滞后影响以后，米价上升仍然是促使国内动乱和总的人祸次数增加的因素，这基本上证明了中国历史上的一个朴实的道理——"民以食为天"，如果这一基本的条件得不到满足，一个国家的社会稳定就难以得到保证。但是，它对外患的影响却随着人口、气温滞后、降雪异常滞后项的加入而变得不显著，并且符号完全相反。这可能意味着，人口对经济发展的复杂作用机制，可能通过多条途径发挥了作用：一方面当我们考虑人口变量也就是对米价的需求因素，以及气候变化这一可能在长期对米价造成影响的供给因素后，米价成为内生变量；另一方面，人口还可能是震慑外患发生的重要力量，因而，米价对外患的影响并不显著。

（4）人口对社会不稳定的作用与我们惯常所持的"马尔萨斯假说"存在着较大的偏差。从中国历史上看，一个较大的人口规模，往往是降低内乱、外患和总的人祸次数的因素。这和我国历史上人口较多的时期常常是国泰民安、国富民强、政治安定的时期是对应的。这意味着，传统上所认为的较大的人口规模通常不利于社会稳定的说法，可能在一定程度上依赖于气候、降水等自然条件，当这些条件变得不利时，传统的说法才能够成立。

（5）从总的情况看，气候变化对中国古代农业经济社会的变迁具有决定性作用的所谓"气候或者地理决定论"的观点没有得到可获经验证据的支持。我们所选择的回归模型对内乱的解释率在 17%—57%，对外患的解释率在 8%—31%，对总的人祸次数的解释率约在 6%—31% 之间。这说明，对于像中国这样长达两千多年的农业经济体而言，气候、地理、资源等自然条件的影响只是不可忽视的解释变量之一。此外，本章有关气候变化影响农业生产，自然灾害，进而影响社会不稳定的理论假说还是得到了很大程度的验证。

9.6-2 对当今气候变暖的政策启示

尽管造成中国历史气候变化与当今全球性变暖的原因可能存在着较大不同，比如历史上的气候变化更多是一种自然性的气候循环，而如今的气候变化在很大程度上是工业革命后人类生产能力提升的负面作用等（赵红军，2011:68—78），但通过这一分析所获得的政策启示却是清楚的：

（1）气候变化对农业为主的经济体和工业为主的经济体之影响可能是非常不同的。在中国历史上，气温的升高在很大程度上有利于农业经济，然而却常常是气候的变冷对中国历史上的经济长期发展造成很大负面影响。从这一点看，在某种程度上，是否可以这样说，当今的气候变暖对农业经济为主的国家是否算一件好事？如果是这样，那么，以工业化国家过去多年对地球环境影响的恶果来压制这些发展中国家的经济发展是否公正？

（2）对中国而言，历史上更多的是气候变冷形成了对其经济、人口乃至社会发展的巨大负面影响，其背后的影响机制是复杂的、多途径的，而如今的气候变暖是否会对中国的经济和社会发展形成与历史上完全相反的影响？这仍需要我们进行更多的研究。

（3）如果我们承认全球变暖对人类社会、生产和生活的不利影响，并实行低碳发展这样的政策动议，那作为"世界工厂"并以廉价资源、劳力供养了世界的中国是否有权利在出口贸易的基础上收取一定的"碳污染税",因为这才可能是真正意义上的一种应对气候变暖的现实倡议,不知道中国实施这样的政策是否会得到国际社会的认同?

本章的不足之处是,由于我们无法获得有关降雨的足够时间序列数据,所以本章对与农业经济相关性较大的降雨变量与社会不稳定的关系未能进行详细分析,还有本章也没有建构一个清晰的经济学理论模型,这些工作留待日后的努力。

气候变化、通货膨胀与社会
动乱关系实证分析:来自
清代华北平原的经验证据

10.1 引言

　　上一章有关气候变化和社会不稳定的研究是放在过去两千年的时间跨度上、在全国的范围内进行研究的。也就是说,如果上章所给出的结论是可靠的话,它也仅仅能够反映总量层面,或者在过去两千年的时间跨度上气候变化与社会不稳定的关系,而不能很好地反映中国某一区域或者某一朝代微观层面气候变化与社会稳定的关系。事实上,正如上章的研究所表明的那样,气候变化与社会不稳定之间的关系的确非常复杂,一方面,气候变化可能通过人口、米价等各种经济或者社会途径影响当时的社会稳定;另一方面,不同朝代、不同地区的气候变化情形很可能并不完全相同。比如,根据竺可桢(1979)的研究,中国的隋、唐、两汉时期是属于温暖期,而中国的明、清时期在总体上属于寒冷期。即使就清代一个朝代而言,目前有关气候变化的科学研究也已经证明,其前半期相对寒冷,气温低于平均值,1850年之后气候开始逐步转暖。因此,要很好地研究气候变化与社会不稳定之间的关系还有必要研究这一关系在地区层面的表现。

本章的目的就是将上章所分析的问题拓展到中国历史上一个代表性的朝代(清代)来继续上一章的分析。为什么选择清代? 主要原因是,清代是中国历史上最后一个封建王朝,而且也是距离现代最近的一个封建王朝。这个王朝所处的时代正是中国传统农业经济社会趋于瓦解,而现代工业社会尚未建立的一个过渡性时代。在清代存续的1644—1911年间,中国的经济、社会结构乃至政府统治等都渐进地发生着一系列的变化,其中的原因可能是多方面的,一是传统的气候、自然因素仍然在很大程度上影响着这个仍然以农业为主的经济体,在其中,传统所谓"气候—农业生产—治乱循环"机制可能仍然在发挥着重要作用;另一方面,在清代的中、后期,这个传统的农业经济社会正面临着越来越多的外部世界压力,包括西方经济、军事、政治和文化压力,这种压力通常被人们称为"第一波全球化浪潮",主要指的是西方列强通过各种各样的手段与清朝这个传统的帝国之间展开了多方位的发展竞争,甚至不惜以武力相逼,迫使后者发生与西方一样的转变。

在这种背景下,讨论清代的气候变化、社会动乱的关系将显得尤有意义:一是,可以检验传统社会中气候、农业与治乱循环的经济与社会发展机制是否仍然有效? 通过什么途径发挥作用? 在多大程度上有效? 二是,通过现在更多的计量和数据分析检验也可以发现传统社会与西方交锋进程中的一些其他影响因素的作用及其有效性。比如,自15世纪末期哥伦布发现新大陆以后,很多美洲作物逐步向亚、非等大陆传播,这些新作物的传播在一定程度上影响了旧大陆的经济、农业生产,与此同时,由于来自南美洲、欧洲的大量白银也越来越多地流向中国,中国国内的白银存量会越来越多,因此这也会导致中国发生了"物价革命"。用现代经济学的语言来描述,就是发生了严重的通货膨胀,从而不可避免地会对中国整个经济体、中国社会的政治稳定等产生负面影响。因此仅仅从清代来看,影响清代社会稳定的机制将至少可以划分为两个方面:一是传统的气候、农业生产与治乱的循环;

另外一个是白银流入—通货膨胀造成的社会不稳定。下面，我们就将通过各方面的数据来检验这些假说及其对于清代社会稳定或者说社会动乱的关系。

10.2 有关气候变化、通货膨胀与社会动乱的现有文献

有关气候变化与社会动乱的文献，大多强调了气候变化—农业生产—社会动乱这样的作用机制，也就是人们通常所说的"气候—农业—治乱循环"。比如，Homer-Dixon(1994，1999)指出的，气候的变化和异常无疑会扰乱农业生产、增加资源的稀缺程度，从而激化人们对于稀缺资源的争夺并直接增加冲突和战争的发生频率。Miguel、Satyanath 和 Sergentic(2004)和 Burke 等(2009)的研究也发现，由于撒哈拉以南地区的农业对于降水的依赖性很强，因此气候异常会对该地区的农业乃至整个国民经济发展产生严重干扰，从而提高了内战的发生频率。Hsiang、Kyle 和 Cane(2011)通过对热带国家的研究发现，在发生气候异常的年份，内战发生率会提升。根据该研究，在过去 50 多年里，世界范围内 21%的战争和冲突可以归结于厄尔尼诺现象所造成的气候异常。Dell 等(2008，2012)考察了过去半个世纪的气候变暖引起的经济增长波动，他们发现气候变暖增加了发展中国家的经济波动、减少了农业产量和工业产量，增加了政治和社会的不稳定；Bruckner 和 Ciccione(2010，2011)利用 1980—2004 年非洲撒哈拉地区 41 个国家的数据发现，降雨的减少将导致这些国家转向民主政体而不是独裁政体，同时他们也发现了降雨减少通过商品价格、经济增长而传导到内战的机制。类似的是，Dube 和 Vargas(2013)运用了哥伦比亚的例子验证了气候变化通过商品价格而传导到内战之间的机制。

就中国历史气候变化与社会不稳定的研究来看，王会昌(1996)认为，由于气候变化引起的游牧民族生产和生活的困难，是导致游牧民族南迁进而影响中原王朝的经济和社会稳定的重要原因。Chu 和 Lee(1994)通过针对中国历史上农民起义的发生频率以及与气候变化的关联度研究发现，当气候变化对以农业为主的中原王朝的经济造成很大影响后，农民起义、暴动的

发生变得不可避免。夏明方（2010）、葛全胜和王维强（1995）也发现，水旱灾害等是中国历代农民起义的重要导火索。Bai 和 Kung（2011）对中国历史上两千多年的游牧民族侵扰状况的时间序列进行了分析后发现，在降水量减少的年份，中原王朝和游牧民族的冲突会上升，而雪灾则会大幅提升游牧民族侵扰发生的概率。另一方面，气候灾害也是诱发中原王朝农民起义的主因。萧凌波等（2011）主要运用《清实录》中的数据源作为研究对象后发现，清代华北平原地区的动乱和气候的冷暖之间存在着密切的关系，一般而言，冷期和干旱的时期会出现更多的动乱，相反暖期和洪涝对动乱的影响则很小。

赵红军（2011；2012）发现，宋代发生"经济革命"和政府治理的新气象，完全是公元 11 世纪以后中国发生了由暖而冷的气候变化所导致的一连串连环反应的结果。另外他通过大量历史数据和古气候变化重建数据发现，气候变冷通过影响农业生产进而影响粮价最终影响了中国两千多年的社会稳定。Jia（2012）通过基于近五百年面板数据的研究，发现水旱灾害会大幅增加农民起义的发生率。同时，该研究还发现在抗灾性能良好的甘薯引入中国后，气候对农民起义发生率的影响大为降低了。这一发现验证了气候波动主要是通过影响粮食的丰歉对社会治乱发生影响的猜想。

有关通货膨胀与社会动乱关系的文献也有很多。比如全汉昇（1957）有关"美洲白银与 18 世纪中国的物价革命的关系"的论文发现，1660 年以后，大量美洲白银经过菲律宾、欧洲与中国的贸易而进入中国市场，结果带来了中国在 18 世纪物价的全面上涨。他以苏州上米价格计算的结果是，1665—1700 年间，米价开始上涨，但幅度并不大，进入 18 世纪以后，米价开始快速上涨，到了 18 世纪后半叶，苏州上米的价格已上涨到原先的 6 倍之多。同时，他还发现当时的这种价格上涨在全国也具有普遍的趋势，而且也表现在其他诸如丝、木棉花、人参、土地等多种商品上面。他将美国白银输入的结果称为"物价革命"，意味着 18 世纪后半叶以后清代出现明显的通货膨胀现象。钱江（1985）通过 1570 年后由菲律宾回中国的商船数量以及运输白银的商船的比率等推算出，1570—1760 年经由西属菲律宾流入中国的美洲白银共 243 372 000 比索左右。他认为，美洲白银的输入不仅具有中国白银供给充裕的正面影响，也具有推动物价上涨、降低人民实际生活水平，甚至导致社会不稳定等方面的负面影响。

10.3 研究区域的基本情况

本研究选取与萧凌波等（2011）同样的区域作为我们的研究对象，主要的原因在于，一是，萧凌波与我们达成了研究合作的协议，他们重建的数据可以与我们共享；二是，萧凌波等（2011）的研究，主要是采用了事件发生频次在时间上对应的方法进行推断，但作者并没有在这些数据的基础上进行较为严格的数量分析。相反，我们的研究将采用较为严格的经济计量学分析；三是，经济学认为，两个变量之间的关系不仅仅是两个数据序列之间的关系那么简单，相反，其背后的经济机制，与人类活动的关联，都是我们应该进行重点描述和研究的对象。

具体而言，我们选择的是华北平原地区，也就是清代直隶省长城以内的地区，同时还加上豫北以及鲁西北部分地区，总计 22 个府（包括直隶州）198县（包括散州）。对应到现代的中国地图上，它大致包括河北省大部，河南东北部以及山东西北部地区。尽管这一地区横跨三省，但地形比较均一，由于历史上长期同为深受京城辐射影响的"畿辅重地"，因此，这一地区内部的人员、物资交流十分密切，社会经济条件也十分相近。从气候条件来看，这一地区地处温带北部，受东亚季风影响强烈，降水量年内和年际变化很大，春夏干旱、夏秋洪涝，常常成为农业生产的大敌（顾庭敏，1991）。

10.4 研究假说、变量描述与数据来源

10.4-1 研究假说

由于本章的目的是对上一章的基本假说进行更进一步的检验，因此本章的基本假说与上一章是一致的，但由于本章还包含了新的数据，因此这为我们检验以下假说奠定了基础。具体而言，本章的假说可以归纳为以下几点。

假说：社会动乱的发生原因是复杂的，有可能是气候变化导致了农业生产的减产或者自然灾害，因而给当时的经济、社会造成了很大的困难，结果，

成为爆发社会动乱的刺激因素,还有可能是由于外来的白银大量输入,破坏了中国货币经济运行系统稳定性,结果导致了社会动乱。

在该假说中,气候变化是外生的环境冲击,属于自然力量对经济系统的作用,而大量外来白银的作用,相比于前者,似乎也是外生因素,但后者与前者的作用机制却非常不同,因为如果中国经济体中没有对白银的需求,大量来自菲律宾、欧洲、美洲等地区的白银便不可能有市场,因此,后者的作用对于经济系统而言是内生性的因素。

鉴于此,我们有必要通过以下回归方程检验如上的基本假说。

$$revolt f_t = \beta_1 + \beta_2 climate_t + \beta_3 finance_t + \beta_4 ricep + \sigma_t \qquad (10.1)$$

其中右边第二项 $climate$ 代表气候变化因素,我们用温度、降雨作为代理变量,也可以用自然灾害指数作为代理变量,第三项 $finance$ 是通货膨胀的代理变量,第四项 $ricep$ 代表粮食价格,最后一项为残差。

10.4-2 变量与数据来源

1. 气候变化代理变量,我们分为两类:一类是我们通常所用的气温和降雨变量,一类是旱涝灾害指数。气温变量我们采用了这一地区的中心,也就是北京(东经 116 度 23 分,北纬 39 度 54 分)1644—1911 年的重建温度数据,该数据来源于 Tan 等人(2003),是根据北京世华溶洞石笋层厚度而重建的,我们以 $BJTEMP$ 来代表,此外为了进行稳健性检验,我们还使用北纬 33—41 度,东经 108—115 度这一广阔地区的温度异常数据作为代理,记为 $TEMPA$,这一数据来自 Yi 等人(2010),但值得注意的是,这一温度数据并不是绝对温度数据,而是温度异常数据,也就是与平均值的偏差数据。降雨变量我们采用北纬 38—41 度东经 110—114 度地区六月到八月的降雨重建数据作为代理,这一数据来自 Yi 等人(2010),我们以 $PRECIP$ 来代表,同样,为了进行稳健性检验,我们还使用北纬 33—41 度,东经 108—115 度这一广阔地区的降雨异常数据作为代理,记为 $PRECIPA$,这一数据来自 Yi 等人(2010)。

除了温度和降雨数据之外,我们还使用来自这些地区的旱涝指数来代理气候变化数据。具体方法是我们按照萧凌波等(2011)的方法,选取位于研究范围的 10 个站点,即北京、天津、唐山、保定、沧州、石家庄、邯郸、安阳、德州、济南等地 1644—1911 年各站点逐年旱涝等级值,然后使用陈玉琼 (1989)提供的计算干旱和洪涝指数方法,获得了我们研究范围内历年的旱、涝指数,主要反映了降水量的变量情况,该指数的变化范围为 0—1,数值越小,表明降水量越少,反之数值越大,表明降水量越大。我们分别使用 DROUGHT,FLOOD 来表示。

2. 通货膨胀指数,我们使用金银比价指数来反映。中国金银比价指数,的确比较难以取得。我们的做法是,采用当时全国的金银比价(GSP)来代理。比如,1837—1911 年的全国金银比价,我们参考戴建兵(2003)的研究,直接采用了他统计的全国金银比价平均值,而这一数据直接来源于 1931 年美国铸币厂总裁向财政部的报告第 128 页的数据。有关 1644—1800 年的金银比价数据,我们参考了彭信威(1958)有关金银比价的十年度数据。但该数据是十年度数据的均值,所以我们简单地认定这十年的数据均为此值,尽管该假定非常苛刻,但在没有数据的情况下,我们只好如此。有关 1801—1836 年间的金银比价数据,我们也完全缺乏,但可喜的是,我们发现 1837—1911 年间中国金银比价与英美金银比价的差距平均在 1.34% 以内,即使最大差距也不超过 6%,而且中国金银比价往往比英美平均高 1.34%,所以,我们就以英美金银比价乘上(1+1.34%)来填补中国在 1801—1836 年间的金银比价。另外,为了更加全面地反映当时的通货膨胀情况,我们还是使用了彭凯翔(2006)建构的清代物价指数作为指标来度量当时的通货膨胀情况,该指标主要是模仿 Wang(1972)的方法,通过米价、丝价、棉价等构造 1867 年以前的物价指数,采用唐启宇指数构造了 1867—1912 年的物价指数,我们记为 INFLATION,来辅助分析通货膨胀的影响。

3. 粮价数据,是一个反映商品市场的重要指标,它不仅可以在某种程度上反映粮食生产的情况,因为假定粮食需求给定的情况下,米价上升就意味着粮食生产受到负面冲击,同时米价还能在某种程度上体现粮食的需求状况变化。本章之所以要引入米价,主要的目的是粮食市场的稳定与否在某种程度上是影响社会动乱的重要因素,毕竟"民以食为天"。具体而言,我们使用 1644—1911 年的全国米价指数作为粮价的一个代理变量,该序列是王业键(Wang,1992)根据当时全国大米市场——主要是苏州、上海米价的情形编制出来的,我们将之计为 RICEP,单位是银两/石。此外,为了更加稳健地检验,我们还使用了卢峰、彭凯翔(2005)中的清代米价指数作为代理来衡量清代的米价,记为 *RICEINDEX*,值得注意的是,该米价指数是以 1913 年的米价作为 100 而获得的。最后,由于我们的研究区域主要在华北地区,所以,我们还以清代直隶省下辖的 19 个府的小麦价格作为解释变量,记为 *WHEATP*。我们的构造法是,采用王业键清代粮价数据库中直隶省 19 个府的小麦年平均价格,也就是我们平均了每个月度的最高价和最低价之后得到的全年平均价,但这一数据的时间跨度只有 1736—1911 年,所以,这样就损失了一些时间长度特征。

4. 被解释变量为动乱次数,记为 *REVOLTF*,我们采用萧凌波等人(2011)有关《清实录》中所记载的发生在华北平原的动乱次数来代表。这些动乱事件按照与政府对抗的严重程度可以划分为:(1)民变,也就是社会法制框架边缘的各类群体性事件,比如聚众抗税、抗租、抗粮等;(2)盗匪,包括强盗、土匪团伙参与的抢劫、杀人、越狱等恶性案件;(3)起事,包括规模较大,以较为严密的组织和鲜明的政治诉求为特征的起事等。量化记录的原则是,若某县 1 年发生多起不同事件,则每起记为 1 县次,若某县 1 年同一事件波及多次,我们统一记为 1 县次。按照这样的统计,我们发现,1644—1911 年间,我们考察的华北平原地区共爆发动乱 661 县次,其中民变 105 县次,盗匪 349 县次,起事 207 县次。

10.4-3 变量关系的初步描述

综上,我们共获得了以下 12 个变量,它们的定义以及数据来源见表 10.1。

表 10.1 变量的定义与数据来源

变量名称	定　义	来　　源
BJTEMP	北京地区夏季的气温数据	Tan, M., T. S. Liu, J. Hou, X. Qin, H. Zhang, and T. Li(2003)
TEMPA	中国北方地区夏季气温异常数据	Yi, L., H. Yu, J. Ge, Z. Lai, X. Xu, L. Qin, and S. Peng(2011)
PRECIP	中国北方中部东北片区地区春与早夏的降雨量	Yi 等(2010)
PRECIPA	中国北方中部东北片区夏季的降雨异常	Yi, L., H. Yu, J. Ge, Z. Lai, X. Xu, L. Qin, and S. Peng(2011)

（续表）

变量名称	定　　义	来　　源
DROUGHT	华北平原的干旱指数	萧凌波等(2011)
FLOOD	华北平原的雨涝指数	萧凌波等(2011)
GSP	金银比价指数	戴建兵(2003)，彭信威(1957)，习永凯(2012)
INFLATION	物价指数	彭凯翔(2006)
RICEP	全国米价	王业键(1992)
RICEPINDEX	全国米价指数	卢峰、彭凯翔(2005)
WHEATP	直隶省的小麦价格	王业键(2009)
REVOLTF	华北平原的动乱指数	萧凌波等(2011)

表 10.2 给出了各变量的统计量信息。从表 10.2 可见，大部分变量的均值较小，但金银比价 *GSPRICE*、北京的温度 *BJTEMP*、米价指数 *RICEPINDEX*、小麦价格 *WHEATP*、北方地区的降雨量 *PRECIP* 和物价指数 *INFLATION* 的均值较大，意味着我们在回归的过程中，要对他们进行对数形式变换。

表 10.2　各变量的统计量信息描述

变量名称	均值	中位数	最大值	最小值	标准差	偏度	峰值	观察值
REVOLTF	2.46	0.00	87.00	0.00	7.14	7.50	79.02	268
DROUGHT	0.16	0.12	1.00	0.00	0.18	1.50	5.28	268
FLOOD	0.21	0.15	1.00	0.00	0.22	1.42	4.76	268
GSPRICE	15.00	15.00	39.74	10.00	6.23	2.25	8.32	268
RICEP	1.85	1.78	6.20	0.50	0.82	1.02	5.38	268
BJTEMP	23.03	23.12	23.95	21.50	0.46	−0.56	2.85	268
TEMPA	0.04	0.02	1.24	−1	0.37	0.27	3.30	268
RICEPINDEX	45.42	43.76	110.67	12.29	19.63	0.70	3.41	268
WHEATP	94.81	56.11	302.16	0.00	78.85	0.59	2.11	172
PRECIP	262.95	262.16	355.03	157.91	40.10	−0.02	2.57	268
PRECIPA	0.08	0.10	0.83	−0.76	0.29	−0.11	2.99	268
INFLATION	66.43	68.31	133.72	17.74	21.95	0.15	2.60	268

表 10.3 给出了我们下面所用的各个解释变量之间的相关系数，其中需要进行形式变换的变量已经进行对数形式转换。从中可见，米价指数与物价指数，也就是通货膨胀指数之间存在着很高的相关系数，还有米价、米价指数和通货膨胀指数之间也存在着较高的相关系数，降雨异常与降雨量之间存在着较大的相关系数。这意味着，我们在下面的回归分析中要更好地进行变量选择，以免造成多重共线性问题。

表 10.3　各解释变量之间的相关系数

变量	DROUGHT	FLOOD	LGS PRICE	LINFLATION	LRICEP INDEX	LWHEATP	LBJ TEMP	LPRECIP	RICEP	PRECIPA	TEMPA
DROUGHT	1.00										
FLOOD	−0.56	1.00									
LGS PRICE	−0.00	0.04	1.00								
LINFLATION	0.07	−0.18	0.41	1.00							
LRICEP INDEX	0.09	−0.14	0.51	0.88	1.00						
LWHEATP	−0.07	−0.05	−0.07	0.15	0.00	1.00					
LBJ TEMP	0.00	−0.05	0.10	0.12	0.16	−0.15	1.00				
LPRECIP	−0.56	0.49	0.03	−0.07	−0.07	0.00	−0.12	1.00			
RICEP	0.06	−0.12	0.55	0.84	0.95	0.01	0.13	−0.06	1.00		
PRECIPA	−0.61	0.53	0.02	−0.10	−0.06	−0.01	−0.10	0.85	−0.07	1.00	
TEMPA	0.43	−0.37	−0.22	−0.01	−0.04	0.02	0.05	−0.36	−0.09	−0.55	1.00

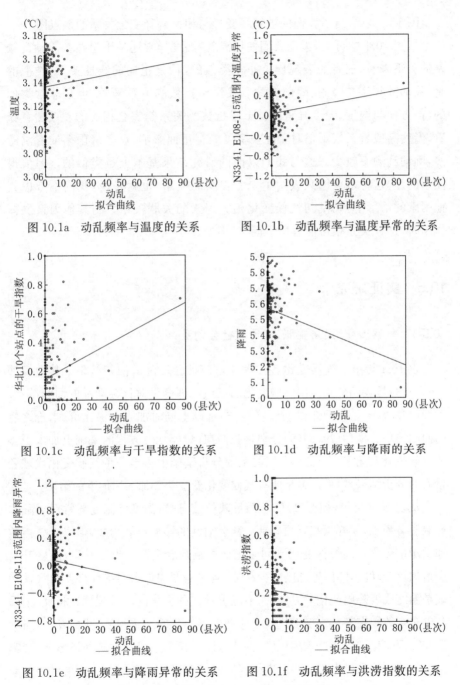

图 10.1a 动乱频率与温度的关系

图 10.1b 动乱频率与温度异常的关系

图 10.1c 动乱频率与干旱指数的关系

图 10.1d 动乱频率与降雨的关系

图 10.1e 动乱频率与降雨异常的关系

图 10.1f 动乱频率与洪涝指数的关系

图 10.1 动乱频率与其他变量关系散点图

图 10.1 中给出了我们的被解释变量与相关解释变量关系的散点图。

从图 10.1 中可见,无论我们使用温度、温度异常还是干旱指数与动乱频率的关系来看,三者的表现均是非常类似的,均是正向的线性关系;类似的是,从动乱频率与降雨、降雨异常以及洪涝指数的关系来看,也是非常类似的,但方向与温度、温度异常以及干旱指数的关系是完全相反的。该图意味着,温度高或者天气干旱对动乱频率可能有正面影响,反之降雨多或者洪涝多,则动乱频率较少。这与我们以前的研究结果基本上是类似的。但值得注意的是,这种散点图只表明了二者之间的关系,也就是说,我们不考虑其他因素的情形下,动乱与气候变化相关因素的关联关系。当其他因素发挥作用时,这种关系很可能有所不同。

10.5 实证研究

10.5-1 气候变化、通货膨胀、米价与社会动乱

表 10.4 给出了气候变化各代理变量与社会动乱的回归结果。其中模型(1)(2)(3)是我们分别使用气候变化的三组代理变量对社会动乱的回归结果。模型(4)(5)(6)是我们在模型(1)(2)(3)基础上同时加入金银比价、米价之后的回归结果。模型(7)(8)(9)分别是我们在(4)(5)(6)方程的基础上加入更多的气候变化代理变量,以及在相关系数分析基础上再多一个气候变化代理变量后的分析结果,模型(10)是所有气候变化变量全部加入情形下的结果。

从表 10.4 可见,模型(1)(2)(3)反映的信息是,温度和温度异常对动乱的影响显著为正,而降雨和降雨异常对社会动乱的影响显著为负,但以干旱指数和洪涝指数表示的气候变化则同时正面影响社会动乱。也就是说,温度升高会增加社会动乱,降雨增加则减少动乱,但这温度和降雨两组代理变量仅仅代表是温度或者降雨变化的方向,而不能表示这种变化的严重程度。相反,干旱和洪涝指数则在某种程度上代表了这种气候变化的严重程度,我们发现,当气温和降雨变化到比较严重的程度,也就是说引起干旱或者洪涝的情形下,其都会引起社会动乱。由于这些结果是我们仅仅考察气候变化单一变量对社会动乱影响的结果,所以,对于气候变化影响社会动乱的机制我们仍不知晓。

表 10.4 气候变化、通货膨胀、米价与社会动乱的回归结果

被解释变量	REVOLTF									
模型	(1)	(2)	(3)	(4)	(5)	(6)	(7)	(8)	(9)	(10)
常数项	−20.46*** (−3.01)	0.90*** (20.93)		14.10** (2.01)	−4.70*** (−14.14)	−4.29*** (−14.43)	1.97 (0.27)	−5.27*** (1579)	2.55 (0.36)	22.17*** (3.05)
LBJTEMP	12.22*** (5.78)			−0.63 (−0.28)			0.53 (0.23)		−0.58 (−0.26)	0.51 (0.23)
LPRECIP	−3.08*** (−13.31)			−2.84*** (−12.92)			−1.40*** (−4.87)		−0.95*** (−3.19)	−5.25*** (−10.33)
TEMPA		0.34*** (2.78)			1.27*** (9.72)			1.09*** (8.12)	0.67*** (5.41)	1.48*** (10.27)
PRECIPA		−0.90*** (−5.56)			0.02 (0.16)			0.98*** (4.86)		3.67*** (11.08)
DROUGHT			2.90*** (15.81)			3.06*** (15.61)	2.48*** (10.52)	3.00*** (12.15)	2.08*** (8.12)	2.62*** (9.74)
FLOOD			0.88*** (4.10)			0.94*** (4.27)	1.20*** (5.24)	0.98*** (4.26)	1.35*** (5.94)	1.09*** (4.59)
LGSPRICE				1.39*** (11.12)	1.65*** (12.80)	1.28*** (10.58)	1.25*** (10.10)	1.48*** (11.8)	1.37*** (10.80)	1.39*** (10.76)
RICEP				0.28*** (5.72)	0.39*** (7.58)	0.36*** (7.16)	0.34*** (6.84)	0.47*** (8.91)	0.40*** (7.92)	0.53*** (9.73)
adj. R^2	0.06	0.02	0.03	0.23	0.17	0.23	0.30	0.28	0.34	0.46
LR统计量	211.67	90.03	234.15	595.35	601.85	677.02	700.92	744.21	730.83	860.41
对数似然	−1 111.79	−1 172.61	−1 100.55	−1 217.63	−916.71	−879.12	−867.17	−845.52	−852.22	−787.42
调整观察	268	268	268	268	268	268	268	268	268	268

在模型(4)(5)(6)中,我们就考察气候变化的作用机制问题。我们发现,当我们同时考察了金银比价和米价,也就是说通货膨胀因素以及米价等经济因素对社会动乱的影响后,气候变化各代理变量对社会动乱的影响有所变化。具体而言,温度对社会动乱的影响不再显著,但降雨的影响却没有发生变化,无论方向和显著性均和模型(1)一样。温度异常对社会动乱的影响方向和显著性没有变化,但降雨异常却变得不显著。从干旱指数和洪涝指数情况看,当我们同时考察通货膨胀和米价因素后,其方向和显著性均没有变化,并且系数均有一定程度增加。这说明,从本章的所使用的数据来看,在考虑通货膨胀和米价因素以后,干旱指数、洪涝指数与社会动乱的关系,相对于我们所使用的温度、降雨数据与社会动乱的关系而言,要表现得更加稳健。

在模型(7)中,由于代表气候变化的温度、降雨量与干旱指数、洪涝指数之间的相关系数并不大,所以我们同时纳入这两组气候变化变量,并同时考察通货膨胀和米价因素,结果发现,气温的系数并不显著,尽管降雨的系数和方向仍然显著为负,并且干旱指数、洪涝指数等方向和显著性与模型(6)相比没有变化。在模型(8)中,当我们同时纳入干旱指数、洪涝指数以及温度异常和降雨异常时,所有变量的符号符合预期并且均在统计上显著。在模型(9)中,我们进一步纳入干旱指数、洪涝指数、温度、降雨之外的温度异常后发现,除了温度的影响不显著外,降雨、温度异常、干旱指数、洪涝指数等气候变化变量符号正确,且统计上显著。模型(10)中,全部气候变化变量加入,其余全部显著,符号符合预期,只有温度系数不显著,这说明,我们所使用的温度变量可能存在一定的问题。仔细回顾温度变量的定义后,我们发现,这可能正是问题的所在,因为我们所使用的温度序列是北京的温度序列,只能在较小的程度上代表华北平原的温度状况。相对而言,其他代表气候变化的变量均代表了华北平原或者相邻区域较大面积内的气温、降雨和干旱、洪涝情况,因而其与社会动乱的关系均相对更为稳健。

在表 10.4 中,我们还可以发现,仅仅用金银比价来代理清代的通货膨胀情况的话,其对社会动乱的影响是正面的,且在统计上显著,这说明,清代以来,由于西方白银大量输入所导致的通货膨胀是引起社会动荡的一个因素,这在某种程度上证明了历史学家有关白银输入引起物价暴涨并进而影响社会动荡的基本逻辑关系。此外，米价对社会动乱的影响也是正面且显著的，这也基本上反映了"民以食为天"这个基本的经济逻辑，当老百姓的生活受到严重影响时，当然社会动荡就会不期而遇。同样，由于我们使用的米价主要根据当时苏州、上海的米价指数所建构的清代米价指数，而本章分析的主要是华北平原地区的情形，因此，为了进行更加准确的分析，我们还将使用彭凯翔(2006)建构的全国米价指数数据做进一步的稳健性检验，这些结果都将反映在表 10.5 中。

10.5-2　稳健性检验

我们对表 10.5 中的检验结果进行了稳健性检验。其中，模型(11)(12)(13)中我们将主要以苏州、上海等米价数据基础上获得的全国米价指数换成了彭凯翔(2006)的全国米价指数，并只考虑了气候变化的一组代理变量之后的回归结果。模型(14)(15)是考察了干旱指数、洪涝指数外加另一组气候变化变量之后的结果，模型(16)(17)(18)是在干旱指数、洪涝指数、气温和降雨异常基础上再逐步添加温度、降雨变量以及全部气候变化变量纳入的结果。

结果我们发现，气温的符号变为负，时而显著，时而不显著。但降雨的符号始终一致，并且显著。这再次说明了我们上面获得的初步结论，即我们所使用的温度仅仅代表的是北京地区的温度，而不是华北平原广阔范围的温度，因而这种不稳定的影响是可以预期的。从温度异常来看，回归中符号基本稳定，与表 10.4 完全一致，降雨异常大多显著为正，但有时也不显著。干旱指数与洪涝指数的符号非常稳定，均显著为正，与表 10.4 完全相同。通货膨胀因素显著为正，与表 10.4 相同，米价指数的符号也显著为正，与表 10.4 相同。

综上我们发现，在影响气候变化的所有代理变量中，干旱指数、洪涝指数、降雨量和温度异常比较一致地影响了清代的社会动乱，在这四个影响因素中，干旱指数和洪涝指数的影响则更加稳健。除此之外，通货膨胀因素和粮价因素也对清代的社会动乱产生了较大的影响。因此，下面就舍弃其余气候变化的代理变量，而仅使用干旱指数、洪涝指数、通货膨胀、米价等影响一致、稳健的变量来进行更进一步的分析。

表 10.5 稳健性检验的回归结果

被解释变量	REVOLTF							
回归方法	ML/QML-Poisson Count(Quadratic hill climbing)							
模型	(11)	(12)	(13)	(14)	(15)	(16)	(17)	(18)
常数项	22.20*** (3.17)	-8.42*** (-18.10)	-8.46*** (-18.49)	11.73*** (1.67)	-9.66*** (-18.92)	5.24 (0.75)	18.64*** (6.67)	30.96*** (4.27)
LBJTEMP	-4.36** (-1.95)			-3.59 (-1.63)		-4.82** (-2.13)		-4.13* (-1.83)
LPRECIP	-2.86*** (-12.93)			-1.61*** (-5.62)			-5.21*** (-10.32)	-5.13*** (-10.24)
TEMPA		1.14*** (8.74)			0.96*** (7.21)	0.98*** (7.35)	1.33*** (9.41)	1.35*** (9.50)
PRECIPA		-0.11 (-0.70)			0.73*** (3.67)	0.71*** (3.59)	3.36*** (10.29)	3.32*** (10.21)
DROUGHT			3.15*** (15.80)	2.49*** (10.60)	2.98*** (12.07)	2.93*** (11.85)	2.62*** (9.85)	2.58*** (9.71)
FLOOD			1.11*** (5.12)	1.41*** (6.23)	1.18*** (5.15)	1.17*** (5.12)	1.37*** (5.78)	1.37*** (5.78)
LGSPRICE	1.07*** (9.27)	1.38*** (10.83)	0.99*** (8.62)	0.95*** (8.32)	1.25*** (10.06)	1.26*** (10.32)	1.17*** (9.30)	1.17*** (9.46)
LRICEPINDEX	1.34*** (10.08)	1.36*** (10.11)	1.45*** (10.51)	1.50*** (10.93)	1.55*** (11.00)	1.68*** (11.32)	1.69*** (11.46)	1.74*** (11.71)
adj. R^2	0.24	0.16	0.22	0.33	0.27	0.30	0.46	0.48
LR 统计量	665.26	652.04	741.77	775.67	794.81	799.28	909.57	912.89
对数似然	-885.00	-891.61	-846.75	-829.80	-820.83	-817.99	-762.84	-761.18
调整观察	268	268	268	268	268	268	268	268

10.5-3　各影响变量的动态影响

以上考察了气候变化、通货膨胀、米价等因素对社会动乱的影响。事实上，由于我们所有的变量都是时间序列数据，所以，还有必要通过自回归分布滞后模型（ARDL）来判断这些变量的动态影响。

根据经济史文献，通常我们选择滞后三年，然后我们以此为基础，采取从一般到具体的方法，通过模型系数的 wald 检验，或者通过多余变量的 likelihood 检验法，来逐步剔除影响不显著的变量，直至找到最终简化的回归方程。最后再计算出各个解释变量的长期影响。

表 10.6　气候变化、通货膨胀、米价对社会动乱的长期影响

被解释变量	$REVOLTF$					
回归方法	ML/QML-Poisson Count（Quadratic hill climbing）					
模型	（19）	（20）	（21）	（22）	（23）	（24）
常数项	-3.98^{***} (-10.26)	-3.90^{***} (-10.18)	$\boldsymbol{-3.87^{***}}$ $\boldsymbol{(-10.17)}$	-8.44^{***} (-12.59)	-8.27^{***} (-12.76)	$\boldsymbol{-8.24^{***}}$ $\boldsymbol{(-12.75)}$
$REVOLTF(-1)$	0.02^{***} (8.95)	0.02^{***} (9.03)	$\boldsymbol{0.02^{***}}$ $\boldsymbol{(9.07)}$	0.02^{***} (9.13)	0.02^{***} (9.27)	$\boldsymbol{0.02^{***}}$ $\boldsymbol{(9.39)}$
$REVOLTF(-2)$	0.03^{***} (7.50)	0.03^{***} (7.49)	$\boldsymbol{0.03^{***}}$ $\boldsymbol{(7.56)}$	0.03^{***} (7.90)	0.03^{***} (7.99)	$\boldsymbol{0.03^{***}}$ $\boldsymbol{(8.00)}$
$REVOLTF(-3)$	-0.008^{**} (-2.22)	-0.008^{**} (-2.15)	$\boldsymbol{-0.008^{**}}$ $\boldsymbol{(-2.16)}$	-0.007^{**} (-1.99)	-0.008^{**} (-2.10)	$\boldsymbol{-0.008^{**}}$ $\boldsymbol{(2.21)}$
$DROUGHT$	3.37^{***} (15.32)	3.35^{***} (15.23)	$\boldsymbol{3.29^{***}}$ $\boldsymbol{(15.40)}$	3.34^{***} (15.03)	3.29^{***} (15.17)	$\boldsymbol{3.30^{***}}$ $\boldsymbol{(15.27)}$
$DROUGHT(-1)$	1.20^{***} (4.02)	1.24^{***} (4.24)	$\boldsymbol{1.25^{***}}$ $\boldsymbol{(4.29)}$	1.16^{***} (3.92)	1.15^{***} (3.88)	$\boldsymbol{1.00^{***}}$ $\boldsymbol{(3.76)}$
$DROUGHT(-2)$	-1.68^{***} (-4.42)	-1.80^{***} (-4.82)	$\boldsymbol{-1.78^{***}}$ $\boldsymbol{(-4.79)}$	-1.79^{***} (-4.74)	-1.73^{***} (-4.72)	$\boldsymbol{-1.71^{***}}$ $\boldsymbol{(-4.67)}$
$DROUGHT(-3)$	1.03^{***} (3.22)	1.09^{***} (3.44)	$\boldsymbol{1.07^{***}}$ $\boldsymbol{(3.41)}$	1.06^{***} (3.32)	1.01^{***} (3.24)	$\boldsymbol{1.02^{***}}$ $\boldsymbol{(3.26)}$
$FLOOD$	1.47^{***} (5.88)	1.48^{***} (5.89)	$\boldsymbol{1.44^{***}}$ $\boldsymbol{(5.80)}$	1.42^{***} (5.49)	1.38^{***} (5.40)	$\boldsymbol{1.50^{***}}$ $\boldsymbol{(6.48)}$
$FLOOD(-1)$	0.52^{**} (1.98)	0.52^{**} (1.98)	$\boldsymbol{0.51^{**}}$ $\boldsymbol{(1.94)}$	0.30 (1.13)	0.30 (1.12)	
$FLOOD(-2)$	0.53^{**} (2.07)	0.46^{*} (1.86)	$\boldsymbol{0.50^{**}}$ $\boldsymbol{(2.00)}$	0.49^{*} (1.91)	0.54^{**} (2.13)	$\boldsymbol{0.61^{**}}$ $\boldsymbol{(2.49)}$
$FLOOD(-3)$	-0.93^{***} (-3.01)	-0.86^{***} (-2.87)	$\boldsymbol{-0.86^{***}}$ $\boldsymbol{(-2.87)}$	-0.98^{***} (-3.25)	-1.00^{***} $(-.3.33)$	$\boldsymbol{-1.01^{***}}$ $\boldsymbol{(-3.39)}$

（续表）

被解释变量	REVOLTF					
回归方法	ML/QML-Poisson Count(Quadratic hill climbing)					
模型	(19)	(20)	(21)	(22)	(23)	(24)
LGSPRICE	−6.97 *** (−5.46)	−7.04 *** (−5.46)	**−7.07 *** (−5.47)**	−6.81 *** (−5.18)	−6.85 *** (−5.24)	**−6.70 *** (−5.19)**
LGSPRICE(−1)	6.90 *** (3.94)	7.02 *** (3.98)	**7.02 *** (3.98)**	7.19 *** (4.00)	7.20 *** (4.02)	**7.25 *** (4.04)**
LGSPRICE(−2)	3.88 *** (2.74)	3.87 *** (2.71)	**3.81 *** (2.68)**	3.82 *** (2.69)	3.76 *** (2.67)	**3.61 *** (2.57)**
LGSPRICE(−3)	−3.10 *** (−3.37)	−3.17 *** (−3.46)	**−3.07 *** (−3.35)**	−3.76 *** (−4.07)	−3.63 *** (−3.95)	**−3.70 *** (−4.08)**
RICEP	0.21 ** (2.08)	0.30 *** (3.91)	**0.30 *** (3.95)**			
RICEP(−1)	0.16 (1.19)					
RICEP(−2)	0.16 (1.33)	0.26 *** (2.82)	**0.33 *** (4.81)**			
RICEP(−3)	0.12 (1.32)	0.10 (1.19)				
LRICEPINDEX				0.49 ** (2.04)	0.43 ** (2.45)	**0.42 *** (2.42)**
LRICEPINDEX(−1)				−0.15 (−0.48)		
LRICEPINDEX(−2)				1.13 *** (3.95)	1.21 *** (7.71)	**1.24 *** (7.93)**
LRICEPINDEX(−3)				0.23 (1.09)		
AIC	5.27	5.27	5.26	5.07	5.06	5.06
S.E	5.06	5.08	4.99	4.98	4.88	4.85
对数似然	−676.20	−676.91	−677.62	−649.91	−650.70	−651.33
调整观察	264	264	264	264	264	264
LR DROUGHT			**4.05 ***			**3.82 ***
LR FLOOD			**1.67 ***			**1.16 ***
LR LGSPRICE			**3.04 ***			**0.67 ***
LR RICEP			**1.28 ***			
LR LRICEPINDEX						**1.76 ***

　　表 10.6 中模型(21)和(24)分别是我们以米价和全国米价指数以及其他解释变量解释的社会动乱以及滞后项的最终回归方程。在模型(21)和(24)

之前的两个模型分别是我们通过 wald 检验逐步从一般向具体,剔除不必要变量过程中的重要回归方程。从模型(21)和(24)来看,社会动乱具有滞后影响,此前三期的动乱都会对当期的动乱造成影响,同时干旱、洪涝也具有较长时间的滞后影响,除此之外,以金银比较衡量的通货膨胀和米价也具有较长期的影响。表 10.6 中最后五行显示了我们计算的干旱指数、洪涝指数、金银比价、米价和米价指数对社会动乱影响的长期影响,从中可以发现,干旱是影响社会动乱的最重要因素,其次是洪涝、通货膨胀、粮价等。

10.6　结论及其启示

通过上面的实证分析,我们发现以下基本的结论:

(1) 就华北平原附近地区或者北京的温度、温度异常、降雨、降雨异常等与来自华北平原的干旱指数、洪涝指数的相对重要性而言,我们发现,前者对社会动乱的解释程度较低,而后者的解释程度较高。原因可能跟我们的数据来源有关,因为我们所使用的温度、温度异常、降雨、降雨异常数据序列要么来自华北平原的某一地区,比如北京,要么来自华北平原西部边缘地区,比如北纬 33—41 度,东经 108—115 度地区的温度和降雨。严格意义上说,这些地区与华北平原并不是一个完全相同的区域概念,因而其解释力比较低也是可以想象的。与此对应,我们所采用的干旱指数和洪涝指数,是来自华北平原范围内 10 个站点的旱涝灾害指数,这些指数不仅涵盖了较少降雨导致的干旱而且也涵盖了较多降雨所导致的洪涝,因此,它具有更广的代表性。

从它们对社会动乱的影响来看,我们所得到的结果是基本一致的,即温度、降雨、温度异常、降雨异常对社会动乱的影响是结构性的。就温度和降雨绝对值指标看,降雨与社会动乱的关系比较一致,符合我们的理论预期,也即较多的降雨导致了较少的社会动乱,温度与社会动乱的关系则不稳健。就温度异常和降雨异常与社会动乱的关系看,温度异常相对于降雨异常对社会动乱的影响更为稳健。就干旱指数与洪涝指数与社会动乱的关系来看,这一关系最为稳健,二者均显著地增加了社会动乱的发生频率。

（2）在气候变化影响社会动乱的过程中或者同时，似乎还有其他的机制发挥作用，比如，通货膨胀会系统地影响社会动乱，这主要是经济机制的作用，也即，通货膨胀会系统地减少人们的收入，降低人们的生活水平，因而会导致更多动乱的发生；另外，粮食价格，比如米价也是影响社会动乱的因素，但米价也有可能与气候变化存在一定关系，也就是说，气候变化可能通过影响米价，进一步影响了社会动乱。就米价与温度、降雨等气候变化代理变量之间的相关系数较小，说明我们难以排除气候变化与米价之间的关联关系。并且相对于气候变化相关变量与社会动乱的关系而言，经济因素对社会动乱的影响非常稳健。

（3）从长期看，干旱、洪涝指数、通货膨胀、米价等与社会动乱之间存在着比较稳健的长期关联关系，一般而言，这种长期关联关系会持续1—3期。并且从程度上来比较的话，干旱对社会动乱的影响要大于洪涝对社会动乱的影响，这与现有文献的研究结果是完全一致的。除此之外，通货膨胀和米价因素也非常重要，是影响社会动乱的重要变量。

11

谁影响了中国历代都城地理
位置的变迁?[*]

11.1 引言

近两年来,国际政治与发展经济学领域最新的研究发现是,一国首都的

---

* 该研究曾经在以下学术会议中宣读并讨论:2014 年 11 月 15 日在上海师范大学
商学院举行的首届中国城市与产业经济学学术研讨会;2015 年 5 月 20—21 日在
河南大学经济学院举办的 The 2015 Henan Symposium on Development and Insti-
tutional Economics 研讨会;2015 年 7 月 28 日在中国社会科学院经济研究所经济
师双周论坛;10 月 24 日复旦大学经济学系双周论坛;日本京都召开的 XVII
World Economic History Congress Koyoto 2015 研讨会的量化经济史专题会议。
此外,2016 年也在韩国首尔国立大学举办的 the Fifth Historical Economics Con-
ference,浙江大学经济学院双周经济学论坛等会议上报告过,感谢与会的荷兰格
罗宁根大学彼得·福德瓦利(Peter Foldvari)教授和马丁·乌贝勒(Martin Ubele)
教授,河南大学彭凯翔教授,上海财经大学李楠教授,山东大学陈强教授,中国社
会科学院经济研究所袁为鹏研究员、黄英伟副研究员、高超群研究员,北京大学颜

地理位置和兴衰变迁在很大程度上是由一国国内的政治冲突水平决定的。一个一般的规律是,政治上的竞争者为获取更大的政治资本,往往倾向于在靠近首都的地方制造更多的政治冲突。相应地,为了维持社会稳定,政治上的在位者就会在那里配置更好的政府治理水平。当这一均衡状态被打破时,就发生了一国首都的迁移现象(Campante et al.,2012,2014)。该理论建构了一个理解当代一国首都地理位置及其兴衰变迁的政治经济学分析框架,并且也得到了 1910 年以来世界各国首都地理位置变迁经验证据的支持。

笔者认为,若要建构都城地理位置及其兴衰变迁的一般经济学理论,就不能缺少中国理论与证据的支持,原因在于:

第一,自公元前 2205 年夏建立国家以来,中国一共经历了 83 个王朝,559 位皇帝与君王。据可靠史料记载,在今天中国的地理范围内,大凡做过一个独立王朝或者政权都城的城市数量就多达 217 个,有确切现代地理地址对应且作为都城时间并不过分短暂的都城也有 65 处之多。[1]因此,中国拥有研究都城地理位置兴衰变迁的非常宝贵的历史史料。

第二,在中国历朝历代建都、迁都的过程中,早就存在过很多种政治、历史、地理与经济假说。如果将这些假说与当代经济学有关假说做一个对比就会发现,中国古代国家建都过程中具体实践的很多假说,远比西方理论更加丰富、也更富有中国独特的文化和制度内涵。

色教授,广西师范大学徐毅教授,澳大利亚阿德莱德大学弗洛里安·普罗厄克勒(Florian Ploeckl)博士,美国加州大学洛杉矶分校薛萌博士、耶鲁大学陈志武教授,伦敦经济学院马德斌教授,上海师范大学刘江会副教授、复旦大学范剑勇、高帆教授等提出的宝贵修改意见。本研究也得到国家社科基金项目"中国的长期发展:政府治理与制度演进的视角"(项目编号:14WJ008),教育部哲学社会科学一般课题"气候变化对中国宏观经济和社会稳定的时空影响"(项目编号:13YJA790159),上海师范大学区域与城市经济学学科项目"中国历代都城地理变迁的经济学分析"的资助。

[1] 此数目为内地和周边各地合计的都城数量,涉及的王朝或政权共 277 个。这是广义上的古都,而狭义上的古都,是指具有较长久历史的独立王朝或政权的都城,并且其地理位置应是确切的,依这一定义,我国共有 65 处古都,见史念海(1991)。

　　比如，汉孝文帝时，贾谊曾上书说，"古者天子地，千里之中而为都"，"公侯地，百里之中而为都"。这意味着，国家建都应该选择天下之中而建立，可以说这是中国最古老的"中心地理论"。很显然，这一定都假说要比Christaller（1966）提出的"中心地理论"早了两千多年时间。又如，西汉建国之初，刘邦面临着定都在哪里的重大决策：其中一派将士认为，应建都在皇帝曾经建功立业的中原地区的中心——洛阳，原因是洛阳距离刘邦与将士的故乡沛县较近，这样既符合中国人情社会的文化特点，又符合"熟人故地"在军事和经济上更加安全的道理。其实，这便是中国历代建都过程中所谓的"龙兴之地"假说。①另一派将士，包括张良、娄敬等，力劝皇帝建都长安，他们列举的原因是长安披山靠河，四周有天然安全屏障。假若中原地区有内乱，只要守住潼关就能自保。②事实上，这一说法就是中国古代都城选址过程中的"内制外拓"说（比如，侯甬坚，1986），并且这一假说比Campante等人（2012，2014）的说法还要更加丰富。因为在中国古代，对国家与社会稳定造成重大影响的因素一是内乱，二是外患，而后者只强调了国内政治动乱而未强调外患对国家稳定和安全的影响。

　　第三，从长期发展的视角看过去两千年中国与欧洲的发展历程就会发现，欧洲长时期在政治上处于相对分割状态，只有较少的时期处于统一帝国的统治之下，中国则完全相反，曾经在60%—80%的时间处于一个统一帝国的统治之下，而只在较少的时期处于政治上分割的状态（赵红军，2012）。Ko等人（2014）分析了历史上中国政治集权形成的外部威胁原因。而李楠、林友宏（2016）则讨论了中国历史上政府推动的政治整合的方式和机制。将中国历代都城地理位置演变放在中国政治集权和政治整合背景下来考察，一定是一个有趣的探索。一是中国都城地理位置选址是否有其不同于欧洲都

---

① "龙兴之地说"与"五德说"一样，和风水有很大的关系，最早起源于商代。所谓"龙兴之地"，一般有三种含义，一是指各王朝政权的起源地，二是指开国皇帝的出生地，三是开国皇帝的发迹之地。

② "夫秦地被山带河，四塞以为固，卒然有急，百万之众可具也。因秦之故，资甚美膏腴之地，此所谓天府者也。陛下入关而都之，山东虽乱，秦之故地可全而有也。夫与人斗，不扼其亢、拊其背，未能全其胜也。今陛下入关而都，案秦之故地，此亦扼天下之亢而拊其背也。"见《史记·刘敬列传》。

城选址的独特规律？二是中外之间是否又存在着一些共性的规律？

本章将系统梳理中国历朝历代统治者所实践的、思想家所总结的各种定都假说，在此基础上，通过量化历史的分析方法，对这些假说进行数量刻画，并运用来自中国公元前 226—公元 1913 年的面板数据，对这些假说进行计量检验，然后试图归纳中国历代都城地理位置兴衰变迁的规律所在，从而为建构中国都城选址的经济学一般理论奠定一个初步基础。

相对于现有国内外文献而言，本章的贡献体现在以下三个方面：

首先，对中国历朝历代的定都假说进行归纳，并运用计量经济学方法进行检验。相对于现有历史地理学对此问题长于资料挖掘、考证和数量化程度较低的特点而言，本章则对此问题首次进行严谨的实证与计量分析。

其次，当前国际政治与发展经济学领域有关政治冲突与都城地理位置的研究只提供了一种解释都城地理位置兴衰的政治经济学视角。相对而言，中国丰富的历史学、地理学和经济史等文献已经表明，相关的理论解释至少有五到六种。本章将初步量化检验中国历朝历代的定都假说，并试图从中遴选出可供进一步理论研究的对象。

第三，在中国两千多年的历史典籍中，隐藏着很多朴素的有关国家、社会、经济治理方面的真理与智慧。当代的我们有责任对这些智慧和真理进行总结和量化分析，并使得这些理论和假说能够进入世界主流经济学的视野。本章算是一个初步尝试。

本章余下部分的结构安排如下：第二部分是一个有关中外都城选址假说的文献综述；第三部分是一个有关中国历代都城地理位置变迁规律的讨论和说明；第四部分是影响都城选址的各种变量、数据来源与描述性统计；第五部分是回归结果与相应的稳健性检验；第六部分是全文结论。

11.2 文献综述

有关中国历代都城地理位置兴衰变迁，我国历朝历代有大量经典论述，现当代的政治经济、地理学研究也十分丰富，下面，我们分为两类对之进行综述。

11.2-1　中国古典治理智慧或假说

1. 区域(地理)中心地假说。这一说法源于侯甬坚(1986)。他主要依据20 世纪 30 年代德国地理学家克里斯蒂娜提出的中心地理论(central place theory)，认为中国历代的都城选址，也应遵守区域或地理中心地的基本原则。该假说的核心思想主要有：第一，一国的都城应选址在一个国家或一个区域的中心地带；第二，国都与全国各地的地理距离应大体相当，如此便于政令传达、物资集散与军民往来；第三，"居天地之中"，符合中国以和谐为主的天人合一思想，对四周不偏不倚，也易于形成"向心忠中"的社会文化心态。从以上定义来看，他所谓的区域中心地显然指的是地理空间的中心，这与克里斯蒂娜的经典说法是一致的。近年来，新经济地理学的新发展已经清楚地表明，地理中心不仅仅是指地理空间的中心，而且在更深层的意义上还可指区域经济中心或者城市中心。[①]其实，与这一假说类似的思想在我国历史典籍中多有论述。比如，《吕氏春秋》卷十七《慎势篇》中说："古之王者，择天下之中而立。"《史记·货殖列传》中记载到："夫三河在天下之中，若鼎足，王者所更具也。"汉孝文帝时，贾谊曾上书说："古者天子地，千里之中而为都"，"公侯地百里之中而为都"，并且这些假说多次被应用于中国历朝历代的定都选址实践当中。

2. 国防地理优势假说。侯甬坚(1986)认为，一个国家的建都，自身的军事安全和发展考量比任何考量都重要，他将之概括为"内制外拓"原则。所谓"内制"，就是这一地理区位要便于控制内部的敌对势力，所谓"外拓"就是这一区位要便于抵御外部敌人的侵略行为。谭其骧(1982a)最早将这种说法概括为都城选址的军事条件。很显然，相对于 Campante，Do and Guimaraes (2012，2014)有关都城地理位置变迁的"内乱说"而言，这一假说则还强调了外患对于古代中国国都选址的重要影响。事实上，在我国古代历史典籍中，

---

① 比如，新经济地理学认为，中心地理论仅仅是关于城市、区域经济布局方面的一个描述性模型，而不是一个真正的经济学意义上的因果模型。一个建立在个人微观决策基础上的真正的中心地理论是他们所说的"中心外围模型"，参见 Fujita 等人(2000：27，61—77)。

也有支持这一假说的类似说法。《左传》中就有"国之大事，在祀在戎"。"祀"是祭祀，"戎"即军事。《易·习坎》中有"王公设险，以守其国"，这也意味着都城的选址要依据附近的山川形势，以利于御内防外。西汉刘邦在定都的过程中，曾经面临"龙兴之地说""中心地理说""军事优势说"三种选择，但他最终之所以选择建都长安，在很大程度上就是"军事优势说"的一个证明。

3. "龙兴之地"假说。顾名思义，就是开国皇帝建功立业的地方，也就是现代意义上的政治根据地的意思。原因很简单，皇帝成就伟业的地方多是其家乡或者故里。可想而知，那里的气候条件、生活方式乃至文化习俗往往更加符合皇帝和统治集团的要求；另一方面，在成就伟业之后，皇帝和统治集团往往会有一种荣归故里、衣锦还乡的心理需求，所以在历朝历代的定都乃至迁都场合，往往都有这种声音出现。在中国历史上，就有大批建都于靠近"龙兴之地"的实际例证。比如，西汉建国初期，就曾经面临着建都洛阳的压力，原因是跟随刘邦打江山的大臣、大将多是崤山以东地区的人士。西魏政权的创立者宇文泰，曾随贺拔岳转战于关陇各地，而其部下多为关陇人士。[①]此后北周取西魏而代之，隋朝以及唐朝，关陇豪望始终是这些政权的主要支柱，所以，这些朝代定都长安也并不让人感到十分意外（史念海，1986）。"宁饮建业水，不食武昌鱼"也是割据江东的孙吴不愿意离开政治根据地的一个形象的说法。辽、金南进中原以后，仍然保留了上京临潢府、会宁府，原因恐怕也是保留一个政治根据地的意图。元、清建都北京，并未远离蒙古高原和东北地区，在很大程度上也是基于距离其根据地更近的考虑。明代虽然一开始建都南京，但在朱棣继位以后，就于1421年迁都北京，原因在于北京是朱棣曾经被封为燕王的"龙兴之地"，他在那里拥有牢固的政治和军事基础；其次，明朝的外患主要是蒙古，建都北京也有利于抗击蒙古的进攻（张晓虹，2011：61）。

---

① "关"指今关中地区，"陇"指今甘肃乌鞘岭以东，宝鸡以西地区以及宁夏全境，因为在陇山（也叫六盘山）周围而称为陇，甘肃也因此简称"陇"。关中和甘肃、宁夏合称为关陇地区，广义的关陇地区还包括陕北、山西西部、内蒙南部地区，因历史学家陈寅恪表述"关陇集团"而成名。

4. 政治统一说。该假说在中国历史上源远流长,集中地体现在儒家的"大一统"思想当中。其内涵十分丰富:首先,"大一统"指的是国家疆域上的统一。比如,孔子在《论语·宪问》中最早提出"一匡天下"的说法,孟子在《孟子·梁惠王上》中提出天下"定于一"的论点,荀子描绘了"四海之内若一家"的思想。

其次,所谓的"大一统"的思想还可分为两个层次:一是国家和民族的统一层面,二是社会制度的统一层面。前者集中体现于孟子的天下"定于一"的主张,后者集中体现在荀子的"一制度"主张(高秉涵,2010)。再次,儒家的"大一统"思想不仅是一种政治思想,而且在中国历史上经过长期的历史实践,已成为一种悠久的政治传统乃至独特的文化精神。比如,战国后期,秦始皇接受"九州之说",通过改革,统一六国。汉代董仲舒发挥"公羊说",著《春秋繁露》,提出"天统论"①。此后,无论是统一时期还是分裂时期,"大一统"始终被视为华夏正统(牛润珍,2001)。

梁漱溟在《中国文化要义》一书中曾将"大一统"的传统概括为中国文化的七大个性特征。②近年来,该假说也吸引了越来越多国外学者与经济学家的注意。比如,Diamond(1997)注意到,尽管中国北方和南方的地理环境差异巨大,但两地之间的语言和文化传统却是相同的,他对此感到惊讶;赵红军(2010a)将这种"大一统"的思想和做法概括为中央集权式政府治理模式,并讨论了其在中国历史上的发展演变及其对长期经济发展的影响。李楠、林友宏(2016)将"大一统"思想放在政治整合的假设下,认为它通过郡县制、汉族的移民、水利设施的提供等途径推动了中国经济发展与地区整合。

11.2-2　西方政治经济学假说

1. 西方现当代政治经济学假说。在西方主流经济学界,与都城选址相关的文献可分为两个分支:一个分支是区位经济理论相关研究。比如,Christaller(1966)认为,一国都城当然应该布局在其地理上的中心地带,因为这

---

① "天统论"的要点是,"(1)朝必于正月,贵守时也;(2)居必于中国,内诸夏而外夷也;(3)衣必纯统色,示服色之改易也。如是乃可谓一统于天下,乃可以统天下矣"。参见饶宗颐(1996:6)。

② 即独自创发、自成体系、同化外来文化的力量最为强大、影响周边、生命力强大等,参见梁漱溟(2005:7—24)。

样可以最大化国家的税收收益和管理效率。Campante et al（2014）；Campante and Do（2014）更进一步指出，一国都城最优的地理区位理应是一国的中心地带，但这一区位往往会受到城市治理水平的影响。一般来说，一国的都城理应有最好的治理水平，因为在都城的地理位置和治理水平往往处在一个稳定的经济政治均衡，结果是都城的治理水平最好，越往外，治理水平越差。但当这一均衡被打破时，都城的地理位置就会偏离一国的经济中心地带。Ko等人（2014）通过理论和实证研究发现，中国古代的都城可能偏离其全国的经济中心，原因就是古代中国的威胁主要来自西北部而不是两面夹击。当中国面临两面威胁时，都城往往就位于中心地带。

另一个分支的研究主要来自当代的新政治经济学。比如，Alesina和Spolaore（2003）认为，一个国家的疆域规模在经济发展进程中有重要影响，因此，他们隐含的假设是小国和大国的都城地理区位选择肯定是不同的。Olsson and Hansson（2011）发现，一国的疆域规模与其法治状态之间存在着因果关联。一般而言，国家规模越大，政治上越可能采取政治集权，相反，小国则可能采用政治民主，因此大国与小国的都城地理区位可能是不同的。

2. 气候社会变迁假说。该假说主要源于气候学、环境地理学以及环境经济学、社会学、人类学等。比如，戴蒙德（2011）认为，太平洋诸岛上传统社会包括复活节岛、皮特凯恩岛等的最终衰亡，玛雅文明的衰亡等都是源于他们对环境的破坏与在此基础上发生的旱灾，这两者结合起来又导致了各城邦之间的龙争虎斗，最终就出现土壤流失、农业衰败、城市衰败与整个文明的覆亡；Toynbee（1987），Fagan（2009）也认为，洪水、干旱、饥荒等气候现象往往是压死古代文明这只骆驼的最后一根稻草。亨廷顿在《亚洲的脉动》一书中（E. Huntington, 1915）认为，13世纪蒙古人的大规模向外扩张主要源于他们生活栖息地的气候干旱和牧场条件恶化。

近年来，经济学家有关气候和社会动乱的大量实证研究已经证明，气候是导致传统社会发生经济和社会动荡的重要原因（Melissa et al, 2008；Miguel et al., 2004；Chu and Lee, 1994；IPCC, 2007；Bai and Kung, 2011；Bruckner & Ciccone, 2007；Chen, 2014；赵红军，2012等）。笔者认为，气候变化如果是造成传统社会衰亡、变迁的重要因素，那么气候的变迁包括水灾、旱灾的长期多发、易发肯定也必然成为影响这些传统社会都城兴衰变迁的重要因素。

3. 王朝生命周期假说。该假说认为所有的历史政权均不可避免地要经过兴起、成长、繁荣与衰败的生命周期（Spengler，1926；Toynbee，1972；Olson，1984；Kennedy，1987；张善余，1991 等）。按照这一假设，陈强（2015）通过实证研究发现，当两个王朝碰撞时，特别是当年轻的游牧政权碰到了年长的中原政权时，一般而言，年轻的王朝就处于相对有利的地位，并往往成为征服中原政权的因素。笔者认为，如果王朝生命周期假说成立，那么中原王朝相对于游牧民族的年龄很可能就成为影响中原政权都城地理位置变迁的因素之一。

11.3 一个有关中国都城地理位置变迁原因的说明

历史学家倾向于认为，影响中国历代都城选址的因素历经千年变迁，因而并不存在一个一成不变的选址规律。如果说有什么规律可言的话，那顶多存在着一些阶段性的规律。比如，王玲（1990）认为，中国历史上古都演变的轨迹大致分为两个阶段，早期重心偏西，后来逐渐沿黄河东移，接着是南北对峙，最后都城正式北移。周振鹤（2009）认为，无论是统一王朝还是分裂王朝，中国的都城主要集中在西安、洛阳、北京、南京和开封这五大城市。如果按照阶段划分，从西周到唐代长达 2 000 年的时间里，都城在东西向的西安—洛阳之间来回徘徊；从唐末到北宋的 200 年间，都城在洛阳—开封之间徘徊；从金到今天，都城在北京—南京之间往复。史念海（1986）在讨论中国古都学的研究方法时指出，中国古代都城的影响因素是十分复杂的，不同都城的影响因素是不同的，但一定存在着一些共性因素，因此如果不加以综合和比较，就难以找到这些共同的影响因素。

从秦到清的 2230 多年中，虽然在经济结构上各朝代有所变化，但一直到清代，中国仍然是一个农业占据绝对地位的经济体，还远未过渡到现代工业社会（赵红军，2010a）。因此，对于中国自秦至清所有这些农业社会王朝都城选址的影响因素，完全可以放在一个统一的分析框架下进行研究。钱穆在其《中国历史研究法》一书中也讨论了中国历史分期问题。他认为，中国自秦代到清末的两千年,可谓一脉相承,称之为中国历史之中古期,不应该在中间再加划分。如果一定要划分的话,可分为两期:五代以前为中古史,宋以下直至清可以说是近代史(钱穆,2001b)。因此,基于这样的说法,我们下面的分析将同时考察秦至清的两千多年时间内都城演变以及北宋之前和之后两个分期都城演变的规律。

表 11.1　西周至 1949 年在现有中国地图上建都的城市

曾建都百年以上的城市	曾建都 15 年—100 年的城市	曾建都不足 15 年的城市
西安(1077)北京(903)洛阳(885)南京(449)开封(366)安阳(351)成都(249)银川(226)江陵(224)杭州(210)巴林左旗(202)淄博(185)成县(179)新郑(175)邯郸(163)濮阳(163)广州(163)曲阜(149)敦煌(137)福州(136)徐州(123)重庆(108)朝阳(102)大理(515)吐鲁番(181)准格尔旗(142)天峻(137)	大同(96)武威(86)西宁(81)温州(55)长沙(49)略阳(49)太原(48)凤翔(47)临潼(41)夏县(39)侯马(34)沁阳(33)扬州(32)禹县(30)淮阳(27)许昌(25)台南(23)苏州(20)沈阳(20)临夏(20)寿县(19)兰州(19)新宾(19)邢台(18)汤阴(17)肇庆(17)张掖(16)酒泉(16)阿城(16)精边(15)呼和浩特(74)西宁(73)	屯留 距阳 汉中 夷陵 盛乐 武昌 平阳 冀县 中山 朔方 亳 端氏 广固 乐都 蕲水 长子 九原 渔阳 东海 黎丘 上郡 虞州 邾 丹阳 洺州 睢阳六 庐江 平寿 榆林 马邑 勇士 秦州 左城 上谷 剧 公安 黎婷 离石 平凉 高平 乐寿 历阳 任城 高邮 狄废丘 朝歌 代 高柳 宛 毗陵 左国城 度坚山 杏城 北海 冠军 江州 衡州 盱台郴 南郑 高奴 博阳 即墨 无终 江夏 上邽 蒲子 天水 折城 湟中 魏县 聊城 漳南 巴陵 豫章 京口 余杭 贝州 清溪 鼎州 台湾府 叶城 喀什布

注:①上述城市后的括号中的数字为建都时间长短;②上述都城均是有确切年代的都城,不包含没有确实年代的都城名称。
资料来源:史念海(1990)。

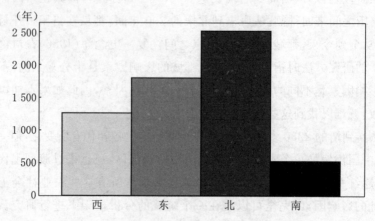

图 11.1　都城在中国南北东西的地理分布

表 11.1 给出了中国自西周至 1949 年在中国版图上曾辟为都城的城市及其建都时间长短信息。从中可以清楚地发现，在西周至 1949 年约三千年的历史长河中，的确有一百多个城市曾经作为当时朝代的都城而存在。另外从这些城市建都的时间长短也能发现，大凡建都时间越长的城市，也往往是备受各朝皇帝和统治集团青睐的城市，相反，越是建都时间较短的城市，往往就是那些由于各种条件所限而受青睐较少的城市。

仔细观察中国自西周至 1949 年这三千年的都城空间变迁，就会清楚地发现，中国过去约三千年的都城选址主要集中在两个地理区域，北宋以前的时期，都城主要集中在黄河中下游地区，沿着东西轴左右徘徊；到了北宋以后，都城则主要集中在以京杭大运河为轴的南北线上徘徊。仔细考察自秦到 1911 年曾经被选择为都城的咸阳、长安、洛阳、开封、杭州和南京、北京等各个城市在如今中国版图上的地理布局情况就会发现，如果将传统上的秦岭—淮河作为中国南、北的分界线考虑进来就会发现，中国都城位于北方的时间远远超过布局于南方的时间，如果我们按照北京—石家庄—郑州—武汉—株洲—广州，也就是京广线作为我国东、西部分界线的话，我们就会发现，中国都城布局于东部的时间要比布局于西部的时间显得更长一些，见图 11.1 所示。

考虑到中国北宋以前和北宋以后商业、手工业、采矿业、金融业等方面兴盛程度的较大差异，比如根据许涤新、吴承明(2005)的记载，我国农业的生产能力和手工业生产技术都在宋代达到了高峰，并且商品经济的发展也在宋代有了很大的飞跃。另外，科学史学家李约瑟(1975:284)也发现，尽管宋王朝不断为北方蛮夷所困扰，但它的科学、文化、技术水平都发展到了前所未有的高度，是中国封建社会的所谓成熟时期。历史学家黄仁宇在《中国大历史》中也注意到，北宋时期，中国仿佛进入现代。行政上，从传统的重农发展到留意商业；经济上城市勃兴，内陆运河舟楫繁密，造船业也突飞猛进，中国内地与国际贸易都达到了空前的高峰。铜钱流通也创造了新纪录。另外，政府也提倡开矿和炼矿，纺织业、酿酒业、金融业和保险业也得到了很大发展(黄仁宇，1997:127—144)。同时也考虑到自秦到清两千多年时间内所隐含的结构变迁因素，因此，本章再次确认以下有关都城选址按照北宋之前和之后分期的可行性。

11.4 变量、数据描述与资料来源

11.4-1 都城定义及其说明

　　都城选址,选择的不是别的,而主要就是都城在全国的地理位置。那么,首要的问题就是,如何定义都城? 在统一时期,中国地理范围内往往只有一个都城存在,但在分裂时期,往往同时存在着多个都城。有鉴于此,我们就有必要定义何谓中国政治统一? 对此,我们参照陈强(2014)的做法,将中原王朝是否控制了中国本土(China proper)①即黄河流域和长江流域作为中国统一与否的标准。

　　有关统一时期都城的选取,则主要依据正史的记载,将具有正式都城地位的城市记为都城,而不考虑相应的陪都或者在一些时期虽做过事实上都城的城市;分裂时期的都城选择主要依据汉族占据主导地位或统治者被视为正统王朝继承者的那个国家的都城作为国家的都城。例如,三国时期都城选择的是魏国所在的洛阳而没有选择蜀、吴政权的都城;东晋时期,我们没有选择其他少数民族建立的都城作为国家的都城,而选择汉族建立的东晋都城作为都城。南北朝时期,选择汉族建立的南朝都城作为国家的都城,而不是少数民族建立的北朝都城。有关中国历史上朝代以及我们所选择的都城名称见表11.2。

表 11.2　中国历代全国性都城与本章备选城市

朝代名称	细分朝代名称	正统都城	备选城市
秦朝(公元前 221—公元前 207)	秦朝	咸阳	北京(全国性都城)建康(全国性都城)开封(全国性都城)临安(全国性都城)洛阳(全国性都城)
西汉(公元前 206—公元9 年)	西汉、新	长安	
东汉(25—220 年)	东汉	洛阳	
三国时期(220—280 年)	魏国(洛阳)、蜀国(成都)、吴国(建业)	洛阳	

①　China proper,有不同的定义,一般指中国的核心区域,或者汉人聚居区。

（续表）

朝代名称	细分朝代名称	正统都城	备选城市
西晋(263—317 年)	西晋	洛阳	
东晋(318—420 年)	东晋 十六国	洛阳	
南北朝(420—580 年)	南宋、南齐、南梁、南陈 北魏、东魏、西魏、北 齐、北周	建康(南宋) 建康(南齐) 建康(南梁) 建康(南陈)	南京(全国性都城) 咸阳(全国性都城) 长安(全国性都城) 成都(未成为) 银川(未成为) 兰州(未成为) 淄博(未成为) 邯郸(未成为) 徐州(未成为)
隋朝(581—617 年)	隋朝	长安	
唐朝(618—689 年、704— 906 年)	唐朝 南周(690—704 年)	长安 洛阳	
五代十国时期(907—959 年)	后晋、南唐、南楚、吴 越、南汉、南平、闽、后 蜀、辽、后汉、后周、后 蜀、宋、后梁、晋、岐、南 吴、前蜀、契丹、后唐	开封(后梁)洛阳(后 唐)洛阳(后晋) 开封(后汉、后周)	
北宋(960—1127 年)	北宋、辽、西夏	开封	
南宋(1128—1279 年)	南宋、辽、西夏、金、 蒙古	临安	
元(1280—1368 年)	元	北京	
明(1368—1644 年)	明	南京 北京	
清(1644—1911 年)	清	北京	

值得注意的是,正如表 11.2 所示,事实上,还有很多的其他城市曾经做过中国历史时期一些少数民族政权或者偏安一隅的朝廷的都城,但由于这些城市作为都城的时间较短,有关的历史记载非常难以找到,因此,我们只好舍弃那些样本,而只选择其中 14 个较大的城市作为研究样本。

11.4-2 被解释变量

本章采用两类虚拟变量的形式来代理,定义为备选城市被选择为都城的概率,若一个城市,曾经为都城,则取值为 1,否则为 0;记为 capidm。在稳健性检验部分,我们还根据相关朝代延续的时间,对备选城市被选择为都城的概率大小进行了加权处理。

11.4-3　解释变量

1. 备选城市的绝对地理位置信息。有关研究样本城市的绝对地理位置信息，我们使用经度、纬度和海拔高度三个变量来代理，分别记为 *longt*，*lant* 和 *atit*。由于这些城市在古代的地理位置与今天有所不同，因此，我们统一使用哈佛大学中国历史地理信息系统数据库（CHGIS）来获得。之所以要将这些变量纳入后面的回归，主要目的是来考察城市绝对地理位置是否会影响其被选择为都城的概率。至于城市周边是否有可通航的河流或者漕运等，据我们的观察，大多数备选城市周边都或多或少具备这样的条件，有的时期，虽然有漕运，但年久失修，运输效率降低，无法统一度量，因此，不宜引入这些变量。

2. 备选城市至中原王朝经济中心的地理距离。这是我们构造的一个衡量经济中心对都城选址重要程度的指标，是一个反映备选城市相对地理位置的变量。而要计算出备选城市到全国经济中心的距离，首先要确定中国历代经济中心的位置。在经济史学界，一个几乎没有异议的共识是，唐代以前，中国的经济中心位于黄河流域。从区域经济角度看，黄河流域主要是指三河地区。司马迁曾经讨论过三河地区在古代中国的重要性，"夫三河在天下之中，若鼎足，王者所更居也"。具体而言，三河地区就是现在的晋东南、豫西北一带，如果再具体一点就是三河地区的洛阳及其周边地区。①但唐之后至宋代，中国的经济中心已经从黄河流域转移到了江淮地区。对此，郑学檬认为，学界有关中国古代经济中心南移的确切时间出现很多纠纷，但结合他所说的三个标准②，中国古代经济重心南移的完成是在北宋末期和南宋时期，而不是其他时期。根据这一结论，结合钱穆有关中国历史在北宋南宋分期的说法，我们将南宋之后的经济中心确定为南京—杭州一带。在此基础上，我们依据哈佛大学中国历史地理信息系统数据库获得了都城与这两个

---

① 三河就是指黄河、洛河和伊河，参见张晓虹（2011：41）。

② 第一，经济重心所在地区生产发展的广度和深度超过其他地区，比如人口众多，主要生产部门的产量与质量名列前茅，商品经济发达；第二，经济重心所在地区生产发展具有持久性和稳定性；第三，新的经济中心取代了旧的经济中心后，封建政府在经济上倚重新的经济中心，并在政治上有所反映。参见郑学檬（2003：15）。

经济中心的球面距离①，单位为千米，记为 *distec*。

3. 备选城市至"龙兴之地"的地理距离。所谓"龙兴之地"，我们一律按照历朝历代开国皇帝的出生地来计算，原因是中国古代的人口流动性较低，且流动的范围相对有限。比如，刘邦出生于丰沛即今天的江苏徐州丰县；东汉的开国皇帝为刘秀，其出生地为陈留郡济阳县，依此类推。在此基础上，我们依据哈佛大学中国历史地理信息系统数据库（CHGIS）获得了这些备选城市至龙兴之地的球面距离，单位为千米，记为 *distbpem*。

11.4-4　控制变量

1. 中国本土统一与否的虚拟变量。和平时谋发展，战乱时求生存。一般来说，分裂时期，都城更倾向于变动，相反，统一时期都城倾向不变动。为求论述方便，我们以 uni 代表统一与否这一变量。该变量采用虚拟变量的形式获得。有关统一与否的数据，我们依据中国历史学界主流的看法，将能够统一中国本土主要包括黄河流域和长江流域的王朝定义为统一王朝，以此作为定义该虚拟变量的依据。在此基础上，我们将秦、西汉、东汉、西晋、隋、唐、宋、元、明、清等朝定义为统一王朝，而将其余朝代认定为不统一朝代。

有关中国本土统一与否，存在着不同的说法。因此，我们根据柏杨的《中国历史年表》中有关每一年份的政权名称，定义了另外一个严格意义上的政治统一变量，记为 *uni*1。该变量将所有当时政权数量等于1的时期定义为严格意义上的政治统一，否则，就为非统一。我们用该变量做后面的稳健性检验。

2. 内乱、外患的发生次数。在传统农业社会，当一国的内乱发生次数较多时，往往意味着整个社会不稳定程度上升；类似的是，当外患较多时，则意味着中原王朝面临着游牧政权的较大军事压力。因此，在考察历代都城选

---

① 球面距离的运算参照 Muehrcke and Muehrcke（1992）的公式，使用两个点之间的地球大圆距离进行运算。计算公式为：假定城市1的经度和纬度分别为（经度1，纬度1），城市2的经度和纬度分别为（经度2，纬度2），那么，A＝经度1－经度2，b＝90－纬度1，c＝90－纬度2，这样如果 A＞180，那么，A＝360.0－A，a＝cos(b)×cos(c)＋sin(b)×sin(c)×cos(A)，于是，两个城市之间的距离为 cos^{-1}(a)×40 030.0 千米。详细参见 Caol（1999：Appendix A.3）。

址的时候有必要引入内乱、外患在内的"人祸"次数对都城地理位置的影响。前者以 *disorder* 来表示，后者以 *foreg* 来代表。遗憾的是，我们得不到考察时间段里内乱和外患发生地区的详细信息，只能以大体上每10年间全国累计人祸发生次数来代理，时间跨度为公元前226—公元1913年，有关数据来源于陈高佣《中国历代天灾人祸表》。

3. 汉族国家的疆域规模。根据 Alesina 和 Spolaore（1997，2003）的研究，一个国家的疆域规模可能会在很大程度上影响其国内所采取的政治、经济制度。基于这一认识，我们认为，如果当时中国汉族朝代的疆域规模较大，其都城的地理位置肯定会不同于疆域规模较小的朝代。因此，我们引入该变量，记为 *size*。数据来源于宋岩（1994），该结果是根据谭其骧主编的《中国历史地图集》，采用网格测量法测算的。

4. 旱灾、洪涝灾害的发生次数。对传统农业社会而言，干旱、洪涝等自然灾害对农业生产和人们生活乃至国家的政治、经济稳定影响巨大（赵红军、尹伯成，2011：68—78）。为求方便，以英文 *drought* 代表旱灾，以 flood 代表洪涝灾害，二者分别以大体上每10年间所发生的全国累计灾害次数来代表，该数据来自陈高佣《中国历代天灾人祸表》，时间跨度为公元前226—公元1913年。同样，由于该数据不包括旱涝灾害发生的地理信息，因此，我们还使用竺可桢（1979）中的中国各世纪各省水灾、旱灾发生次数来控制水旱灾害发生的地理信息，分别记为 *drought*1、*flood*1，以便进行后面的稳健性检验。

5. 中原王朝相对于游牧民族的生命周期。陈强（2015）发现，中原王朝比游牧政权建国时间越长，就越有可能被后者征服。按照这一推理，中原王朝建国时间比游牧政权越早，中原王朝的都城就越倾向于布局在更靠东边或南面的区位上。为此，我们根据白寿彝（2013）有关中原王朝与游牧政权建立年份的历史记载，并运用陈强（2015）构建中原王朝比游牧政权早建的年数，记为 *ybn*。

6. 现代中国版图上当时政权数目。按照道理，如果中国版图上当时的政权数目很多，就可能影响当时国家都城的地理位置。为此，我们依据柏杨《中国历史年表》的统计，将中国版图上当时所有政权的数目进行了统计，记为 *regnum*。

7. 该朝代是否为游牧政权。按照道理，如果一个政权为游牧政权，其都城地理位置肯定会不同于非游牧政权。为此，我们按照中国历史正统记载，将元和清两个朝代认定为游牧政权，将其余朝代认定为非游牧政权，以虚拟变量的形式表示，若是记为 1，否则为 0，记得 *nomad*。

8. 备选城市的内陆化程度。我们按照 Google earth 获得备选城市到大海的最近距离，记为 *distcoast*，意味着，该距离越长，备选城市的内陆化程度就越强。假定备选城市到大海的道路有 n 条，我们按照下面的法则，取其最短的距离作为我们的数据，

$$distcoast_i = \min(distcoast_{i1}, distcoast_{i2} \; L \; distcoast_{ij}) \qquad (11.1)$$

9. Trend 是经济学中常用的用于表示时间趋势的线性变量，取值分别为 1、2、3 直至数据结束。设置这一变量的目的是我们下面运用的短截面长时间面板数据，因此，用 *trend* 来控制时间对计量结果的影响。

11.4-5 描述性统计

综上我们共获得了以下 20 个变量，有关它们的统计量信息等见表 11.3。其中 *llongt*，*llant*，*laltit*，*lsize*，*ldistec*，*ldisttbpem*，*ldistcoast* 分别是相关变量的自然对数值。

表 11.3 所有变量统计量信息表

变量名称	中文说明	观测值	均值	标准差	最小值	最大值
capidm	被选为全国性都城的概率	3 038	0.717	0.258	0	1
llongt	备选城市经度对数	3 038	4.725	0.485	4.641	4.785
llant	备选城市纬度对数	3 038	3.540	0.759	3.411	3.686
laltit	备选城市海拔对数	3 038	4.794	1.470	2.302	7.326
ldistec	备选城市到经济中心距离	2 501	6.321	0.559	5.157	7.282
ldisttbpem	备选城市到龙兴之地距离	2 731	6.333	0.811	2.563	7.661
ldistcoast	备选城市的内陆化程度	2 604	6.295	0.815	5.103	7.249
lsize	国家的疆域规模	3 038	6.804	0.332	5.886	7.426
regnum	政权数目虚拟	3 038	2.023	1.759	1	10
uni	政治统一（正统）	3 038	0.723	0.447	0	1
uni1	政治统一（柏杨）	3 038	0.534	0.498	0	1
nomad	游牧政权性质虚拟	3 038	0.175	0.380	0	1
ybn	王朝的生命周期	2 898	29.178	45.421	—116	125

（续表）

变量名称	中文说明	观测值	均值	标准差	最小值	最大值
drought	干旱次数（陈高傭）	3 024	12.157	14.128	0	68
flood	洪涝次数（陈高傭）	3 038	13.055	14.770	0	85
disorder	内乱次数（陈高傭）	3 038	21.557	31.843	0	250
foreg	外患次数（陈高傭）	3 038	15.506	19.974	0	132
drought1	干旱次数（竺可桢）	2 807	4.535	7.038	0	55
flood1	洪涝次数（陈高傭）	3 020	4.780	8.733	0	52
trend	时间趋势	3 038	109	62.652	1	217

11.5 实证结果

11.5-1 回归模型

基于以上介绍且考虑我们的数据为较长时间、较少城市的长面板特征，我们分别采用如下的面板模型，分析备选城市之所以被选择为都城的影响因素所在：

$$capidm_{it} = \beta_0 + \beta_1 G_{it} + \beta_2 RG_{it} + \beta_3 X_{it} + u_i + \varepsilon_{it} \tag{11.2}$$

其中，模型（11.2）直接将备选市的地理位置信息纳入回归，以考察被选城市绝对和相对地理位置对是否成为全国性都城的影响。G_{it}是一个代表备选城市绝对地理位置信息的向量，分别代表经度 $llongt_{it}$，纬度 $llant_{it}$，海拔高度 $laltit_{it}$，RG_{it}是一个代表备选城市政治、经济相对地理位置的向量，分别代表备选城市到全国性经济中心的地理距离 $ldistec_{it}$，到皇帝龙兴之地的地理距离 $ldistebp_{it}$，以及到大海的地理距离 $ldiscoast_{it}$，下来的 X_{it} 是代表其他控制变量的向量，包括政治统一、旱灾、水灾、内乱、外患等。

由于被解释变量为二值虚拟变量，所以下面将运用 probit 或 logit 方法进行估计。

11.5-2 备选城市成为全国性都城概率大小的估计结果

表 11.4 给出了我们基于模型（11.2）运用面板 probit 回归方法得到的回

归结果。其中方程(1)是纳入所有解释变量之后的结果；方程(2)(3)(4)(5)分别是取消前面回归中不显著的相关变量的结果，以查看主要变量回归结果的稳健性。

表 11.4 备选城市被选择为全国性首都的概率

被解释	*capidm*				
方法	面板 probit				
方程	(1)	(2)	(3)	(4)	(5)
llongt	**116.9****	**118.9****	**119.0****	**119.2****	**119.1****
	(2.22)	**(2.23)**	**(2.23)**	**(2.23)**	**(2.23)**
llant	**20.62****	**21.56****	**21.54****	**21.55****	**21.45****
	(2.23)	**(2.30)**	**(2.29)**	**(2.29)**	**(2.28)**
laltit	**3.085****	**3.171****	**3.171****	**3.176****	**3.167****
	(2.34)	**(2.37)**	**(2.37)**	**(2.37)**	**(2.36)**
ldistec	−0.713****	−0.745****	−0.740****	−0.736****	−0.723****
	(−3.49)	(−3.54)	(−3.53)	(−3.53)	(−3.51)
ldistebp	−0.368****	−0.397****	−0.398****	−0.401****	−0.398****
	(−3.62)	(−3.97)	(−3.98)	(−4.02)	(−4.00)
ldiscoast	1.676	1.650	1.652	1.655	1.655
	(1.23)	(1.20)	(1.20)	(1.20)	(1.20)
uni	0.337*	0.243	0.244	0.234	0.246
	(1.71)	(1.35)	(1.36)	(1.31)	(1.38)
lsize	−0.925****	−0.834****	−0.833****	−0.838****	−0.851****
	(−3.85)	(−3.66)	(−3.71)	(−3.74)	(−3.81)
nomad	**0.706****	**0.809*****	**0.779*****	**0.778*****	**0.855*****
	(2.34)	**(2.73)**	**(2.80)**	**(2.80)**	**(3.33)**
regnum	**0.0952****	**0.0953****	**0.0958****	**0.0917****	**0.0935****
	(2.27)	**(2.30)**	**(2.31)**	**(2.26)**	**(2.30)**
ybn	−0.002 00				
	(−0.99)				
drought	−0.000 339	−0.002 60			
	(−0.05)	(−0.40)			
flood	0.000 565	0.005 12	0.004 20	0.004 28	
	(0.07)	(0.82)	(0.73)	(0.74)	
disorder	−0.002 25	−0.001 02	−0.000 924		
	(−1.00)	(−0.55)	(−0.50)		
foreg	−0.004 33	−0.004 62	−0.004 58	−0.004 57	−0.004 90
	(−1.27)	(−1.39)	(−1.38)	(−1.38)	(−1.49)
trend	0.005 59***	0.004 46***	0.004 30***	0.004 18**	0.004 52***
	(2.99)	(2.64)	(2.59)	(2.55)	(2.88)

（续表）

被解释			capidm		
方法			面板 probit		
方程	(1)	(2)	(3)	(4)	(5)
_cons	−641.8**	−655.0**	−655.5**	−656.9**	−655.9**
	(−2.22)	(−2.24)	(−2.24)	(−2.24)	(−2.23)
lnsig2u	−0.028 4	0.009 52	0.011 9	0.018 1	0.018 3
_cons	(−0.04)	(0.01)	(0.02)	(0.03)	(0.03)
N	2 091	2 201	2 210	2 210	2 210

注：括号中的数字为 T 统计值，* $p<0.10$，** $p<0.05$，*** $p<0.01$，**** $p<0.001$。

从表 11.4 中可见如下有趣信息：

（1）备选城市的绝对地理位置（llgont，llant，laltit）对是否成为全国性都城产生了系统且显著的正向影响。具体而言，备选城市的经度更靠东面、纬度更靠北面、海拔在较高的地方，就有更大的概率成为全国性的都城。以方程（1）的结果为例，备选城市的经度比均值每增加 1%，其被选择为全国性都城的概率就增加 4.72%，纬度比均值增加 1%，其被选择为都城的概率就增加 3.54%，海拔比均值增加 1%，其被选择为都城的概率就增加 4.91%。[1]这一结果，在很大程度上证明了备选城市绝对地理位置或者优势乃是都城选址的最重要条件这一说法。同时，这一发现也非常符合中国历史事实：一是在中国绝大多数历史时期，对中原政权最大的安全威胁往往来自西北部游牧民族，因而都城就有不断向东迁移的趋势；二是中国北部地区的地势相对较高，往往易守难攻，因而大多数都城均位于北方。这样，偏东、偏北和高海拔地区的城市往往就容易成为国家建都的首选之地。

（2）备选城市的相对地理位置，即其在全国的经济、政治和地理位置对其是否成为全国性都城也具有重要而显著的影响。具体而言，备选城市到经济中心的地理距离（ldistec），在很大程度上代表了备选城市对经济资源尤其是粮食资源的依赖性，其对备选城市成为全国性都城产生了显著的负面

---

① 为了便于解释，我们计算了样本均值处每一变量的边际效应。相关的 stata 命令是 margins, dydx(*) atmeans.详见陈强（2014：174）。

影响。以方程(1)为例,-0.713的系数意味着备选城市距离经济中心的地理距离相对于其均值每增加1%,它成为全国性都城的概率就下降6.30%。此外,备选城市到开国皇帝"龙兴之地"的地理距离(ldistebp)越远,其成为全国性都城的概率就越低。仍以方程(1)为例,-0.368的系数意味着,备选城市到"龙兴之地"的地理距离相对于其均值每增加1%,该城市成为全国性都城的概率就下降6.32%,这就从统计上证明了我国古代都城选址过程中的所谓"龙兴之地"假说的正确性。在相对地理位置中,唯一的例外是,备选城市的内陆化程度(ldiscoast)在统计上不显著,这意味着备选城市距离大海远近并不显著影响其能否成为都城的概率,这也说明,是否靠近大海对于古代以农业为主的帝国来说并不重要。

从上面两点来看,中国古代全国性都城的选择的确存在着规律性,即要相对靠近东面、北面和海拔较高的地区,但又不能距离皇帝"龙兴之地"太远、不能距离经济中心太远,这就表明,中国古代全国性都城的定都选择,在很大程度上是一个农业帝国所面临的选择,其中对农业资源、经济资源和统治安全性的考虑占有很大的比重。

(3) 从其他控制变量的影响来看,疆域规模(lsize)、中国版图上的政权数目(regnum)、政权的游牧性质(nomad)等全国性的政治环境因素,也可能是影响备选城市成为都城的重要因素。具体而言,国家的疆域规模(lsize)越大,则备选城市成为都城的概率就越低,这意味着国家的疆域规模越大,都城越可能布局在最优的区位上,因而其他城市成为都城的概率就更低。中国版图内的政权数目(regnum)越多,说明一个国家政治上的竞争者越多,则备选城市成为都城的概率就越高。此外,政权的游牧性质(nomad)也显著地抬高了备选城市成为全国性都城的概率,说明,如果一个政权为游牧民族所建,则它有更高的概率重新选择都城。这是非常符合中国历史事实的,因为游牧政权一旦建立国家,必然面临着与原先的汉族完全不同的安全和军事形势,因此,重新选择都城往往成为理性的选择。这一点也非常符合Campante等人(2012,2014)的理论。

其余的中原王朝相对于游牧政权的生命周期(ybn),全国性的旱涝灾害(drought,flood),内乱(disorder)与外患(foreg)的影响则不显著。

11.5-3 统一时期与分裂时期的定都选择

很多文献认为,政治统一与分裂时期,王朝都城的定都选择可能存在不一致的地方。本节对此进行了针对性的检验。表 11.5 给出了相应的结果,其中方程(1)—(6)中分别加入了与政治统一(uni)虚拟变量的交互项。

表 11.5 统一时期与分裂时期的差别

被解释			*capidm*			
方法			面板 probit			
方程	(1)	(2)	(3)	(4)	(5)	(6)
llongt	165.3***	113.4**	129.4**	118.8**	118.2**	121.6**
	(2.86)	(2.16)	(2.32)	(2.27)	(2.25)	(2.26)
llant	25.67**	15.03	22.46**	20.75**	20.78**	21.66**
	(2.55)	(1.63)	(2.30)	(2.27)	(2.26)	(2.30)
laltit	3.378**	2.990**	2.894**	3.086**	3.079**	3.179**
	(2.36)	(2.27)	(2.08)	(2.35)	(2.34)	(2.36)
ldistec	−0.929****	−0.844****	−0.744****	−1.171****	−0.698****	−0.759****
	(−4.05)	(−4.06)	(−3.45)	(−4.81)	(−3.32)	(−3.52)
ldistebp	−0.415****	−0.340****	−0.393****	−0.387****	−0.132	−0.393****
	(−3.82)	(−3.37)	(−3.72)	(−3.80)	(−0.56)	(−3.74)
ldiscoast	2.264	1.760	1.955	1.752	1.737	1.427
	(1.55)	(1.30)	(1.37)	(1.30)	(1.28)	(1.03)
uni	170.1****	−32.12****	−2.184***	−4.058***	2.073	−2.423**
	(4.93)	(−5.45)	(−2.64)	(−3.13)	(1.32)	(−2.48)
*llongt * uni*	−35.75****					
	(−4.93)					
*llant * uni*		9.111****				
		(5.50)				
*laltit * uni*			0.555***			
			(3.08)			
*ldistec * uni*				0.713****		
				(3.41)		
*ldistebp * uni*					−0.277	
					(−1.12)	
*ldiscoast * uni*						0.473***
						(2.86)
lsize	−0.919****	−0.904****	−0.949****	−0.917****	−0.920****	−0.902****
	(−3.68)	(−3.69)	(−3.89)	(−3.76)	(−3.82)	(−3.71)

（续表）

被解释	*capidm*					
方法	面板 probit					
方程	(1)	(2)	(3)	(4)	(5)	(6)
nomad	**0.684****	**0.607***	**0.714****	**0.660****	**0.754****	**0.700****
	(2.18)	**(1.94)**	**(2.34)**	**(2.15)**	**(2.47)**	**(2.30)**
regnum	**0.138*****	**0.106****	**0.103****	**0.086 6****	**0.103****	**0.110****
	(3.06)	**(2.52)**	**(2.39)**	**(2.05)**	**(2.41)**	**(2.55)**
ybn	−0.002 32	−0.001 64	−0.002 17	−0.001 96	−0.001 61	−0.002 15
	(−1.06)	(−0.81)	(−1.04)	(−0.97)	(−0.79)	(−1.03)
drought	0.000 296	0.000 427	−0.000 310	−0.000 212	−0.000 281	−0.000 122
	(0.04)	(0.06)	(−0.04)	(−0.03)	(−0.04)	(−0.02)
flood	0.000 709	0.002 22	0.000 427	0.000 228	0.000 037 2	0.000 282
	(0.09)	(0.27)	(0.05)	(0.03)	(0.00)	(0.04)
disorder	−0.002 61	−0.002 25	−0.002 44	−0.001 68	−0.002 17	−0.002 24
	(−1.13)	(−1.00)	(−1.07)	(−0.75)	(−0.97)	(−0.99)
foreg	−0.004 49	−0.005 45	−0.004 24	−0.005 16	−0.004 22	−0.004 28
	(−1.23)	(−1.52)	(−1.22)	(−1.46)	(−1.24)	(−1.24)
trend	0.007 33****	0.006 43****	0.006 05***	0.005 30***	0.005 38***	0.006 11***
	(3.64)	(3.34)	(3.13)	(2.84)	(2.86)	(3.17)
_cons	−893.4***	−605.3**	−708.2**	−649.1**	−650.8**	−666.7**
	(−2.82)	(−2.10)	(−2.32)	(−2.26)	(−2.26)	(−2.26)
lnsig2u	0.090 2	−0.044 3	0.061 0	−0.051 8	−0.049 6	−0.000 752
_cons	(0.14)	(−0.07)	(0.09)	(−0.08)	(−0.08)	(−0.00)
N	2 091	2 091	2 091	2 091	2 091	2 091

注:括号内数值为 T 统计值,$*$ $p<0.10$,$**$ $p<0.05$,$***$ $p<0.01$,$****$ $p<0.001$。

从中可以发现,与表 11.4 相比,备选城市绝对地理位置的系数基本没有发生变化,除个别纬度的系数不显著外,其余全部显著为正,且经度与统一的交互项显著为负,与经度的系数符号相反,说明,统一时期,备选城市经度会向西偏移;纬度和海拔高度与统一的交互项均显著为正,且与纬度和海拔高度的系数同方向,说明统一时期都城的经度会向北和向高海拔城市移动。相反,在分裂时期,都城会向相反方向移动,这就在很大程度上证明了在统一时期和分裂时期的都城地理位置的确存在差异,并且这与中国北宋之前的都城在统一时期向西、分裂时期向东方向上迁移的历史事实完全一致。

在备选城市的相对地理位置中,到经济中心的地理距离(ldistec),备选城市到皇帝"龙兴之地"的距离(ldistebp)的系数仍然显著为负,与表11.4完全一致。从交互项来看,政治统一与到经济中心的地理距离交互项显著为正,与到经济中心地理距离的符号相反,说明,政治统一时期,到经济中心的地理距离的影响变小,这意味着,到经济中心的地理距离变得没有以前重要,这符合直觉,因为在政治统一时期,往往国力比较强大,国家调拨和配置资源的能力增强,因而,到经济中心地理距离的重要性相对降低。到皇帝"龙兴之地"距离(ldistebp)的系数符号仍然为负,但变得不显著,且与统一交互项系数也不显著,这可能意味着,到皇帝"龙兴之地"的距离在统一时期和分裂时期似乎并无明显差异;到大海的最近地理距离(ldiscoast)系数的符号和方向没有发生变化,仍不显著,但与统一交互项显著为正,说明政治统一时期,到大海的最近地理距离会增加,这与统一时期中国都城往西往北移动的事实是一致的。另外,从控制变量来看,国家的规模(*lsize*)、政权的游牧民族性质(*nomad*)、中国版图上政权的数目(*regnum*)的符号与表11.4相比,仍然显著且符号相同。其余控制变化与表11.4一样,不显著。综上可见,在政治统一与分裂时期,中国历代都城地理位置的变迁的确存在不同,但存在一个一般的规律,统一时期倾向往西、往北和高海拔地区迁移,往距离经济中心较远的地区迁移,往距离大海较远的地区迁移。

11.5-4 对北宋前后相关影响差别的检验

如前面历史文献所述,北宋前后中国都城变迁的方向可能存在着较大不同,此外,考虑到北宋前后中国经济社会发展可能存在的一定结构变化因素,因此,在这部分,我们重点考察上述影响都城地理位置变迁的因素在北宋前后是否存在着较大的差别?表11.6给出了我们运用相同的方法所获得的结果。其中方程(1)—(6)中均纳入了北宋之前的虚拟变量(bfsong,若是北宋之前,则取值为1,否则为0)及其与绝对地理位置与相对地理位置的交互项。

表 11.6 北宋前后影响因素的差别

被解释	*capidm*					
方法	面板 Probit					
方程	(1)	(2)	(3)	(4)	(5)	(6)
llongt	592.9 ****	121.0 **	278.8 ****	141.5 **	128.6 **	419.4 ****
	(4.72)	(2.38)	(3.84)	(2.45)	(2.39)	(3.75)
llant	53.77 ****	26.29 ***	36.95 ***	41.13 ****	29.04 ***	33.05 **
	(3.32)	(2.99)	(3.09)	(3.60)	(2.98)	(2.17)
laltit	4.167 **	3.400 ***	2.899 *	4.241 ***	3.928 ***	3.037 **
	(2.15)	(2.67)	(1.67)	(2.83)	(2.84)	(1.99)
ldistec	3.781 ****	−1.164 ****	0.007 17	−3.727 ****	−1.791 ****	3.978 ****
	(4.57)	(−6.21)	(0.03)	(−5.11)	(−5.45)	(4.68)
ldistebp	−0.632 ****	−0.347 ****	−0.451 ****	−0.350 ****	−0.918 ****	−0.608 ****
	(−4.80)	(−3.41)	(−3.84)	(−3.40)	(−5.08)	(−4.69)
ldiscoast	12.65 ****	1.601	5.632 ***	2.724 *	1.748	8.179 ***
	(4.36)	(1.22)	(3.15)	(1.78)	(1.25)	(3.13)
*llongt * bfs*	−295.9 ****					
	(−4.27)					
*llant * bfs*		−11.17 ****				
		(−5.70)				
*laltit * bfs*			4.380 ****			
			(3.96)			
*ldistec * bfs*				1.921 ****		
				(3.45)		
*ldistebp * bfs*					0.846 ****	
					(3.83)	
*ldiscoast * bfs*						24.24 ***
						(3.12)
uni	0.026 1	0.331	0.184	0.299	0.361 *	0.030 3
	(0.10)	(1.55)	(0.77)	(1.44)	(1.78)	(0.12)
lsize	−0.237	0.164	0.058 1	0.286	0.208	−0.228
	(−0.62)	(0.52)	(0.16)	(0.91)	(0.67)	(−0.59)
nomad	1.032 ***	0.324	0.595	0.203	0.464	1.013 **
	(2.61)	(0.99)	(1.61)	(0.64)	(1.41)	(2.55)
regnum	−0.303 ***	0.109 **	0.027 2	0.164 ****	0.151 ****	−0.322 ***
	(−3.12)	(2.54)	(0.53)	(3.63)	(3.33)	(−3.24)
ybn	−0.009 37 **	−0.007 78 ***	−0.008 47 ***	−0.008 36 ***	−0.007 05 ***	−0.009 45 **
	(−2.51)	(−2.92)	(−2.86)	(−3.24)	(−2.83)	(−2.50)
drought	0.005 79	0.001 06	0.002 03	0.000 634	0.002 70	0.006 08
	(0.66)	(0.14)	(0.24)	(0.09)	(0.35)	(0.70)

（续表）

被解释	capidm					
方法	面板 Probit					
方程	(1)	(2)	(3)	(4)	(5)	(6)
flood	−0.002 82	−0.006 94	−0.007 34	−0.008 32	−0.007 81	−0.002 58
	(−0.29)	(−0.82)	(−0.78)	(−1.00)	(−0.93)	(−0.27)
disorder	0.002 21	0.003 06	0.003 20	0.003 40	0.003 43	0.002 21
	(0.71)	(1.19)	(1.11)	(1.39)	(1.38)	(0.72)
foreg	0.000 281	−0.005 26	−0.004 32	−0.007 23 **	−0.006 84 **	0.000 467
	(0.07)	(−1.52)	(−1.10)	(−2.05)	(−1.98)	(0.11)
trend	−0.020 2 ****	−0.005 80 **	−0.009 49 ***	−0.003 31	−0.001 56	−0.020 8 ****
	(−4.80)	(−2.19)	(−2.91)	(−1.23)	(−0.58)	(−4.94)
bfsong	1 401.9 ****	37.26 ****	−21.91 ****	−15.81 ****	−7.862 ****	−158.5 ***
	(4.26)	(5.38)	(−4.60)	(−4.16)	(−5.62)	(−3.11)
_cons	−3 116.3 ****	−684.7 **	−1 499.3 ****	−830.0 ***	−727.6 **	−2 188.5 ****
	(−4.65)	(−2.46)	(−3.79)	(−2.60)	(−2.47)	(−3.65)
lnsig2u	0.337	−0.134	0.349	0.323	0.150	−0.227
_cons	(0.50)	(−0.20)	(0.51)	(0.50)	(0.23)	(−0.33)
N	2 091	2 091	2 091	2 091	2 091	2 091

注：括号内数值为 T 统计值，$* \ p < 0.10$，$** \ p < 0.05$，$*** \ p < 0.01$，$**** \ p < 0.001$。

从表 11.6 中可见，备选城市绝对地理位置的系数和显著性基本没有变化。在备选城市相对地理位置系数中，到皇帝"龙兴之地"距离（ldistebp）的系数方向和显著性与表 11.4 相比没有变化，但到经济中心地理距离（ldistec）的系数却有较大变化。到最近大海的地理距离符号为正，但并不显著。从北宋之前的虚拟变量（bfsong）与这些变量的交互项来看，所有系数全部显著，说明北宋之前和之后的都城布局的确存在差异。具体而言，北宋之前，经度更靠西、纬度更靠南、海拔更高、到经济中心的距离更远，距离"龙兴之地"更远，到大海距离更远的备选城市成为都城的概率较高，到了北宋之后，情形则相反。如果将交互项显著的系数与不纳入交互项的系数相加仍然会发现，总的系数与表 11.4 相比，变化不大，这就说明，北宋前后，只是经度、纬度、海拔、到"龙兴之地"的距离、到经济中心的距离和到大海距离的具体不同，但都城布局于较东面、较北面和海拔较高、到皇帝"龙兴之地"相对较近

和距离大海相对较远地区的基本事实并未改变。控制变量中，原先显著的
疆域规模、游牧政权性质和政权数目变得不显著，但王朝生命周期却变得显
著，意味着，中原王朝越年长于游牧政权，都城转换的概率越低，这似乎与王
朝生命周期理论不符。但由于这里的控制因素包含较少地理信息，因此，我
们不宜过多解读。

11.5-5　稳健性检验

在这部分，我们分别运用 logit 随机效应模型对上述的机制进行稳健性
检验。表 11.7 给出了我们运用 logit 随机效应模型对表 11.4 结果的再检验。
从中可以发现，备选城市绝对地理位置、相对地理位置对备选城市成为都城
概率的影响并未发生大的变化，系数符号和显著性与表 11.4 相同。控制变
量中，国家疆域规模（$lsize$）、游牧政权性质（$nomad$）与中国国土上政权数目
（$regnum$）符号和显著性也没有任何变化。

表 11.7　对表 11.4 结果的稳健性检验

被解释	$capidm$				
方法	Logit RE				
方程	（1）	（2）	（3）	（4）	（5）
$llongt$	116.9 **	118.9 **	119.0 **	119.2 **	119.1 **
	(2.22)	(2.23)	(2.23)	(2.23)	(2.23)
$llant$	20.62 **	21.56 **	21.54 **	21.55 **	21.45 **
	(2.23)	(2.30)	(2.29)	(2.29)	(2.28)
$laltit$	3.085 **	3.171 **	3.171 **	3.176 **	3.167 **
	(2.34)	(2.37)	(2.37)	(2.37)	(2.36)
$ldistec$	−0.713 ****	−0.745 ****	−0.740 ****	−0.736 ****	−0.723 ****
	(−3.49)	(−3.54)	(−3.53)	(−3.53)	(−3.51)
$ldistebp$	−0.368 ****	−0.397 ****	−0.398 ****	−0.401 ****	−0.398 ****
	(−3.62)	(−3.97)	(−3.98)	(−4.02)	(−4.00)
$ldiscoast$	1.676	1.650	1.652	1.655	1.655
	(1.23)	(1.20)	(1.20)	(1.20)	(1.20)
uni	0.337 *	0.243	0.244	0.234	0.246
	(1.71)	(1.35)	(1.36)	(1.31)	(1.38)
$lsize$	−0.925 ****	−0.834 ****	−0.833 ****	−0.838 ****	−0.851 ****
	(−3.85)	(−3.66)	(−3.71)	(−3.74)	(−3.81)

（续表）

被解释	*capidm*				
方法	Logit RE				
方程	（1）	（2）	（3）	（4）	（5）
nomad	0.706 **	0.809 ***	0.779 ***	0.778 ***	0.855 ****
	(2.34)	(2.73)	(2.80)	(2.80)	(3.33)
regnum	0.095 2 **	0.095 3 **	0.095 8 **	0.091 7 **	0.093 5 **
	(2.27)	(2.30)	(2.31)	(2.26)	(2.30)
ybn	−0.002 00				
	(−0.99)				
drought	−0.000 339	−0.002 60			
	(−0.05)	(−0.40)			
flood	0.000 565	0.005 12	0.004 20	0.004 28	
	(0.07)	(0.82)	(0.73)	(0.74)	
disorder	−0.002 25	−0.001 02	−0.000 924		
	(−1.00)	(−0.55)	(−0.50)		
foreg	−0.004 33	−0.004 62	−0.004 58	−0.004 57	−0.004 90
	(−1.27)	(−1.39)	(−1.38)	(−1.38)	(−1.49)
trend	0.005 59 ***	0.004 46 ***	0.004 30 ***	0.004 18 **	0.004 52 ***
	(2.99)	(2.64)	(2.59)	(2.55)	(2.88)
_cons	−641.8 **	−655.0 **	−655.5 **	−656.9 **	−655.9 **
	(−2.22)	(−2.24)	(−2.24)	(−2.24)	(−2.23)
lnsig2u	−0.028 4	0.009 52	0.011 9	0.018 1	0.018 3
_cons	(−0.04)	(0.01)	(0.02)	(0.03)	(0.03)
N	2 091	2 201	2 210	2 210	2 210

注：括号内数值为 T 统计值，$*$ $p<0.10$，$**$ $p<0.05$，$***$ $p<0.01$，$****$ $p<0.001$。

表 11.8 给出了我们运用 logit 随机效应模型对表 11.5 结果的再检验。从中可以发现，备选城市的绝对地理位置、相对地理位置对备选城市成为都城概率影响的符号和方向均未发生较大变化。控制变量中，国家疆域规模（lsize）、游牧政权性质（nomad）符号和显著性没有变化。中国疆域上的政权数目（regnum）变得不显著。相关交互项大多显著，与表 11.5 结果完全类似。

表 11.8 对表 11.5 结果的稳健性检验

被解释	*capidm*					
方法	Logit RE					
方程	(1)	(2)	(3)	(4)	(5)	(6)
llongt	378.1***	261.7**	292.5**	273.2**	281.6**	283.4**
	(2.72)	(2.09)	(2.18)	(2.16)	(2.17)	(2.14)
llant	56.64**	33.55	49.50**	45.88**	47.73**	48.82**
	(2.40)	(1.56)	(2.17)	(2.14)	(2.17)	(2.17)
laltit	7.562**	6.677**	6.598**	6.940**	7.087**	7.252**
	(2.22)	(2.15)	(1.99)	(2.22)	(2.22)	(2.22)
ldistec	−1.960****	−1.627****	−1.542****	−2.325****	−1.445****	−1.605****
	(−4.38)	(−4.19)	(−3.59)	(−4.88)	(−3.40)	(−3.71)
ldistebp	−1.018****	−0.849****	−0.948****	−0.926****	−0.204	−0.960****
	(−4.20)	(−3.87)	(−4.13)	(−4.20)	(−0.42)	(−4.19)
ldiscoast	5.086	4.153	4.479	4.100	4.309	3.548
	(1.45)	(1.29)	(1.30)	(1.27)	(1.29)	(1.05)
*llongt * uni*	−81.83****					
	(−4.58)					
*llant * uni*		17.96****				
		(5.20)				
*laltit * uni*			0.999***			
			(2.83)			
*ldistec * uni*				1.377****		
				(3.60)		
*ldistebp * uni*					−0.836	
					(−1.61)	
*ldiscoast * uni*						0.902***
						(2.83)
uni	389.4****	−63.27****	−3.980**	−7.924****	5.784*	−4.701**
	(4.58)	(−5.18)	(−2.49)	(−3.37)	(1.76)	(−2.53)
lsize	−1.385***	−1.516***	−1.474***	−1.556***	−1.394***	−1.413***
	(−2.93)	(−3.20)	(−3.13)	(−3.24)	(−2.98)	(−3.01)
nomad	1.084*	1.078*	1.082*	1.088*	1.156**	1.072*
	(1.91)	(1.86)	(1.93)	(1.89)	(2.06)	(1.92)
regnum	0.164*	0.152*	0.106	0.085 7	0.135	0.117
	(1.89)	(1.84)	(1.26)	(1.01)	(1.60)	(1.39)
ybn	−0.003 96	−0.003 85	−0.003 67	−0.003 82	−0.002 30	−0.003 51
	(−0.99)	(−1.01)	(−0.97)	(−1.02)	(−0.61)	(−0.92)
drought	0.002 66	0.002 02	0.001 78	0.001 40	0.001 85	0.002 03
	(0.21)	(0.15)	(0.14)	(0.11)	(0.15)	(0.16)

（续表）

被解释	capidm					
方法	Logit RE					
方程	(1)	(2)	(3)	(4)	(5)	(6)
flood	0.003 41	0.002 27	0.003 05	0.000 968	0.001 96	0.003 26
	(0.23)	(0.15)	(0.21)	(0.07)	(0.14)	(0.23)
disorder	−0.006 20	−0.005 69	−0.005 01	−0.004 16	−0.004 72	−0.005 06
	(−1.41)	(−1.29)	(−1.17)	(−0.96)	(−1.10)	(−1.18)
foreg	−0.005 12	−0.007 15	−0.006 23	−0.007 28	−0.006 52	−0.006 24
	(−0.74)	(−1.06)	(−0.92)	(−1.06)	(−0.97)	(−0.92)
trend	0.015 8****	0.014 8****	0.013 5****	0.012 6****	0.012 8****	0.013 7****
	(4.13)	(4.03)	(3.66)	(3.52)	(3.55)	(3.71)
_cons	−2 039.3***	−1 396.8**	−1 601.2**	−1 490.3**	−1 549.8**	−1 553.0**
	(−2.68)	(−2.04)	(−2.18)	(−2.16)	(−2.18)	(−2.15)
lnsig2u	1.784***	1.618**	1.748***	1.634**	1.666**	1.717**
_cons	(2.70)	(2.40)	(2.62)	(2.43)	(2.49)	(2.57)
N	2 091	2 091	2 091	2 091	2 091	2 091

注:括号内数值为 T 统计值, $*\ p<0.10$, $**\ p<0.05$, $***\ p<0.01$, $****\ p<0.001$。

表 11.9 是纳入了北宋之前虚拟变量（bfsong）及其对相关变量交互项的 logit 模型结果。从中可以看出与表 11.6 几乎一致的结果,即备选城市的绝对地理位置和相对地理位置仍然是影响备选城市成为都城概率大小的最重要因素,且相关交互项全部显著。值得注意的是,在控制变量中,国家疆域规模（lsize）、游牧政权性质（noamd）、中国疆域上的政权数目（regnum）变得不显著,但王朝生命周期（ybn）却变得高度显著,且符号为负。这说明,这些全国性变量对备选城市相关特征的针对性较差,因而,其结果可能并不稳健。

表 11.9 对表 11.6 结果的再检验

被解释	capidm					
方法	Logit RE					
方程	(1)	(2)	(3)	(4)	(5)	(6)
llongt	1 165.6****	263.0**	605.1****	326.2**	270.9**	869.0****
	(4.30)	(2.21)	(3.80)	(2.27)	(2.12)	(3.57)

（续表）

被解释	*capidm*					
方法	Logit RE					
方程	（1）	（2）	（3）	（4）	（5）	（6）
llant	108.9 ***	53.72 ***	78.75 ***	103.5 ****	62.17 ***	73.59 **
	(3.08)	(2.65)	(3.09)	(3.72)	(2.75)	(2.23)
laltit	8.615 **	7.222 **	6.474 *	9.988 ***	8.259 **	6.490 **
	(2.17)	(2.44)	(1.76)	(2.71)	(2.56)	(1.99)
ldistec	6.755 ****	−2.316 ****	0.026 3	−10.30 ****	−3.998 ****	7.035 ****
	(4.32)	(−5.70)	(0.06)	(−6.12)	(−5.75)	(4.32)
ldistebp	−1.337 ****	−0.802 ****	−1.088 ****	−0.901 ****	−1.923 ****	−1.264 ****
	(−4.91)	(−3.78)	(−4.29)	(−3.96)	(−5.60)	(−4.77)
ldiscoast	24.86 ****	3.641	12.24 ***	6.607 *	3.784	17.20 ***
	(3.94)	(1.19)	(3.13)	(1.75)	(1.14)	(3.02)
*llongt * bfs*	−574.9 ****					
	(−3.70)					
*llant * bfs*		−21.64 ****				
		(−4.75)				
*laltit * bfs*			9.242 ****			
			(4.12)			
*ldistec * bfs*				5.695 ****		
				(4.67)		
*ldistebp * bfs*					1.835 ****	
					(4.22)	
*ldiscoast * bfs*						50.19 ***
						(2.94)
uni	−0.121	0.535	0.182	0.430	0.583	−0.114
	(−0.25)	(1.34)	(0.41)	(1.10)	(1.51)	(−0.24)
lsize	0.301	0.714	0.730	0.799	0.571	0.265
	(0.38)	(1.13)	(1.00)	(1.25)	(0.91)	(0.33)
nomad	1.519 **	0.270	0.827	0.285	0.773	1.519 **
	(2.06)	(0.43)	(1.21)	(0.46)	(1.20)	(2.05)
regnum	−0.639 ****	0.072 1	−0.122	0.119	0.134	−0.663 ****
	(−3.40)	(0.79)	(−1.06)	(1.21)	(1.38)	(−3.42)
ybn	−0.017 1 **	−0.013 8 ***	−0.015 0 ***	−0.014 9 ***	−0.011 5 **	−0.017 2 **
	(−2.58)	(−2.78)	(−2.78)	(−3.09)	(−2.52)	(−2.55)
drought	0.010 3	0.005 09	0.006 07	0.004 18	0.008 10	0.010 3
	(0.68)	(0.37)	(0.42)	(0.32)	(0.57)	(0.68)
flood	−0.005 43	−0.009 99	−0.010 9	−0.011 3	−0.011 7	−0.005 25
	(−0.32)	(−0.65)	(−0.66)	(−0.75)	(−0.76)	(−0.31)

（续表）

被解释	capidm					
方法	Logit RE					
方程	(1)	(2)	(3)	(4)	(5)	(6)
disorder	0.004 84	0.004 98	0.005 44	0.005 28	0.005 28	0.004 84
	(0.88)	(1.02)	(1.03)	(1.10)	(1.09)	(0.88)
foreg	0.001 09	−0.007 76	−0.005 27	−0.009 17	−0.009 25	0.001 18
	(0.14)	(−1.12)	(−0.71)	(−1.32)	(−1.35)	(0.15)
trend	−0.037 1****	−0.010 5**	−0.020 8***	−0.008 43	−0.004 43	−0.038 1****
	(−4.76)	(−2.02)	(−3.23)	(−1.56)	(−0.85)	(−4.87)
bfsong	2 723.4****	72.09****	−46.36****	−44.83****	−16.86****	−328.7***
	(3.69)	(4.51)	(−4.71)	(−5.29)	(−5.88)	(−2.94)
_cons	−6 139.7****	−1 479.4****	−3 251.7****	−1 936.3**	−1 535.2**	−4 552.5****
	(−4.23)	(−2.27)	(−3.75)	(−2.45)	(−2.19)	(−3.49)
lnsig2u	1.746***	1.528**	1.788***	2.124***	1.802***	1.281*
_cons	(2.58)	(2.24)	(2.59)	(3.29)	(2.67)	(1.79)
N	2 091	2 091	2 091	2 091	2 091	2 091

注：括号内数值为 T 统计值，* $p<0.10$，** $p<0.05$，*** $p<0.01$，**** $p<0.001$。

在上面的分析中，我们控制了很多包含全国层面信息的变量，比如，旱灾（drought）、洪灾（flood），政治统一（uni），回归的结果发现，这些变量大多数是不显著的。原因可能是，这些变量反映的信息更多是全国性的，不包含与这些城市相关的地理或者更详细的信息。但我们并不敢鲁莽地认为，这些变量对备选城市成为都城的概率完全没有影响。

下面我们使用 drought1，flood1 和 uni1 来进行一个稳健性检验。其中前两个变量采用竺可桢（1979）中国各省各世纪的旱灾和洪灾来代理，后者我们采用了柏杨的严格政治统一——也就是说严格意义上每一时代中国只存在一个政权——来代理。表 11.10 显示了我们回归的结果。

表 11.10　更详细控制变量的结果

被解释	capidm					
方法	Logit FE					
方程	(1)	(2)	(3)	(4)	(5)	(6)
llongt	1 059.6****	281.2*	515.9***	293.6*	251.2	753.4***
	(3.78)	(1.77)	(2.98)	(1.78)	(1.62)	(3.10)

（续表）

被解释	capidm					
方法	Logit FE					
方程	(1)	(2)	(3)	(4)	(5)	(6)
llant	99.25***	55.16**	66.48**	88.73***	57.81**	62.42*
	(2.76)	(2.02)	(2.33)	(2.85)	(2.11)	(1.89)
laltit	7.595*	8.425**	5.564	9.354**	8.289**	5.556*
	(1.89)	(2.14)	(1.32)	(2.24)	(2.12)	(1.71)
ldistec	5.875****	−2.352****	−0.0923	−8.762****	−3.945****	6.260****
	(3.54)	(−5.44)	(−0.18)	(−5.08)	(−5.41)	(3.63)
ldistebp	−1.138****	−0.727***	−0.950****	−0.693***	−1.659****	−1.060****
	(−3.89)	(−2.90)	(−3.38)	(−2.79)	(−4.15)	(−3.80)
ldiscoast	22.41****	3.248	10.02**	5.348	2.924	14.51**
	(3.43)	(0.82)	(2.34)	(1.28)	(0.75)	(2.57)
llongt * bfs	−536.3***					
	(−3.23)					
llant * bfs		−22.89****				
		(−4.66)				
laltit * bfs			8.160***			
			(2.85)			
ldistec * bfs				4.551****		
				(3.54)		
ldistebp * bfs					1.499***	
					(3.16)	
ldiscoast * bfs						44.78**
						(2.34)
uni1	1.256**	1.795****	1.768****	1.939****	1.970****	1.222**
	(2.47)	(3.93)	(3.68)	(4.27)	(4.28)	(2.39)
lsize	0.0750	0.501	0.190	0.403	0.377	0.0693
	(0.09)	(0.70)	(0.24)	(0.57)	(0.54)	(0.08)
nomad	−0.00983	−1.165	−0.360	−0.912	−0.666	0.00242
	(−0.01)	(−1.52)	(−0.44)	(−1.24)	(−0.89)	(0.00)
regnum	−0.426**	0.233**	0.112	0.359***	0.353***	−0.466**
	(−1.97)	(2.11)	(0.87)	(3.12)	(3.09)	(−2.07)
ybn	−0.0240****	−0.0216****	−0.0227****	−0.0225****	−0.0209****	−0.0240***
	(−3.32)	(−3.81)	(−3.70)	(−3.99)	(−3.85)	(−3.28)
drought1	−0.000802	0.0602**	0.0225	0.0672***	0.0482*	0.000434
	(−0.03)	(2.48)	(0.87)	(2.67)	(1.88)	(0.02)
flood1	0.105****	0.113****	0.0865***	0.0816***	0.115****	0.104****
	(3.72)	(4.22)	(3.20)	(3.24)	(4.36)	(3.71)

（续表）

被解释			*capidm*			
方法			Logit FE			
方程	(1)	(2)	(3)	(4)	(5)	(6)
disorder	**0.010 9** *	**0.013 3** **	**0.013 4** **	**0.014 3** ***	**0.014 1** ***	**0.010 9** *
	(1.75)	**(2.39)**	**(2.25)**	**(2.62)**	**(2.62)**	**(1.74)**
foreg	0.003 10	−0.006 71	−0.003 39	−0.008 76	−0.008 06	0.003 28
	(0.45)	(−1.04)	(−0.50)	(−1.34)	(−1.28)	(0.47)
trend	−0.041 1 ****	−0.023 4 ****	−0.028 0 ****	−0.019 9 ****	−0.017 8 ***	−0.042 7 ****
	(−5.31)	(−4.12)	(−4.32)	(−3.50)	(−3.16)	(−5.41)
bfsong	2 539.0 ***	75.49 ****	−42.34 ****	−37.77 ****	−16.08 ****	−294.6 **
	(3.23)	(4.36)	(−3.45)	(−4.26)	(−5.08)	(−2.36)
_cons	−5 578.1 ****	−1 573.1 *	−2 765.0 ***	−1 727.6 *	−1 422.1 *	−3 939.7 ***
	(−3.73)	(−1.80)	(−2.93)	(−1.89)	(−1.66)	(−3.03)
lnsig2u	1.829 ***	1.947 ***	2.009 ***	2.160 ***	1.953 ***	1.310 *
_cons	(2.71)	(2.88)	(2.88)	(3.29)	(2.88)	(1.84)
N	1 881	1 881	1 881	1 881	1 881	1 881

注:括号内数值为 *T* 统计值，* $p < 0.10$，** $p < 0.05$，*** $p < 0.01$，**** $p < 0.001$。

从表 11.10 可见,在包含了更充分地理信息控制变量后的结果与表 11.9 相比并没有发生多少变化,但值得注意的是,包含更多地理信息的变量 drought1,flood1 的显著性大大提高,且相对符合我们的预期,即较多的洪涝灾害往往会提高备选城市成为全国性都城的概率,尽管旱灾的影响并不显著。这意味着,我们若要更好地研究本章所说的历代都城地理位置变迁的影响因素,还需要更多包含详细地理信息的城市层面数据,而这往往需要做很多非常基础性、细致性和长期性的研究。北宋前虚拟变量与相关地理变量的交互变量的系数符号和显著性与表 11.9 相比没有变化。与表 11.9 有所不同的是,在控制变量中,原先显著的疆域规模(*lsize*)、游牧政权性质(*nomad*)以及中国版图上的政权数目(*regnum*)变得不显著,而新的政治统一变量(*uni* 1)却变得高度显著。另外,王朝生命周期(*ybn*)和原先的内乱(*disorder*)也由原先的不显著变得显著。这就表明,在缺乏代表各备选城市相关地理特征情形下,运用全国性控制变量作为代理的情形下,其影响是不稳健的。这当然是符合我们的直觉的。但这是我们难以获得备选城市历史上相关特征变量的无奈选择。

　　最后我们还测试了新的被解释变量 capidmw,它是我们根据相关朝代的延续时间进行权重处理的新的建都虚拟变量。具体而言,若一个朝代持续的时间越长,则选择在给定城市建都的概率越低,因此,我们使用 $1/\text{duration}_i$ 作为权重,对原先的被解释变量进行了调整。表 11.11 仅给出了与表 11.10 类似的结果。从中可以发现,与表 11.9 和表 11.10 相比,如上的所有回归结果基本没有发生变化。即使我们运用调整过的新被解释变量,结果也没有发生任何变化。这与我们的预期完全相同,因为被解释变量为虚拟变量,即使我们进行了权重调整,但它并不会改变虚拟变量的本质和结构,因而最终的结果必然是类似的。

表 11.11　权重调整的被解释变量回归结果

被解释变量	*capidmw*					
方法	Logit RE					
方程	(1)	(2)	(3)	(4)	(5)	(6)
llongt	1 059.6 ****	281.2 *	515.9 ***	293.6 *	251.2	753.4 ***
	(3.78)	(1.77)	(2.98)	(1.78)	(1.62)	(3.10)
llant	99.25 ***	55.16 **	66.48 **	88.73 ***	57.81 **	62.42 *
	(2.76)	(2.02)	(2.33)	(2.85)	(2.11)	(1.89)
laltit	7.595 *	8.425 **	5.564	9.354 **	8.289 **	5.556 *
	(1.89)	(2.14)	(1.32)	(2.24)	(2.12)	(1.71)
ldistec	5.875 ****	−2.352 ****	−0.092 3	−8.762 ****	−3.945 ****	6.260 ****
	(3.54)	(−5.44)	(−0.18)	(−5.08)	(−5.41)	(3.63)
ldistebp	−1.138 ****	−0.727 ***	−0.950 ****	−0.693 ***	−1.659 ****	−1.060 ****
	(−3.89)	(−2.90)	(−3.38)	(−2.79)	(−4.15)	(−3.80)
ldiscoast	22.41 ****	3.248	10.02 **	5.348	2.924	14.51 **
	(3.43)	(0.82)	(2.34)	(1.28)	(0.75)	(2.57)
llongtbfs	−536.3 ***					
	(−3.23)					
llantbfs		−22.89 ****				
		(−4.66)				
laltitbfs			8.160 ***			
			(2.85)			
ldistecbfs				4.551 ****		
				(3.54)		
ldistebpbfs					1.499 ***	
					(3.16)	

（续表）

被解释变量	capidmw					
方法	Logit RE					
方程	(1)	(2)	(3)	(4)	(5)	(6)
ldiscoastbfs						**44.78****
						(2.34)
*uni*1	**1.256****	**1.795******	**1.768******	**1.939******	**1.970******	**1.222****
	(2.47)	**(3.93)**	**(3.68)**	**(4.27)**	**(4.28)**	**(2.39)**
lsize	0.075 0	0.501	0.190	0.403	0.377	0.069 3
	(0.09)	(0.70)	(0.24)	(0.57)	(0.54)	(0.08)
nomad	−0.009 83	−1.165	−0.360	−0.912	−0.666	0.002 42
	(−0.01)	(−1.52)	(−0.44)	(−1.24)	(−0.89)	(0.00)
regnum	−0.426**	0.233**	0.112	0.359***	0.353***	−0.466**
	(−1.97)	(2.11)	(0.87)	(3.12)	(3.09)	(−2.07)
ybn	**−0.024 0******	**−0.021 6******	**−0.022 7******	**−0.022 5******	**−0.020 9******	**−0.024 0*****
	(−3.32)	**(−3.81)**	**(−3.70)**	**(−3.99)**	**(−3.85)**	**(−3.28)**
*drought*1	−0.000 802	0.060 2**	0.022 5	0.067 2***	0.048 2*	0.000 434
	(−0.03)	(2.48)	(0.87)	(2.67)	(1.88)	(0.02)
*flood*1	**0.105******	**0.113******	**0.086 5*****	**0.081 6*****	**0.115******	**0.104******
	(3.72)	**(4.22)**	**(3.20)**	**(3.24)**	**(4.36)**	**(3.71)**
disorder	**0.010 9***	**0.013 3****	**0.013 4****	**0.014 3*****	**0.014 1*****	**0.010 9***
	(1.75)	**(2.39)**	**(2.25)**	**(2.62)**	**(2.62)**	**(1.74)**
foreg	0.003 10	−0.006 71	−0.003 39	−0.008 76	−0.008 06	0.003 28
	(0.45)	(−1.04)	(−0.50)	(−1.34)	(−1.28)	(0.47)
trend	−0.041 1****	−0.023 4****	−0.028 0****	−0.019 9****	−0.017 8***	−0.042 7****
	(−5.31)	(−4.12)	(−4.32)	(−3.50)	(−3.16)	(−5.41)
bfsong	2 539.0***	75.49****	−42.34****	−37.77****	−16.08****	−294.6**
	(3.23)	(4.36)	(−3.45)	(−4.26)	(−5.08)	(−2.36)
_cons	−5 578.1****	−1 573.1*	−2 765.0***	−1 727.6*	−1 422.1*	−3 939.7***
	(−3.73)	(−1.80)	(−2.93)	(−1.89)	(−1.66)	(−3.03)
lnsig2u _cons	1.829***	1.947***	2.009***	2.160***	1.953***	1.310*
	(2.71)	(2.88)	(2.88)	(3.29)	(2.88)	(1.84)
N	1 881	1 881	1 881	1 881	1 881	1 881

注:括号内数值为 T 统计值，* $p<0.10$，** $p<0.05$，*** $p<0.01$，**** $p<0.001$。

11.6 结论和启示

作为量化经济史在中国都城选址研究中的尝试,本章系统地分析了中国历代都城地理位置变迁的各种假说。研究发现以下基本结论:

(1) 备选城市的绝对地理位置显著地影响了该城市成为全国性都城的概率。概括地说,备选城市若位置越靠东、靠北和海拔越高的城市,成为全国性都城的概率越高。这意味着,中国历代都城在地理空间上的布局存在着一定的规律性。这与中国北方地势相对较高,东部地区的地势相对平坦,更靠近农业生产区的事实是完全相符的。这就说明,中国古代的都城布局有其内在的政治、经济规律,而绝非像有些文献所阐述的那样是随机、杂乱无章的和毫无规律性的。

(2) 备选城市在全国政治、经济中的相对地理位置也是影响其成为全国性都城的重要影响因素。从经济层面看,备选城市到全国经济中心的地理距离对其是否成为都城产生了显著的负向影响,说明备选城市要成为都城,到全国经济中心的地理距离就不能太远,这意味着,在古代,一个城市能否成为都城,与其与全国经济中心之间的良好关联性存在着较大的关系。从政治和文化层面看,备选城市距离"龙兴之地"的地理距离不能太远,这一距离越远,备选城市成为全国性都城的概率越小。从文化层面看,这非常符合中国"官本位"的文化特征,但从政治经济学角度看,它却非常符合定都于皇帝的政治根据地从而国家在军事和政治上也更加安全的基本道理。从地理位置的内陆化程度看,文章证明,其影响并不显著,说明,在古代中国这个以农为主的国家,对广袤土地和大陆的依赖相对较高,对到大海的最近距离并不敏感,这与欧洲国家大多靠近大海,因而更加重视贸易而非农业活动的事实是完全相反的。

(3) 从其余控制变量看,国家的规模大小、政权的游牧性质、中国疆域上的政权个数在不少情形下是显著的,在某种程度上能够证明这些因素的重要性,但这些因素的影响似乎并不稳健。中原王朝相对于游牧政权的生命周期、政治统一的影响并不稳健。这说明,这些政治经济因素的确可能是影响都城选择的重要因素。但由于缺乏更加详细的有关备选城市相关特征信息,本章有关这些控制变量影响的说法,仍需要更多的研究来支持。

(4) 其余控制变量中的水旱灾害、内乱、外患这类天灾人祸变量的影响并不显著。但这并不一定意味着,这些因素并不影响中国历代都城地理位置的变迁,而意味着这些因素的影响还有待更好数据、更多研究的检验。水灾就是一个证明,当我们运用没有包含地理信息的数据进行回归时,其影响并不显著,相反,当运用包含省级地理信息的数据进行回归时,其影响符合预期。此外,北宋前后,这些机制仍存在一定复杂性。

总之,本章首次对理解中国历代都城地理位置兴衰变迁这一问题提供了计量经济学考察,比如,备选城市的绝对地理位置和相对地理位置对于其成为都城,具有重要影响,其中,所谓的区域中心地假说、"龙兴之地"假说在很大程度上得到验证,政治统一说、疆域规模说在一定程度上得到检验,其余假说尚未得到验证。这意味着,我们还需要做大量的工作,来完善这个刚刚开始的宏大研究计划。

12

历史气候变化中政府治理
作用的评述与国际借鉴

12.1 中国历史气候变化中政府治理作用的评述

要很好地评述中国历史气候变化中的政府治理作用,就不得不再次提到本书一开头所提到的我们有关历史气候变化的不同外延界定,即气候变化可以被划分为容易觉察的、相对短期的并有严重影响的部分(通常被称为自然灾害)以及那些不容易觉察的、长期的、缓慢变化的、通常没有短期严重后果的部分(即自然灾害之外的部分)。纵观我国历史就会发现,历代政府对气候变化的概念往往仅限于自然灾害这一个层面。在此前提下,下面将要讨论历代政府对气候变化的应对措施表现出以下四个方面的显著特征。

第一,各朝普遍重视对自然灾害的应对而不是更广义的气候变化应对。《墨子》中有记述,"一谷不收谓之谨;二谷不收谓之旱;三谷不收谓之凶;四谷不收谓之馈;五谷不收谓之饥馑"。著名的灾害史专家邓云特在《中国救荒史》一书中就发出了这样的感叹——"我国灾荒之多,世罕其匹,就文献所可征者,则自西历纪元前十八世纪,直至纪元后二十世纪之今日,此三千数百余年间,几于无年无灾,亦无年不荒;西欧哲学甚有称我国为'饥荒之国度'者,诚非过言。"(邓云特,1984:1)

从经济学中数量统计这个经济学家常用的视角看,我们也发现,中国"国学宝典"数据库中存在着大量有关灾荒的历史记述(见表12.1)。比如,当我们以"灾荒"二字作为检索词进行检索,就会发现中国历代典籍中有112种书中有与"灾荒"相关的历史记载。如果以"旱灾"作为搜索词,就会发现其中有193种书774次有关的记载。类似的是,若以"洪灾"为搜索词,也会发现有8种书20次记载。尽管我们发现,如果以"气候"为搜索词,也会发现多达503种书1 489次记载,但有关"气候变化"的记载却只有1次,并且其意义与今天所谓的"气候变化"概念存在着较大差异。如果从广义气候变化的角度来看我国有关气候变化的这些历史记载,我们会发现文献中常常讨论的是气候的变化与不同气候条件下的食物选择之间的关系,而远不是我们今天所谓的气候变化概念。

表 12.1　中国国学典籍中的有关自然灾害与气候变化等记载的信息

搜索词	图书出现次数	详　　　情
灾荒	112 种书 232 次	《新元史》1 次;《礼记正义》2 次;《尚书正义》1 次;《晋书》2 次;《宋书》2 次;《宋史》1 次;《尚书》1 次;《后汉书》2 次;《旧唐书》3 次;《元史》1 次;《尔雅注疏》1 次;《新唐书》1 次;《旧五代史》1 次;《明史》10 次;《清史稿》12 次;《汉书》1 次等。
旱灾	193 种书 774 次	《毛诗正义》7 次;《礼记正义》3 次;《大学衍义补》4 次;《晋书》4 次;《宋书》5 次;《宋史》10 次;《后汉书》3 次;《旧唐书》2 次;《经义述闻》2 次;《春秋穀梁传注疏》1 次;《春秋左传正义》2 次;《新唐书》2 次;《隋书》1 次;《孟子注疏》2 次;《魏书》2 次;《南史》1 次等。
洪灾	8 种书 20 次	《全唐文》2 次;《晋书》4 次;《文选》1 次;《玉皇经》2 次;《全唐诗补编》1 次;《全晋文》4 次;《云笈七签》5 次;《三国志》1 次等。
地震	476 种书 3 098 次	《经学历史》1 次;《毛诗正义》1 次;《礼记正义》1 次;《孔子改制考》4 次;《周易集解》2 次;《春秋公羊传注疏》9 次;《周礼注疏》2 次;《春秋穀梁传》5 次;《春秋穀梁传注疏》7 次;《春秋繁露》3 次;《春秋左传正义》9 次;《春秋公羊传》5 次;《周易正义》1 次;《春秋集传纂例》4 次;《春秋左传》5 次;《春秋公羊经何氏释例》6 次等。

（续表）

搜索词	图书出现次数	详　情
冰雹	99 种书 172 次	《类经》9 次；《帝京景物略》1 次；《新元史》1 次；《明史纪事本末》1 次；《天府广记》1 次；《聊斋志异》1 次；《殊域周咨录》1 次；《斐然集》1 次；《清稗类钞》3 次；《黄帝内经素问》7 次；《本草纲目》1 次；《日下旧闻考》1 次；《明史》12 次；《清史稿》6 次；《夜谭随录》1 次；《子不语》3 次等。
风灾	96 种书 187 次	《逸周书》1 次；《新元史》2 次；《礼记正义》2 次；《尚书正义》2 次；《通志略》1 次；《明史纪事本末》1 次；《晋书》1 次；《圣武记》1 次；《后汉书》1 次；《海国图志》1 次；《文献通考》1 次；《马氏文通》1 次；《泰州旧事摭拾》3 次；《易纬通卦验》1 次；《清史稿》43 次；《礼记》1 次等。
气候	503 种书 1 489 次	《北史》17 次；《毛诗正义》1 次；《礼记正义》1 次；《大学衍义补》3 次；《易纬是类谋》1 次；《梁书》1 次；《晋书》1 次；《旧唐书》5 次；《古三坟》1 次；《周书》8 次；《新唐书》2 次；《隋书》11 次；《周易外传》1 次；《魏书》7 次；《南史》2 次；《三国志》2 次等。
气候变化	1 种书 1 次	人类所用之食物，实视气候之寒暖为标准。如气候寒冷时，宜多食富于脂肪质之动物类，饮料则宜用热咖啡茶及椰子酒。欲为剧烈之筋肉运动，如畏寒，则饮酒一杯，或饮沸水均可。至炎热时，宜多食易于消化之植物类，取其新鲜者，腌肉等则不可多食，饮料须多，以沸而冷者为宜，不宜饮酒。若悉任一己之所嗜，无论何时，皆取同样之食物，则缺乏植物质而消化不良，遂成坏血症矣。预防之物，以柠檬汁为最佳。总之，气候变化，食物亦宜更易，断不能一成而不变也。——（子部·类书）清·徐珂《清稗类钞》—92，饮食类/传世藏书整理本。

注：该结果是在上海师范大学图书馆"国学宝典"中搜索的结果。

上述信息尽管并不是非常全面，但清楚地意味着，我国各朝各代普遍更加关注自然灾害等相对容易觉察的、短期性、程度比较严重的自然灾害信息，而并不是我们今天的气候变化信息。相应地，在此概念界定下的历朝历代有关气候变化的应对措施，就更多地关注于自然灾害，而不是从更加全面的意义上应对气候变化。比如，成书于南宋宁宗时期的《救荒活民书》就明确了从帝王、宰相到监司、太守、县令的职责问题（石涛，2010：序 1）。类似的是，元代张养浩的《三事忠告》，明代林希元的《荒政从言》、屠隆的《荒政考》、周孔教的《荒政议》，清代魏禧的《救荒策》、汪志伊的《荒政辑要》等都是记录或者探讨政府灾害管理过程和方法的历史典籍。甚至到清代还出现了皇帝亲自审定的灾害管理书籍《钦定康济录》（石涛，2010：序 5）。

　　第二,仅仅就自然灾害与政府治理的关系来看,历代历朝的社会包括政府的相应认识已具备了现代管理的雏形。比如,中国历代的统治者一般认为,灾害是上天对统治者过失行为的一种警告和惩罚。有关这一点,在董仲舒所著的《春秋繁露·必仁且知》清楚地论述了:"天地之物,有不常之变者,谓之异,小者谓之灾,灾常先至,而异乃随之,灾者,天之谴也,异者,天之威也,谴之而不知,乃畏之以威,诗云'畏天之威'殆此谓也。凡灾异之本,尽生于国家之失,国家之失乃始萌芽,而天出灾害以谴告之。谴告之,而不知变,乃见怪异以惊骇之。惊骇之,尚不知畏恐,其殃咎乃至。以此见天意之仁,而不欲陷人也"。

　　这段古文的含义是说,天和地若有不同寻常的变化,我们就称之为"异",若是小的变化,就称之为"灾",并且灾往往是先期到来,之后常常伴随着异。所谓灾,往往就是上天对人的谴责。所谓异,是上天发威的意思。所有灾异,根本的原因就在于国家治理有失误。国家治理出现失误,上天就会以灾害的形式来警告人类。人们如果置之不理的话,上天就会以异象来恐吓人类。如果恐吓还没有用,于是更大的灾难等就会降临。

　　之所以说我国历代的灾害管理已经带有一定现代管理的雏形,原因之一是历代政府已经意识到自然灾害的可怕之处,带有一种敬畏天地的心理。

　　在此基础上已经发展出一套相对完善的运作系统。比如,政府应对自然灾害的管理举措,涉及河患治理、粮食调剂、义仓制度、农书的修订、兴修水利、安民务农的告示、减免租税等制度安排,还涉及皇帝与士大夫共治天下的政治架构等(石涛,2010:序1)。

　　根据石涛(2010:22—23)的研究,北宋已经具备三级四层的灾害管理能级结构。所谓四层是指决策层、管理层、执行层和操作层等四个不同职能的层次,所谓三级是指与这四层相关联的行政管理单位。具体而言,包括以皇帝为首的政事堂决策机构,主要负责审核决定有关灾害工作的总体规划,以三司(户部)、司农寺、礼部、工部等中央机构,负责具体政策的制定工作,以转运、提刑等路级监督机构,负责上报灾情、协调地方救灾工作,以州县官吏为主,负责具体灾害赈济、预防等各项工作。这样,从上到下形成了国家级、路级和地方州县级管理单位与决策层、管理层、执行层和操作层管理层次相结合的灾害管理系统。

第三,在更多的历史时期,我国对游牧民族的南迁举动大多采取了相对被动的、分散和零星的集体行动,而不是积极的、主动和御敌于国境之外的策略。在整个中国历史时期,游牧民族向南向东的掠夺或者迁移,在很大程度上影响了中国传统农业社会的发展道路。比如,南北朝和五代十国时期,很多少数民族内迁到我国西北和北方地区。北宋后,契丹族甚至占据中国北方地区并建立了辽国。而女真人也在 1121 年建立了雄踞中原的金朝。党项则于 1038 年在中国西北部地区建立西夏王朝。蒙古族则占领中国全部,建立元朝,甚至将战火一路烧到欧洲。满族同样建立了持续 268 年的清帝国。

然而,在中国整个历史时期,却很少有人将游牧民族这种向东向南的迁移行为与气候变化相互联系。直到现代,相关的论述才逐渐丰富起来。例如著名的美国地理学家亨廷顿(E. Huntington)在《亚洲的脉动》一书中指出,13 世纪蒙古人之所以大规模向外扩张,主要是由于他们居住地气候干旱、牧场条件变坏所致。竺可桢(1972)是国内最早注意到气候变化对中国历史和社会发展进程产生影响的文献之一。

第四,中国历史上对农业垦殖、自然利用的重视程度远大于对自然保护的重视程度。可以这样说,整个一部中国历史,基本上就是中华民族开拓土地,从事农业生产,并养育中华民族的历史。

比如,两汉时期全国户口与垦田数目见表 12.2 所示。

表 12.2　两汉时期户口与垦田数

年　　份	户数(千)	口数(千人)	垦田数(顷)	每户口数	每人亩数
平帝元始二年(2 年)	12 233	59 594	8 270 536	4.8	13.8
和帝元兴元年(105 年)	9 237	53 256	7 320 170	5.7	13.7
安帝延光四年(125 年)	9 647	48 690	6 942 892	5.0	14.2
顺帝建康元年(144 年)	9 946	49 730	6 896 271	5.0	13.8
冲帝永嘉元年(145 年)	9 937	49 524	6 957 676	4.9	14.0
质帝本初元年(146 年)	9 348	47 566	6 930 123	5.0	14.5

注:表中的亩数为汉亩,约为 0.691—0.731 市亩。
资料来源:赵冈、陈钟毅(2006:82)。

从表 12.2 中可以发现,从西汉到东汉,垦田数目总体上是保持了一个较大的数字,原因是较大的人口压力对于两汉时期的政府来说,一直是一个重大的政治动因。这一动因推动政府通过垦荒来解决温饱问题。而历朝历代皆是如此,往往都十分关注对土地的垦殖,却往往置环境保护于不顾。

由于历代中国的土地丈量单位不同,在经过了度量制度调整之后,赵冈、陈钟毅(2006)列出了中国历代人口与耕地的比率(见表 12.3)。从中也可以看出,历朝历代的耕地面积除了少数年份之外,总体上保持了不断增加的趋势,这与人口不断上涨的总体趋势基本上是一致的。

表 12.3 历代人口与耕地比率

耕 地		人 口		人均耕地
年代	校正数(百万市亩)	年代	校正数(百万人)	市亩/人
2	506	2	89	8.57
105	535	105	53	10.09
146	506	146	47	10.76
976	255	961	32	7.96
1072	660	1109	121	5.45
1393	522	1391	60	8.70
1581	793	1592	200	3.96
1662	713	1662	83	8.59
1784	989	1776	268	3.69
1812	1 025	1800	295	3.47
1887	1 202	1848	426	2.82

资料来源:赵冈、陈钟毅(2006:116)。

另一个可以证明中国历朝历代对自然利用的例子是唐代白居易写作的《卖炭翁》诗句。"卖炭翁,伐薪烧炭南山中。满面尘灰烟火色,两鬓苍苍十指黑。卖炭得钱何所营?身上衣裳口中食。可怜身上衣正单,心忧炭贱愿天寒。夜来城外一尺雪,晓驾炭车辗冰辙。牛困人饥日已高,市南门外泥中歇。翩翩两骑来是谁?黄衣使者白衫儿。手把文书口称敕,回车叱牛牵向北。一车炭,千余斤,宫使驱将惜不得。半匹红绡一丈绫,系向牛头充炭直"。这首诗虽然写的是当时老翁在终南山砍柴、烧炭、卖炭的艰难过程,但从另一方面看,这首诗其实反映的是历代老百姓利用大自然,从中获得经济资源、养育人口的过程。

还有一个可以证明中国历朝历代倾向利用土地、利用自然而不是保护自然、保护环境的例子是中国水利事业的扩张。比如,麦迪森(2008)统计了中国分朝代记载的水利灌溉工程以及灌溉面积,见表 12.4 所示。

表 12.4 分朝代有记载的水利灌溉工程

朝代	水利工程(包括维修)	水利工程(包括维修)
唐朝之前	16	10
唐朝	87	79
宋朝	349	233
元朝	351	492
明朝	822	723
清朝	1 222	600

资料来源:麦迪森(2008:24)。

从表 12.4 可见,我国历代都有一定数量的水利工程建设项目。而且,越往近代,水利工程的数量就相对越多。这样的信息说明了两方面问题,一是政府对水资源的管理和利用越来越多,一个重要的原因是人口数量不断增加,政府面临的农业生产压力越来越大;二是政府对于自然的利用和管理能力提升,积极性不断提升;第二,水利工程的数量,虽然在一定程度上也说明,历朝历代的政府对于水利的保护程度也在提升,但值得注意的是,它更多地反映了人类对自然的利用能力,较少地反映人类对自然的保护能力。

与上述观点形成对比的是,在中国历史上,我们较少看到政府鼓励社会与民众进行环境保护或者气候治理的例子。

12.2 历史气候变化中政府治理作用的国际借鉴

如果说上述中国历史时期有关气候变化的概念界定更多地关注于气候变化中容易觉察的、相对短期的、有严重影响的自然灾害部分,而较少关注其中不易觉察的、相对长期和有较小影响的自然灾害之外部分的话,那么,我们接下来的问题就是,这样的概念界定是否与同时期的外国存在着显著的不同?

按照推理,中国在从秦开始直至 1900 年的绝大多数历史时期,无论是从经济发展、科学技术水平还是政府管理水平来看,都应该是世界上最为发达的国家之一。麦迪森(2008)认为,中国人在利用自然发展农业经济方面的水平堪称世界之最,主要表现在偏向农业的制度环境、土地短缺背景下的农业耕种制度、重视种植业与轻视畜牧业、集约使用农家粪肥、高度依赖灌溉水利、重视对农业新品种、高产作物的引种和最佳农业技术的传播等方面。然而与之相对的,我们却有比较确凿的证据表明,在历史上,中国对自然保护的重视程度远远要低于我们的邻居日本以及戴蒙德所说的历史上的新几内亚高地、蒂科皮亚岛。下面我们通过戴蒙德(2011)所说的三个案例来展开论述。

12.2-1　新几内亚高地——小型社会如何自下而上解决环境压力与危机?

案例背景:新几内亚(New Guinea)高地,又称伊里安岛,是太平洋第一大岛屿和世界第二大岛屿,仅次于格陵兰岛。该岛位于马来群岛东部,位于澳大利亚以北,太平洋西部、赤道南侧。岛上有茂密的低地热带雨林,内陆地区崇山峻岭。这里年降雨量400英寸,地震和泥石流频繁发生。人类在这里自给自足地生活了46 000年。农业在此发展了7 000多年。这里的谷地开阔坦荡,绿树点缀其间,良田美池、阡陌交通。陡峭山坡上的层层梯田管理完善。村落的四周用防御的栅栏护围。当地人以务农为生,种植芋头、橡胶、马铃薯、甘蔗、番薯等作物,其中前四种都是当地人驯化的,同时这里也是世界上九大作物驯化中心,是粮食生产试验持续时间最长的地区之一。当地还饲养猪、鸡。

环境压力与危机:(1)年降雨量1万多毫米,地震和泥石流频发,高海拔地区常年云雾缭绕。当地人怎样有效应对这些恶劣的自然条件? 随着人口的增加,当地人又是怎样既提高农业生产效率,又能养活庞大的人口? (2)高地生产严重依赖树木,比如盖房子、搭篱笆,制工具、器皿、武器,烹饪,取暖等都要利用木材,这样,树木就会不断被消耗。岛上的人到底是怎样应对树木减少对环境的负面冲击呢? (3)随着时间的延续,当地的人口就会逐步超过了岛屿环境承载力,岛上的人是怎样解决人口过多问题的?

新几内亚岛居民的应对:(1)对于如上的第一种环境压力,当地人通过不断试错的方法学习到了很多的经验和方法,得以有效地应对环境对他们生活所带来的压力。比如,当地人在湿地斜坡番薯田里安装的排水管是垂直的,这让当时的欧洲探险者感到非常惊讶。他们决定帮助当地人,说服他们采用欧洲的水平排水管形式来进行田地排水。但是按照欧洲农业技术专家建议使用的水平排水管的负面影响在一场泥石流中暴露无遗。因为泥石流将所有的农田都冲进河里。很显然,这表明,当地的新几内亚农民经过几千年的试验,已经非常清楚如何避免这样的情况,他们对高地土壤和雨量的特征已经了如指掌,已经找到了应对暴风雨和泥石流的有效排水方法。

为了应对人口压力对他们的影响,他们还采取减短乃至取消休耕期,以增加对土地的耕作等方法来提高农产品的产量。此外,他们还发展出一整套包括育林法在内的维持土壤肥力的方法。比如他们将杂草和老藤等有机物与土壤混合作为堆肥。也将垃圾与草木灰撒在休耕的农田里;用腐烂的木头和鸡粪肥料覆盖在土壤上。他们还在农田周围挖沟渠,用以降低地下水位,避免积水,同时把沟渠里腐殖的土壤挖上来,覆盖在土壤上。与其他作物混种豆类作物,以固定空气中的氮肥,增加土壤中的氮素含量。这些方法的采用使得当地的农业生产力不断提升,一方面养育了越来越大的人口规模,同时,又很好地应对了当地的自然环境压力或者危机。

(2)关于岛民如何应对树木减少对他们生活生产的负面冲击的。现有的考古证据发现,从 7 000 年前,岛上的居民就不断增多,于是滥砍森林愈演愈烈。到了 1600 年左右,海拔较低地区的树木已被砍伐一空。于是,这里的人类开始以自下而上的方式,在瓦基谷和巴里姆谷大量种植木麻黄这种树木。到了 20 世纪,新几内亚岛上边缘地区也开始种植木麻黄。那么,这里的人类为了应对树木减少所采取的这种积极种植树木的决策到底是集中决策还是分散决策的结果呢?戴蒙德教授基于当地的人类学研究发现,一定是自下而上分散决策的结果,原因是,这个地方本来就是个高度民主、采取分散决策制定规则的社会。到 20 世纪 30 年代澳大利亚殖民者到来之前,新几内亚没有一个地方出现过政治统一的局面。每个村子里都没有村长或者酋长,只有比较有威信的"大人"。如果村里有事情要商议,所有人就围坐在一起进行讨论。"大人"不能下达命令,有时也不一定说服别人采取自己的提议。直至今天,这里的社会仍然采取类似的议事法则。所以,这应该是"自下而上"应对环境危机的一个典范。

(3)为了应对人口过多对自然和环境的压力,新几内亚人还采取了一种非常积极的、自愿的控制人口的态度和方法。这些控制人口的方法主要有战争、杀婴、用植物来避孕、堕胎、禁欲,推算安全期等。如果把新几内亚岛上人类所采取的主动控制人口的方法看作计划生育的话,那么,我国 1977 年以后所采取的主动的计划生育政策要比新几内亚岛迟了几百年甚至上千年。中国所采取的计划生育是一种自上而下的应对人口压力和环境压力的方法的话,而新几内亚岛上居民所采取的这种方法则完全是自发的、积极的和主动的自下而上的管理应对,前者是来自统一强势政府的行政指令,而后者来自大家理性、分散和民主的决策,但二者都实现了共同的目的。

12.2-2　蒂科皮亚岛:小型社会怎样形成共识应对自然和环境危机?

让戴蒙德啧啧称赞的另外一个小型社会自下而上共同应对自然和环境危机的成功案例是蒂科皮亚岛。之所以我们要列举这个案例,原因在于上述的案例中,新几内亚岛也是一个面积不大的小岛,是一个有着民主传统、共同协商与讨论决策、"大人"并不扮演决定性作用的小型社会。而本案例中的蒂科皮亚岛面积更小,只有 2.6 平方千米。所以,该案例能够更加清楚地展示岛屿居民熟悉每一寸土地,唇齿相依、休戚与共,每个人都更加清楚地认识到保护环境是一种对大家都有好处的做法,于是,由下而上携手合作便一起解决了岛屿居民面临的环境和生存问题。所以,上述的案例虽然与本案例都是自下而上解决环境危机的,但是二者也存在不同,前者没有足够的证据证明,小岛为何选择了自下而上的方式解决问题,而后者则更加明确地显示了自下而上的共同合作道路乃是小岛居民的最优选择。

案例背景:蒂科皮亚岛位于西南太平洋上的一个小岛,它的面积只有 1.8 平方英里,人口不过 1 200 人。并且它的地理位置非常孤立,距离它最近的岛屿是比它更小的阿努塔岛,该岛的面积只有七分之一平方英里,上面只居住了 170 人,两岛相距 85 英里。离蒂科皮亚岛最近的较大岛屿是距其 140 英里的瓦努阿图群岛的瓦努阿·拉瓦岛和所罗门群岛的瓦尼科罗岛。该岛与外界的联系只能通过瓦努阿·拉瓦岛和瓦尼科罗岛,并且它们之间贸易的商品只有一些制造工具和价格相对昂贵的石材,比如,黑曜石、火山玻璃、玄武岩和燧石等,以及一些奢侈品。岛民需要的粮食、水果都必须自己生产和储存。此外,岛上每年的 5、6 月都是旱季,作物往往颗粒无收,若飓风不期而至,岛上的农田和作物就会遭到毁灭性打击。按照统计,这里属于所谓的太平洋主要飓风盛行区域,平均每 10 年就有 20 次飓风灾害。

环境压力与危机:在这种背景下,蒂科皮亚岛上的居民,无论何时何地,都需要解决好如下的重要的问题:(1)如何生产足够的粮食养活岛上的1 200名岛民?(2)如何将人口控制在土地能够承受的范围之内?

蒂科皮亚岛居民的应对:(1)岛上的所有植物都各有用途,即使野草也被用来护根覆盖,而野树则在饥荒时用以果腹。岛上的大部分土地皆种植果树,有些果树原产于本地,有些则从外地引进。其中最重要的是椰子树、面包树以及树干含有大量淀粉的苏铁。除了这些果树林之外,岛上有大量的农田,种植芋头、香蕉和曲籽芋。岛上居民还培养出了适合干旱的芋头,种在排水良好的山坡。除了种植面积广阔的果树林,还在两类没有树木的小块地区生产食物。一类是小块的淡水沼泽地,用来种植喜湿的普通曲籽芋;还有一类则是耕地,但这些耕地休耕期短,接近于持续生产,主要用来种植芋头、山芋和从南美洲引进的木薯。除此之外,少量的食物还来自捕鱼,不过捕鱼必须先得到酋长的同意,以避免涸泽而渔。

(2)关于如何更好地控制岛屿上人口,并维持岛屿的生态环境平衡,岛上的人采取了多种人口调节法,有人采取性交中断法,有人采取堕胎法,也就是在孕妇临产前挤压她的腹部或者用热石头放在其肚子上。除此之外还有杀婴,例如将婴儿活埋、扼死,或者让新生儿脸朝下窒息死亡。另外,穷人家排行小的儿子通常选择不生小孩。自杀也是一种方法。根据社会人类学家雷蒙德·弗思在该岛的调研,1929—1952 年,该岛上已经有 7 人(六男一女)上吊自杀和 12 个女人投海自杀。有 81 个男人和 3 个女人坐船前往波涛汹涌的大海,以此来保持岛屿的人口平衡。

在 20 世纪,随着欧洲殖民者的影响,这些控制人口的方法受到了越来越多的影响,并且渐渐消失。结果是,蒂科皮亚岛上的人口从 1929 年的 1 278 人增加到 1 753 人,在飓风来临的时候,岛上一半的庄稼被毁,大面积的饥荒来临,英属所罗门群岛的殖民政府马上救济该岛,并且出于长远考虑,鼓励岛上的居民移居到人口稀少的其他岛屿。今天,蒂科皮亚岛上的酋长将人口数量控制在 1 115 人,这一数字与过去用杀婴、自杀等手段所维持的人口规模几乎相同。

12.2-3 大型社会如何自上而下解决环境危机:德川幕府时期的日本

案例背景:日本是一个地域狭小、人口众多的小岛。按照国土面积计算的话,它每平方英里上将有近 1 000 人。但是按照耕地面积来算,每平方英里上的人口高达 5 000 人。尽管人口众多,但是日本 80% 的国土是人口稀少的山区,大部分的土地和人口都集中在仅占国土面积五分之一的平原上。因此,随着人口的增长,城市化进程的开启,日本人必然面临着相应的环境危机。

对于日本来说,这个环境危机就是木材危机。1603—1867 年的德川幕府时期,社会相对安宁,总体上战争较少,期间也没有遭受到欧洲那样的传染病袭击,当时马铃薯和番薯两种作物在日本的引进大大增加了农业的产量,此外,湿地改良、防洪以及灌溉使得日本的稻谷产量提高。于是,人口激增,城市不断扩大。这样,日本对木材的需要就大幅度增加。一是 19 世纪晚期之前,日本的绝大多数人口所居住的建筑都是木质结构。二是 1570 年起,丰臣秀吉和德川家康等许多大名竞相建造大型的城池和庙宇,比如,德川家康和他的儿子德川秀忠统治期间,日本总共修建了 200 多个城镇。1657 年的"明历大火",日本最大的一次火灾,使得半个江户毁于一旦,原因是城里的房屋鳞次栉比,又是茅草覆顶,冬天用火取暖时非常容易引发火灾。后来,重建江户时所需的大部分木材都由海船运来,而打造海船又需要大量的木材。之前丰臣秀吉远征朝鲜,也采伐了大量木材造船。三是木材除了造房子、宫殿之外,还被广泛用于取暖、烹煮、制盐、烧制砖瓦、陶器等工业和生活需要。此外,木材还被制成木炭用来炼铁。此外随着人口的增加,需要更多的耕地种植粮食,因而需要砍伐和清理树林,以改良成良田。养牛养马等等还需要饲料和叶子、青草,如此等等都来自森林。

环境危机:所以,日本的森林消失最初从公元 800 年就开始了,当时本州岛上的森林几乎被砍伐殆尽。到公元 1000 年,本州岛附近面积较小的四国岛上的森林已被砍伐一空。到 1550 年,日本四分之一的林地上的树木被砍光。其他地区只剩下一些低地森林和老龄森林。1570—1650 年是日本建筑鼎盛时期,也是砍伐森林最猖獗的时期。官府的砍伐加上私人的砍伐已经让日本森林遭到毁灭性打击。日本三大岛上伐木成风,从九州岛南端到四国岛,一路延伸到本州岛北端。到了 1710 年,日本三大岛上的森林差不多砍伐殆尽。

森林的消失沉重打击了德川幕府时期的日本,除了木材、燃料、草秣等短缺外,大型建筑被迫停工。村落之间以及同村人围绕木材和燃料的抢夺不断升级,甚至大名之间也常常为木材反目。对河流的利用也出现分歧,有人要用河流运送原木,有人则想在河边钓鱼,也有人要用河水灌溉。随着森林的消失,日本泥石流频发、土壤侵蚀、低地洪水不断,作物产量受到影响,于是德川幕府时期日本经历过数次大饥荒。

德川幕府的管理应对:"明历大火"使得德川幕府意识到国内木材以及其他资源短缺的危机已经变得十分严重。于是,在几代将军的带领下,日本成为"自上而下"应对环境危机的成功案例。

首先,政府鼓励人们增加对海产品的依赖,比如,使用新的大型渔网,以进行深海捕捞。大名们和各村落对各自拥有的土地相连的海域严加控制,不准任何人过度捕捞,以免造成海洋资源的枯竭。由于政府的干预,越来越少的人利用森林作为作物所需的绿肥来源;他们还组建了捕猎海洋哺乳动物的渔业协会,用以资助必要的船只、设备与大量劳动力。日本人与北海道的虾夷人的贸易范围也不断扩大,虾夷人以烟熏三文鱼、海参干、鲍鱼、海藻、鹿皮、海獭皮与日本人交换米、清酒、香烟与棉布。其结果是,虾夷人无法再靠狩猎支持自给自足的生活,而是依赖于日本输入的进口品,虾夷人最终出现经济崩溃,在传染病和军事征服的打击下走向消亡。最终在 19 世纪,北海道被划入日本。

其次,日本政府鼓励人口零增长。从 1721—1828 年,日本的人口增长率降到 4%,与 18、19 世纪相比,日本人分别采取了晚婚、延长哺乳期、通过闭经拉长生育间隔、避孕、堕胎和杀婴等手段控制人口。出生率的下降也反映出一般老百姓在面临粮食等资源短缺时自然做出的应对行为。在德川幕府时期,米价与出生率成反比。

第三,减少木材的使用量。从 17 世纪晚期开始,在建造房屋时,轻型构架取代重型木材;在烹煮食物方面,以节能的炉子取代开放式火炉;在取暖方面,易携带的小型木炭暖炉取代在屋内各处生火。另外还充分利用阳光为房屋保暖。

第四，除了减少木材的使用外，还鼓励全社会积极种树。1666 年，幕府发布告示，警告民众滥伐森林将带来土壤侵蚀、溪流淤积和洪水等问题，并强烈要求大家多种树。几乎同一时期，日本全国上下统一行动，社会各基层不再随意砍伐森林。到 18 世纪，全国林地管理体系已经建立。

这个森林管理体系分为两个步骤，第一步是消极地减少砍伐，主要目的是争取时间，避免环境危机进一步恶化。主要针对木材供应链的林地管理、木材运输以及城镇的木材消耗等三个环节发力。

在林地管理环节，由于幕府直接掌控日本四分之一的森林，于是得以从财务省指派一名资深官员负责管理其辖下森林，然后对 250 名大名拥有的森林也分别派去山林奉行。他们的职责是将已遭受砍伐的林地进行封锁，目的是促使林地自然再生；农民需要砍伐树木或者在政府林地饲养牲畜，都必须得到山林奉行的许可；同时严禁山民焚林辟地。那些不属于将军或者大名的村属林地，就由村里的头领管理。森林作为全村的共有财产，供所有村民使用，但必须遵守砍伐规则，禁止外人砍伐，另外雇用守卫保护森林。

在木材运输环节，将军和大名在要道和河流处设置关卡，仔细检查运木船，确保人人遵守林木管理规则。在木材消耗环节，幕府颁布了木材的专用制度。例如，经济价值高的杉木和橡木专供幕府使用，农民很难得到。建造房屋所用的木材数量取决于屋主的地位。管理多个村子的大庄屋可用 180 英尺长的木梁，大庄屋的继承人可用 108 英尺，庄屋可用 72 英尺，组头可用 48 英尺，缴纳税金的农民可用 36 英尺，而普通农民和渔民只能用 24 英尺。又如 1668 年，将军更进一步禁止用杉木和丝柏木等上好木材做公共标志牌。1706 年规定，大型松木也不得用于新年装饰。以此来减少木材使用环节中的浪费。

第二步是积极的步骤，也就是积极的植树造林。比如，日本在 17 世纪就发展出一套详尽的科学育林法。幕府和商人们雇用林业学家对森林进行观察和实验，并在有关育林法的期刊和手册上发表研究成果。1697 年，宫崎安贞编写了日本第一部重要农书《农业全书》，该书详尽记录了如何收集、提取、干燥、储存和准备种子；如何平整、施肥、碎土和拌匀苗床；播种前如何浸泡种子；播种后如何用稻草覆盖；如何拔除苗床上的杂草；如何种植和间隔幼苗；四年后修剪树枝，促使树木高大挺拔。种植树木除了用于种子繁殖外,还可使用移栽幼枝或者萌芽更新法。渐渐地,日本独自发展出培育人工林的技术,将树木视为一种成长缓慢的作物。政府和私人都开始购地或者租地来培育森林,特别是在具有经济价值的地区,或者在有木材需求的城市附近。日本人工育林的兴起得益于公平统一的机构在全国范围内以同样的方法执行。即人工林的主要目的是生产木材,其他用途限制在不影响木材生产的前提下。此外还雇用守山人保护森林,以避免非法砍伐。因此,日本人工林在 1750—1800 年间大面积扩张,长期以来面临的树木短缺危机终于得到缓解。

12.3 国际经验对中国应对环境、气候危机的启示

以上介绍的三个例子中,不同规模的社会在应对环境危机和气候危机的过程中都取得了成功。通过比较,我们发现,这些国际经验对于中国应对环境和气候危机有如下几点启示:

首先,人类在应对环境和气候变化的过程中,并不存在着一个适合所有社会的一成不变的管理举措,无论是自上而下的方式还是自下而上的方式,在应对环境和气候危机时都可以发挥功效。普遍的规律是,自上而下的管理举措比较适合于大型社会,而自下而上的管理举措则相对比较适合小型社会。

在上面的案例中,蒂科皮亚岛和新几内亚岛都是小型社会,交通相对闭塞,与外界联系少,岛上居民之间的相互依赖性比较强,容易形成自下而上的均衡结果,因而比较适合采用自下而上的管理方式来应对环境与气候危机。相反,日本是由几个大岛组成的,人口比较多,与外部的联系也比较多,因此,人们之间相互的依赖性相对较低,因而,在这样的环境下要形成自下而上的行动方案就比较困难,于是,自上而下的管理措施就显得比较必要。

如果我们将中国放在这个社会规模谱系中,毫无疑问,在中国要应对气候或者环境危机,显然,就需要自上而下的集体行动,否则,就难以达到统一有效的行动方案。

其次,在应对环境危机和气候危机的过程中,重要的是,无论是政府还

是个人,都必须清楚地知晓导致环境危机或者气候危机的两方面根本原因所在,一是自然环境性因素,二是人为性的因素。

环境和气候危机的产生往往起因于人地关系,或者人类与自然关系的失衡。因此,理性而可持续性的对策就是,一方面要控制人类行为对环境或者气候的负面影响;另一方面要改善自然性和环境性因素或者条件,增加它对人类活动的承载力。

在以上三个例子中,我们发现,当地人类社会成功应对环境和气候危机的对策不外乎如上所说的两条路径。对于中国而言,在经济发展的进程中,同样要在改善环境对人类活动的承载力和约束人类活动对自然的负面影响两方面入手,制定相应规章制度,必要的时候还要积极控制人口增长,以减轻人口对环境与自然的压力。

再次,一般而言,人类清楚地认识导致环境或者气候危机的原因,通常可以依赖以下几种方式:一是靠经验的头人或者首领,比如,年龄大的人相对于年龄小的人通常更有经验,而人类社会恰恰是最善于学习的社会,因此,年长者的经验往往就能为后来人提供行动的指南。二是依赖于长期的实践与行动试验,不断修正先前行动。比如,当树木砍伐越来越普遍的时候,是否有人认识到应该停止这种鲁莽的行动,并号召他人仿效,而后又能很准确地判断这是否会有利于环境的改善。三是,有经验的头人或者首领的带领以及人类社会长期的实践和行动,随着时间的延续,就会逐步形成一个社会的制度积累。

最后,在应对环境与气候危机中,政府应扮演更加积极的作用,与此同时,也应该认识到企业在其中的作用,更好地发挥二者在应对气候变化过程中的互补作用,而不是偏求其一。

2016年,比尔·盖茨有关"社会主义才能拯救地球"的言论,再次引发全球有关政府和企业在应对气候变化中作用高下的大讨论。[①]其实,早在半年前召开的巴黎气候大会上,两份有关政府和企业在应对气候变化方面效率之截然相反的民调结论已经表明,在应对气候变化的进程中,政府和企业的

① 《比尔·盖茨为何感叹只有社会主义才能拯救地球》,《解放日报》,2016年9月27日。

作用恐怕是优劣互见的。然而,盖茨此次的言论却给那些认为企业可在应对气候变化中大有作为的观点以致命一击。因为在当时法国《费加罗报》所进行的民意调查中,盖茨所领导的"清洁能源计划"被公认是,企业比政府在应对气候变化中作用更加有效的最佳典范。可现在,盖茨这个最佳典范企业的首席代表却为相对立的观点提供了某种证明。于是陡然间,那个看上去还不相上下的天平,倒向了政府有效论的一边。

2015 年,在 Odoxa 所进行的另一份民调中,大约 70% 的法国民众,都表示了对企业在减排方面效率和诚意的普遍担忧。道理很简单,因为广大民众非常清楚的是,企业的最根本目标并不是纯粹地服务于大众与社会,而是从服务大众与社会中赚取经济利益。因此,在它们支持减排的光鲜表面背后,可能并不一定是真心实意的欢迎和支持。毕竟减排一方面意味着环保投入、研发投入和生产成本的增加,而另一方面,减排还可能意味着商品销售价格的上升,顾客群的减少和企业利润空间的受挤压。对这一事实,广大的民众不可能完全熟视无睹。

在比尔·盖茨看来,第二次世界大战以来,美国国内由政府主导的研发活动几乎塑造了所有领域的世界最先进水平,相较而言,私营部门在这方面的业绩却显得乏善可陈。从国际层面看,比尔·盖茨能够亲眼目睹中国、德国在应对气候变化与进行绿色能源投资过程中,相对于美国而言非常显著的高效率优势。他举的例子表明,2000—2012 年,中国的太阳能发电量急剧增加,从 3 兆瓦跃升到 21 000 兆瓦。2014 年,中国太阳能发电量较 2013 年又增长 67%。如今,中国的太阳能发电量已超过其他所有国家的总和。2014 当年,中国的二氧化碳排放量就减少 1%。从中国针对绿色能源的投资总量来看,中国投资超过 800 亿美元,相当于欧洲(340 亿)和美国(460亿)的总和。

从德国的情况看,2015 年 7 月,它创造了一项新纪录,全国发电量的78% 来自可再生能源,打破了 2014 年 5 月 74% 的纪录。德国电力需求总量为 61.1 千兆瓦,其中利用风能和太阳能发电 40.65 千兆瓦,生物质发电 4.85千兆瓦,水力发电 2.4 千兆瓦,绿色能源发电量共计 47.9 千兆瓦。在 2015年里,德国的二氧化碳排放量减少了 4.3%。这意味着,德国温室气体排放量已经达到自 1990 年以来的最低点。

在这些事实的面前,比尔·盖茨得出一个非常惊人的结论——只有社会主义才能拯救地球。

但比尔·盖茨的这个说法,只是他自己有关政府和企业在减排方面效率高下的一个夸张的说法,它不宜被过分和夸大地解读。相反,他的说法只是表明了在应对气候变化这种事关整个人类命运的集体行动中,政府主导的研发活动、政府推动的集体行动,相对于企业和资本家那种分散的行动而言可能更具规模和效率优势。或者换句话说,他所表明的乃是他本人对人类在气候变化这场灾难面前需要尽快、高效地行动起来的呼吁和倡议。

如果说比尔·盖茨的说法是资本主义体系企业代表给出的,有关政府和企业应对气候变化中作用高下的一种见解的话,那么,中国过去四十年改革开放以及中国应对气候变化的努力则完全可以看作社会主义的代表对该问题所给出的中国答案。这个中国答案是什么? 就是政府与市场的关系完全可以是优势互补,而不是你死我活。

经过 40 年的改革开放,中国已经成功地找到适合自己的独特发展道路。这种发展道路,便是中国特色的社会主义,它可以包容资本主义的各种合理的制度和改革安排,但是没有放弃政府对于经济和社会生活的干预;它没有私有化所有的国有企业,在关系国计民生的重要领域仍然保持了强大的国有企业。在应对气候变化的过程中,中国同样发挥了政府高效、务实、强干预的效率优势,从国家层面给予新能源和绿色投资与研发以巨大的支持,从而在短时间内,为中国在这些产业和领域塑造了竞争优势,同时,又能积极探索市场、企业在应对气候变化过程中的积极和有效作用。可以说,中国正以自己的行动告诉世界,中国式政府主导环境治理道路可能并不完全等同于西方,却拥有不亚于西方的效率。

在应对气候变化的历史中,中国人和世界都曾有过非常惨痛的经验和教训。北宋时期,全中国面临着前所未有的气候变冷局面,北方农业减产、游牧生活日益艰难。政府听任市场力量应对气候变化的结果是,中国的农业人口大量南迁,游牧民族出于生活和生存的压力而步步紧逼,最终,民族间的战争达到最为惨烈的程度,北宋时期昙花一现的商业经济繁荣景象和中国的资本主义萌芽也瞬间凋零。类似的是,包括复活节岛、皮特凯恩岛等太平洋诸岛上传统社会的最终衰亡,玛雅文明的衰落等都是源于他们对环境的破坏与在此基础上发生的旱灾,最终,土壤流失、农业衰败、各城邦之间龙争虎斗,城市衰败乃至整个文明覆亡;然而令人可惜的是,这些文明的惨痛教训由于其没有完善的文字历史记载而被当代的人们所遗忘,而中国过去两千年完整、连续而丰富的历史记载,却不断让这些惨痛的教训闪现在国人面前。这些惨痛的教训是什么? 就是在应对气候变化的过程中,单凭市场和企业而不靠政府是注定不能成功的。相反,政府与企业各自发挥优势、合作共赢,才能从根本上快速、有效地应对全球性气候变暖这一人类面临的共同灾难。

13

基本结论、政策启示与未来研究方向

13.1 全书的基本结论

在前面 12 章论述和研究的基础上，本书共获得以下基本的研究结论。

（1）中国历史气候变化的政治经济学研究，主要是经济学家在历史地理学、气候、灾害、历史气候变化的相关基础性研究的基础上，于近年来逐步形成并日益走向前沿的一个新的研究领域。这一研究领域的最大特点是，致力于运用大量量化历史数据以及计量经济学的研究方法，对历史气候变化对中国社会、经济、政治、环境等方面的冲击以及人类为了应对这一冲击所采取的制度、技术或者社会反应及其有效性等方面进行数量化测度、评估。本书的研究，只是这些前沿研究中的一部分，并不是全部。但我们的研究是目前这一领域研究最为全面、所做工作最多、研究话题与此最为相关的一个重要部分。对此，我们充满信心、期望，也愿意与国内的其他同行共同付出更多的努力，以推动这一研究领域的更进一步发展。

（2）我们建构的中国历史气候变化的分析框架是，气候变化的发生对水文、植被、土壤等都会产生影响，在此基础上的农业经济和游牧经济必然受到相应的牵连，在此基础上的农耕民族与游牧民族之间的关系必然受到相关影响，天灾人祸次数必然增加，中国的人口和经济重心必然发生相应的迁移，于是中国政府的治理能力必然受到挑战，如果政府治理应对不力，这样，整个社会的局势乃至作为王朝核心的都城都会发生相应的变迁。在政府治理应对方面，我们考虑了玉米引种对这一机制的影响，另外我们还考虑了美洲白银输入对这一机制的影响。但由于缺乏数据，我们不能量化考察气候变化与人口跨地区迁移之间的关系；另外，由于我们难以对历朝历代政府治理进行很好地数量化测度，所以，我们也不能对气候变化与它的关系进行准确的计量研究。不过，我们对中国历代都城地理位置兴衰变迁的创造性研究，却揭示了经济因素以及政治因素对它的重要影响。或者说，它间接地证明了气候因素的影响。

本书最为突出的另一块研究，就是我们揭示了美洲白银输入与中国气候变化背后政治经济学之间的关系。我们发现，美洲白银输入作为一种被动性与主动性相结合，内生性与外生性兼具的制度反应，其对中国宏观经济与社会稳定的影响相对于气候变化要大，要更加稳健。这说明，在气候变化面前，各种人为的制度性反应更加重要，毕竟气候变化是一个最为基础性的条件，它与宏观经济与社会稳定之间的逻辑链条相对较长。

（3）玉米的引种作为中国社会、农民与政府对气候变化、对人口过多的积极性制度反应之一，有效地减弱了气候对内乱、外患与其他社会不稳定情形的影响。这说明，气候变化或者人口压力这些内外环境的变化可能每时每刻在发挥作用，但更加重要的是，人类社会到底对这些变化采取什么样的应对举措？如果我们要罗列这些外部气候、环境以及经济因素的反应类型——例如农作物反应、技术反应、经济反应、政策反应等——的话，我们会发现，这些反应往往只有上升到制度和政策层面，才会发挥更大的作用。另外，这些反应也要上升到较大范围的集体性行动的层面，才能产生足够的影响。

（4）美洲白银的流入与玉米的引种极其相似，它既是一种个体性的反应，也是一种集体性的反应，还是一种政府制度性的反应。不过，这一反应不是对气候危机的反应，而是对经济环境变化的一种制度性反应。它的结果,我们已经清楚地看到,一方面,它具有助推中国国内物价水平上升的宏观影响,另一方面,在美洲白银流入的背景下,中国国内还有一种银铜比价体系,它却能在一定程度上减轻美洲白银对中国宏观经济的负面影响。也就是说,在美洲白银输入的背景下,民间与政府相机决策,采取了相应的制度反应,一方面,政府一开始试图固定银铜比价,但后来越来越难以控制这一内部汇率;另一方面,这一内部汇率体系本身又成为中国人对经济、货币冲击的一种反应,人们分别采取了私铸铜钱、稀释铜含量、变更成色等办法有效地保护了自己。在这些反应下,最为基础性的气候冲击的影响就会显得比较弱。这说明,在发达的经济体中,人类的制度性反应比较发达,因而,外生的气候、环境冲击的作用就会被减弱,相反,在不发达的经济体,人类的制度性反应比较弱,因而,这些冲击的负面影响就可能显现出来。

(5)气候变化与社会稳定或动乱的关系,从整个中国历史时期来看,是比较稳健的,即气候向冷的变化,倾向于增加社会不稳定程度,相反,气候向暖的变化,倾向于减少社会不稳定程度。我们这方面的研究,基本上是基于时间序列数据研究,主要的原因是我们难以获得地区层面的社会不稳定程度指标。不过,学术界有关气候变化与社会不稳定的面板数据的其他研究已经获得了与我们类似的结论。

(6)我们有关中国历代都城地理位置变化的研究发现,相关气候变化因素的影响并不显著,相反,经济因素的重要性却是非常显著的,即一个城市距离国家经济中心的地理距离越近,它成为都城的概率就越高,反之概率就越小。除此之外,我们发现,一国的都城作为一国政治经济稳定性的综合反映,还体现了中国独特的官本位文化特征,即距离建国皇帝"龙兴之地"较近的城市,成为一国都城的概率较高,反之概率就越小。这意味着,中国历代都城地理位置的变迁,不仅反映了与国外一致的经济因素的重要性,同时还表明,它也是中国政治文化特征与军事安全性的一个反映。

(7)历史气候变化中政府治理的作用,是非常重要的。我们发现,在中国历史上,政府对自然环境保护的意识并不强,却非常强调对自然和环境的利用。在人与自然或者环境的关系中,中国人更多地注重对气候或者环境变化中比较显著的、影响较大、短期的自然灾害的应对,而不太注重对于其中影响并不显著的、危害小、短期难以看出的变化,这说明,中国历代的务实传统,恐怕也意味着短视。这当然是时代条件、技术条件局限所导致的。另外,农耕民族在应对游牧民族的进攻方面,采取了相对零星的、分散的行动,而没有采取积极性的集体行动,这在很大程度上影响了中国历史发展的走向。还有,尽管中国人在人与自然、环境的关系中的认识具有一定的片面性,但在管理这一关系时,中国人却具备了一定现代管理的雏形。

13.2 对应对未来气候变化的政策启示

（1）应该加强对气候变化的交叉学科研究,特别是那些基于大量数据的量化研究。气候变化对自然环境以及人类社会的影响早就存在,但人类对其规律的认识还远未清楚,造成这种问题的主要原因就是各个学科有关同一问题的研究,分别运用不同的方法,他们研究所得到的认识有相同的地方,也有相差很大的地方,并且相互之间常常宥于各自学科的界线,并因范式不同而缺乏相应的交流与共享。目前,人类对气候变化的认识已经比以前深入了很多,然而相互之间学科的分隔、数据的难以共享以及更多量化数据的电子化仍然是目前最大的困难。特别是,当前应该鼓励这一领域的研究朝着两个方向发展,一方面,从历史学、地理学、经济史角度出发,将大量人类有关历史记录进行数量化,从这一角度深入研究气候变化对人类社会的一系列政治经济学影响;另一方面,应该推动自然科学家以及社会科学工作者针对这一问题进行交叉研究,推动他们之间的数据共享、交流,促使相关问题的认识不断深化。

（2）就历史气候问题与当代气候问题的影响来看,两者似乎是相反的,数千年来,人类面临的气候问题更多是气候变冷,因为它对人类社会造成的影响更加显著也更加严重,相反,气候变暖的影响却是相对正面的。但当代却将气候变暖作为主要问题。尽管两者方向不同,但气候变化对人类社会造成的影响以及人类可能的应对机制却应该存在着共通之处。也就是说,今天的人类完全可以从过去的气候变化应对中学习相关的经验和教训,学习当时的经验与教训,掌握其中的规律,这样,才能更好地应对当前的气候变化。

（3）就人类历史上应对气候变化或者环境危机的治理对策来看,存在着这样一些有效的应对机制。一是允许市场经济的存在。因为市场经济存在的条件下,A地遭受了气候或者环境冲击,B地、C地或者其他地区的供应者就会主动向A地供给其产品或者服务,以主动利用这样的市场机会获取自己的利润,于是,A地遭受自然灾害影响的程度就会在客观上被减轻。这意味着,一个国家或者一个地区市场经济的存在,使得每一个地区或者国家的背后均存在着一个庞大的腹地和应对网络,于是乎,允许市场经济存在的国家或者地区应对自然灾害或者气候变化的能力就会大大提升。二是在气候变化或者环境危机面前,允许政府或者个人、组织能够发挥各自的作用。在上一节的论述中,我们发现,人类社会应对自然或者环境危机通常有两种形式的集体行动,一种是全体社会成员出自内心决策,理性地自下而上地从事共同应对或者保护自然环境的行动。这通常适合于小型社会。另外一种是自上而下的集体行动,通常由一个政府或者首领集团制定政策与制度,促使所有人或者绝大多数人采取共同的应对自然或者环境危机的行动。这后一种比较适合于大型社会。

(4)历史上所检验过的应对途径或者机制,已经出现了某种动力锐减的趋势,需要在未来采取更加有效的新机制。

我们发现,其实如上所说的两种应对机制的有效性是存在着较大差异的。一般而言,广义的市场经济对不同的国家来说往往总是或多或少存在的,因为它源自个体的理性决策,而政府或者首领集团往往非常难以管理属下每一人的行为。所以,在环境或者自然冲击面前,人类总是会利用各种可能的机会,采取各种行动以趋利避害。但从另一方面看,个人、组织这种趋利避害性行动,往往并不会导致大家采取统一的集体行动,反而有可能使得已经恶化的情况变得更加严重。

比如,假若A地的森林被人们砍伐一空,于是,A地的木材价格就会上升,在个人或者组织总体上趋利避害的选择情况下,B、C、D地的木材商就会主动向A地输入木材以赚取超额利润,于是,其结果是,B、C、D地的森林也可能会变得越来越少,最终就会出现一种全地区性、全国性乃至全球性的森林退化现象。在这种情形下,要更好地应对气候或者环境危机,往往就需要更多地区、国家、社会参加更广泛的集体行动。因此,除了上述的两条应对气候或环境危机的途径之外,还必须存在一个第三条道路,它应该是跨地区甚至跨国家的广域性集体行动协调。这对于今天的全球气候变暖就显得尤为重要。因为今天的气候变暖已经不是某个国家面对的问题,而变成一种全球性的普遍问题,这就需要全球共同一致,采取共同且有效的集体行动,来应对这一问题。

(5)尽管气候变化背后的政治经济学规律存在着很大的相似性,但与历史气候变化相比,当代我们所面临的气候变化,其性质却存在着较大不同。目前的气候变暖在很大程度上是人类工业化及其所导致的二氧化碳排放严重超过地球的承载能力所致,所以,与历史时期相比,今天的我们要有效地应对当前的气候变暖,就必须更加重视人类自身的行动,而不是寄希望于大自然环境的自然转变。人类目前可以采取的主动应对气候变化的行动,一方面是减少自身生产与生活活动的二氧化碳排放,减少全球气候变化的压力,比如,进行产业的低碳、绿色和生态转型;另一方面要以更加积极主动的心态和行动保护和爱护我们共同的地球家园,比如,植树造林、沙漠、河流治理、保护水土、保护生物多样性、培育新的物种或再生曾有的物种、鼓励太阳能利用、发现新的能源,等等。

13.3 未来研究方向

有关历史气候变化的政治经济学研究,在很大程度上依赖于这一领域所获得数据的情况。比如,当包含更多地理信息的社会动乱数据可获的情况下,我们可以检验这些社会动乱与当地气候变化、自然灾害等的互动关系;当包含更多地理信息的灌溉工程、漕运信息可获的情况下,我们可以考察这些灌溉工程对于人类应对环境压力或者气候变化的有效性问题;当不同地区的粮仓、赈济救灾等信息可获的情况下,我们可以考察政府推动建设的粮仓以及私人义仓在人类应对自然灾害或者气候变化条件的有效性问题;当包含更多地理信息的人口面板数据可获的情况下,我们可以考察自然灾害以及气候变化对人口出生率的影响,等等。总而言之,历史气候变化的政治经济学是一个基于量化历史气候数据研究气候变化背后的政治经济学影响与人类反应,及其制度有效性的学科。它仍然是一个开放的研究领域,需要更多经济学家、社会科学家、地理学家等参与,也需要更多的跨学科、量化研究。

参考文献

《松江粮食志》编纂委员会编:《松江粮食志》,上海古籍出版社 2011 年版。

《中国军事史》编写组:《中国历代战争年表》,中国人民解放军出版社 1995 年版。

岸本美绪:《清代中国的物价与经济波动》,刘迪瑞译,社会科学文献出版社 2010 年版。

安东尼·吉登斯:《气候变化的政治》,曹荣湘译,社会科学文献出版社 2009 年版。

安格斯·麦迪森:《中国经济的长期表现》(第二版),伍晓鹰等译,上海人民出版社 2008 年版。

布莱恩·费根:《洪水、饥馑与帝王》,浙江大学出版社 2009 年版。

白寿彝:《中国简明通史》,江苏文艺出版社 2008 年版。

白寿彝:《中国通史》,上海人民出版社 2013 年版。

柏杨:《中国历史年表》,海南出版社 2006 年版。

卜永坚:《1708 年江南饥荒的政治经济学》,《河北大学学报(哲学社会科学版)》,2010 年第 2 期。

曹玲:《美洲粮食作物的传入对我国农业生产和社会经济的影响》,《古今农业》,2005 年第 3 期。

曹树基:《玉米和番薯传入中国路线新探》,《中国社会经济史研究》,1988 年第 4 期。

曹树基:《中国人口史》第五卷《清时期》,复旦大学出版社 2001 年版。

陈春声、刘志伟:《贡赋、市场与物质生活——试论十八世纪美洲白银输入与中国社会变迁之关系》,《清华大学学报(哲学社会科学版)》,2010 年第 5 期。

陈高傭:《中国历代天灾人祸表》,北京图书馆出版社 2007 年版。

陈强:《高级计量经济学及 stata 应用》(第二版),高等教育出版社 2014 年版。

陈强:《气候冲击、王朝周期与游牧民族的征服》,《经济学(季刊)》,2015 年第 1 期。

陈仁义、王业键、周昭宏:《十八世纪东南沿海米价的相关性分析》,台湾中正大学统计科学研究所研究报告,2000 年。

陈仁义、王业键、周昭宏:《十八世纪东南沿海米价市场的整合性分析》,《经济论文丛刊》,2002 年第 2 期。

陈树平:《玉米和番薯在中国传播情况研究》,《中国社会科学》,1980 年第 3 期。

陈晓鸣:《九江开埠以后江西农业生产结构的变化》,《农业考古》,2005 年第 3 期。

陈亚平:《玉米与明清的移民开发》,《读书》,2003 年第 1 期。

陈寅恪:《邓广铭〈宋史职官志考证〉序》,《金明馆丛稿二编》,《陈寅恪先生文集》(第 2 卷),上海古籍出版社 1980 年版。

陈玉琼:《旱涝灾害指标的研究》,《灾害学》,1989 年第 4 期。

陈正祥:《中国文化地理》,生活・读书・新知三联书店 1983 年版。

陈志武、龙登高、马德斌:《量化历史研究》,浙江大学出版社 2014 年版。

程明道:《气候变化与经济发展》,社会科学文献出版社 2012 年版。

戴建兵:《白银与近代中国经济(1890—1935)》,复旦大学 2003 年博士学位论文。

戴蒙德:《崩溃:社会如何选择成败兴亡》,江滢等译,上海译文出版社 2011 年版。

邓亦兵:《清代前期的粮食运销和市场》,《历史研究》,1995 年第 1 期。

邓亦兵:《清代前期政府的货币政策》,《北京社会科学》,2001 年第 2 期。

樊志民、冯风:《关中历史上的旱灾与农业问题研究》,《农业考古》,1997 年第 3 期。

方先明、孙镞、熊鹏、张谊诰:《中国货币政策利率传导机制有效性的实证研究》,《当代经济科学》,2005 年第 4 期。

费正清:《中国:传统与变迁》,世界知识出版社 2002 年版。

高秉涵:《试论儒家"大一统"思想》,《济南大学学报》(社会科学版),2010 年第 20 卷第 1 期。

高波、王先柱:《中国货币政策房地产行业效应的实证分析》,《广东社会科学》,2009 年第 5 期。

葛剑雄:《论中国的七大古都的等级及其量化分析》,《中国历史地理论丛》,1995 年第 1 期。

葛剑雄:《统一与分裂:中国历史的启示》,中华书局 2008 年版。

葛全胜、王维强:《人口压力、气候变化与太平天国运动》,《地理研究》,1995 年第 12 期。

龚胜生:《18 世纪两湖粮价时空特征研究》,《中国农史》,1995 年第 1 期。

谷霁光:《王安石变法与商品经济》,《中华文史论丛》,1978 年第 7 辑。

顾庭敏:《华北平原气候》,气象出版社 1991 年版。

郭松义:《玉米、番薯在中国传播的一些问题》,《清史论丛》,1986 年第 7 辑。

郭松义:《民命所系:清代的农业与农民》,中国农业出版社 2010 年版。

国家气象局:《中国近五百年旱涝图集》,北京:中国气象出版社 1981 年版。

韩茂莉:《近五百年来玉米在中国境内的传播》,《中国文化研究》,2007 年春之卷。

何炳棣:《美洲作物的引进、传播及其对中国粮食生产的影响(二)》,《世界农业》,
  1979 年第 5 期。

何炳棣:《明初以降人口及其相关问题:1368—1953》,葛剑雄译,生活·读书·新知
  三联书店 2000 年版。

何一民:《开埠通商与中国近代城市发展及早期现代化的启动》,《四川大学学报(哲
  学社会科学版)》,2006 年第 5 期。

侯家驹:《中国经济史》,新星出版社 2008 年 1 月版。

侯甬坚:《中国古都选址的基本原则》,载《中国古都研究》(第四辑),中国会议 1986
  年 6 月 30 日。

后智钢:《外国白银内流中国问题探讨(16—19 世纪中叶)》,复旦大学 2009 年博士
  学位论文。

胡焕庸、张善余:《中国人口地理》(上册),华东师范大学出版社 1983 年版。

黄仁宇:《哈逊河畔谈中国历史》,生活·读书·新知三联书店 1992 年版。

黄仁宇:《中国大历史》,生活·读书·新知三联书店 1997 年版。

黄宗智:《华北的小农经济与社会变迁》,中华书局 2000 年版。

贾雷德·戴蒙德:《崩溃:社会如何选择成败兴亡》,江滢译,上海人民出版社 2011
  年版。

杰弗里·M·霍奇逊:《经济学是如何忘记历史的——社会科学中的历史特性问
  题》,高伟等译,中国人民大学出版社 2008 年版。

勒内·格鲁塞:《草原帝国》,蓝琪译,商务印书馆 2006 年版。

李伯重:《多角度看江南经济史》,生活·读书·新知三联书店 2003 年版。

李伏明:《论明清时期松江府的农业发展及其地位》,《中国农史》,2006 年第 3 期。

李根蟠:《中国小农经济的起源及其早期形态》,《中国经济史研究》,1998 年第 1 期。

李隆生:《清代的国际贸易——白银流入、货币危机和晚清工业化》,台湾秀威科技
  股份有限公司 2010 年版。

李楠、林友宏:《为何中国成为以汉族为主的国家?基于地理因素和政治整合的考
  察》,上海财经大学经济学院工作论文,2016 年。

李映发:《清初移民与玉米甘薯在四川地区的传播》,《中国农史》,2003 年第 2 期。

李约瑟:《中国科学技术史》(第 1 卷·第 1 分册),中华书局 1975 年版。

里奇、威尔逊主编:《剑桥欧洲经济史》(第四卷),张锦冬等译,经济科学出版社 2003
  年版。

梁方仲:《中国历代户口、田地、田赋统计》,上海人民出版社 1980 年版。

梁漱溟:《中国文化要义》,上海人民出版社 2005 年版。

林满红:《银与鸦片的流通通及银贵钱贱现象的区域分布(1808—1854)》,本书编委会
  编:《"中央"研究院历史语言研究所集刊》(第二十二本下),"中央"研究院历史

语言研究所 1993 年版。

林满红:《银线:19 世纪的世界与中国》,江苏人民出版社 2011 年版。

柳平生、葛金芳:《宋代经济成就:工商业文明的快速成长与原始工业化进程的启动》,《求是学刊》,2009 年第 5 期。

卢峰、彭凯翔:《我国长期米价研究(1644—1935)》,《经济学(季刊)》,2005 年第 2 期。

罗兹·墨菲:《亚洲史》,人民出版社 2010 年版。

马歇尔:《经济学原理》(下卷),朱志泰译,商务印书馆 1997 年版。

满志敏、葛全胜、张丕远:《气候变化对历史上农牧过渡带影响的个案研究》,《地理研究》,2000 年第 2 期。

满志敏:《中国历史时期气候变化研究》,山东教育出版社 2009 年版。

孟德斯鸠:《论法的精神》,商务印书馆 2009 年版。

牟重行:《中国五千年气候变迁的再考证》,气象出版社 1996 年版。

倪根金:《试论气候变前对我国古代北方农业经济的影响》,《农业考古》,1988 年第 1 期。

倪来恩、夏维中:《外国白银与明帝国的崩溃——关于明末外国白银的输入及其作用的重新检讨》,《中国社会经济史研究》,1990 年第 3 期。

牛润珍:《儒家大一统思想的历史作用与现代价值》,《河北学刊》,2001 年第 1 期。

彭凯翔:《清代以来粮价的历史解释和再解释》,上海人民出版社 2006 年版。

彭信威:《中国货币史》(下),上海群联出版社 1954 年版。

彭信威:《中国货币史》,上海人民出版社 1958 年版。

钱穆 a:《中国历代政治得失》,生活·读书·新知三联书店 2001 年版。

钱穆 b:《中国历史研究法》,生活·读书·新知三联书店 2001 年版。

钱江:《1570—1760 年西属菲律宾流入中国的美洲白银》,《南洋问题研究》,1985 第 3 期。

全汉昇:《美洲白银与十八世纪中国物价革命的关系》,载本书编委会编:《"中央"研究院历史语言研究所集刊》(第二十八本下),"中央"研究院历史语言研究所 1957 年版。

全汉昇、李龙华:《明中叶后太仓岁入银两的研究》,《中国文化研究所学报》,1972 年第 1 期。

全汉昇、王业键:《清雍正年间(1723—1735)的米价》,载本书编委会编:《"中央"研究院历史语言研究所集刊》(第三十本上),"中央"研究院历史语言研究所 1959 年版。

饶宗颐:《中国史学上之正统论》,上海远东出版社 1996 年版。

任美锷:《气候变化对全新世以来中国东部政治、经济和社会发展影响的初步研究》,《地球科学进展》,2004 年第 5 期。

上海地方志办公室、上海市松江地方志办公室编:《上海府县旧志丛书·松江府
　　卷》,上海古籍出版社 2011 年版。

石涛:《北宋时期自然灾害与政府管理体系研究》,社会科学文献出版社 2010 年版。

史念海:《河山集·二集》,生活·读书·新知三联书店 1981 年版。

史念海:《陕西省在我国历史上的战略地位》,载《文史集林》(第 1 辑),三秦出版社
　　1985 年版。

史念海:《我国古代都城建立的地理因素》,载《中国古都研究》(第 2 辑),浙江人民
　　出版社 1986 年。

史念海:《中国古都学刍议》,《浙江学刊》,1986 年第 Z1 期。

史念海:《中国古都概说(五)》,《陕西师范大学学报(哲学社会科学版)》,1991 年第
　　1 期。

四川大学古籍整理研究所:《宋集珍本丛刊》,线装书局 2005 年版。

宋岩:《中国历史上几个朝代的疆域面积估算》,《史学理论研究》,1994 年第 3 期。

谭其骧 a:《中国历史上的七大首都》,《历史教学问题》,1982 年第 1、3 期。

谭其骧 b:《中国历史地图集》,中国地图出版社 1982 年版。

谭其骧:《中国历史上的七大古都》,人民出版社 1994 年版。

汤因比:《历史研究》,刘北成译,上海人民出版社 2005 年版。

万国鼎:《中国历史纪年表》,中华书局 1978 年版。

王会昌:《2000 年来中国北方游牧民族南迁与气候变化》,《地理科学》,1996 年第
　　7 期。

王俊荆、叶玮、朱丽东、李凤全、田志美:《气候变迁与中国战争史之间的关系综述》,
　　《浙江师范大学学报》(自然科学版),2008 年第 1 期。

王玲:《从中华民族大环境考察中国古代都成演变规律》,《中国古都研究》(第八
　　辑),中国书店 1990 年版。

王业键:《中国近代货币与银行的演进(1644—1937)》,"中央"研究院经济研究所
　　1981 年版。

王业键:《全汉昇在中国经济史研究上的重要贡献》,《中国经济史论丛》,稻禾出版
　　社 1996 年版。

王业键:"清代粮价资料库",中国人民大学清史研究所:http://140.109.152.38/
　　DBIntro.asp,2009 年。

王业键、黄莹珏:《清代中国气候变迁、自然灾害与粮价的初步考察》,《中国经济史
　　研究》,1999 年第 1 期。

王玉玺、刘光远、张先恭:《祁连山园柏年轮与我国近千年气候变化和冰川进退的关
　　系》,《科学通报》,1982 年第 21 期。

王铮等:《历史气候变化对中国社会发展的影响》,《地理学报》,1996年第4期。

魏丕信:《十八世纪中国的官僚制度与荒政》,徐建青译,江苏人民出版社2006年版。

吴存浩:《中国农业史》,警官教育出版社1996年版。

吴松弟,樊如森:《天津开埠对腹地经济变迁的影响》,《史学月刊》,2004年第1期。

习永凯:《近代中国白银购买力的变动及影响:1800—1935》,河北师范大学2012年博士学位论文。

夏明方:《"旱魃为虐"——中国历史上的旱灾及其成因》,《光明日报》,2010年4月27日。

咸金山:《从方志记载看玉米在我国的引进和传播》,《古今农业》,1988年第1期。

萧楚辉:《中国历史上的人口、移居和发展中心》,《中大地理学刊》,1981年。

萧凌波、叶瑜、魏本勇:《气候变化预计清代华北平原动乱事件关系分析》,《气候变化研究进展》,2011年第7期。

谢美娥:《自然灾害、生产收成与清代台湾米价的变动(1738—1850)》,《中国经济史研究》,2010年第4期。

熊昌锟:《近代宁波的洋钱流入与货币结构》,《中国经济史研究》,2017年第6期。

许涤新、吴承明:《中国资本主义发展史》(第一卷),人民出版社2005年版。

许靖华:《太阳、气候、饥荒和民族大迁移》,《中国科学》(D辑:地球科学),1998年第4期。

颜色、刘丛:《18世纪中国南北方市场整合程度的比较》,《经济研究》,2011年第12期。

严中平等编:《中国近代经济史统计资料选辑》,中国社会科学出版社2012年版。

杨小凯:《发展经济学:超边际分析与边际分析》,社会科学文献出版社2003年版。

燕红忠:《从货币流通量看清代前期的经济增长与波动》,《清史研究》,2008年第3期。

杨小凯:《发展经济学:超边际分析与边际分析》,社会科学文献出版社2003年版。

张家城:《气候变化对中国农业生产的影响初探》,《地理研究》,1982年第2期。

张全明:《论北宋开封地区的气候变迁及其特点》,《史学月刊》,2007年第1期。

张善余:《中国历史人口周期性巨大波动的自然原因初探》,《人口研究》,1991年第5期。

张祥稳、惠富平:《清代中晚期山地种植玉米引发的水土流失及其遏止措施》,《中国农史》,2006年第3期。

张晓虹:《古都与城市》,江苏人民出版社2011年版。

章典、詹志勇、林初升、何元庆、李峰:《气候变化与中国的战争、社会动乱和朝代变迁》,《科学通报》,2004年第23期。

赵冈:《清代粮食亩产量研究》,中国农业出版社 1995 年版。

赵冈:《农业经济史论集》,中国农业出版社 2001 年版。

赵冈、陈钟毅:《中国土地制度史》,新星出版社 2006 年版。

赵红军:《交易效率、城市化与经济发展》,上海人民出版社 2005 年版。

赵红军 a:《小农经济、惯性治理与中国经济的长期变迁》,格致出版社、上海人民出版社 2010 年版。

赵红军 b:《农民家庭行为、产量选择与中国经济史上的谜题》,《社会科学》,2010 年第 1 期。

赵红军 c:《公元 11 世纪后的气候变冷及其对北宋后经济发展的动态影响》,2010 年第九届全国国际贸易学科协作组年会《低碳经济与国际贸易》专题入选论文,2010 年 10 月,上海对外贸易学院。

赵红军,尹伯成:《公元 11 世纪后的气候变冷对宋以后经济发展的动态影响》,《社会科学》,2011 年第 12 期。

赵红军:《气候变化是否影响了我国过去两千年间的农业社会稳定?——一个基于气候变化重建数据及经济发展历史数据的实证研究》,《经济学(季刊)》,2012 年第 2 期。

赵红军等:《美洲白银输入是否抬高了江南的米价?来自清代松江府的经验证据》,《中国经济史研究》,2017 年第 4 期。

赵文林:《从中国人口史看人口压力流动律》,《人口与经济》,1985 年第 1 期。

赵文林,谢淑君:《中国人口史》,人民出版社 1988 年版。

郑学檬:《中国古代经济重心的南移和唐宋江南经济研究》,岳麓出版社 2003 年版。

郑友揆:《十九世纪后期银价、钱价的变动与我国物价及对外贸易的关系》,《中国经济史研究》,1986 年第 2 期。

中国社会科学院经济研究所编:《清道光至宣统间粮价表》,广西师范大学出版社 2009 年版。

中央气象局气象科学研究院编:《中国近五百年旱涝分布图集》,地图出版社 1981 年版。

周振鹤:《东西徘徊与南北往复——中国历史上五大都城定位的政治地理因素》,《华东师范大学学报》(哲学社会科学版),2009 年第 1 期。

周振鹤:《中国历代行政区划的变迁》,商务印书馆 1998 年版。

周振鹤:《中国历史政治地理十六讲》,中华书局 2013 年版。

朱红琼:《中央与地方财政关系及其变迁史》,经济科学出版社 2008 年版。

朱琳:《乾嘉道时期淮河流域粮价研究(1736—1850)》,南开大学 2014 年博士学位论文。

竺可桢:《中国近五千年来气候变迁的初步研究》,《考古学报》,1972 年第 1 期。

竺可桢:《中国历史上气候之变迁》,《东方》,1979 年第 22 卷第 3 号,转引自陈高傭:
《中国历代天灾人祸表》,北京图书馆出版社 2007 年版,第 1747—1764 页。

邹大凡、吴智伟、徐雯惠:《近百年来旧中国粮食价格的变动趋势》,《学术月刊》,
1965 年第 9 期。

邹逸麟:《论长江三角洲地区人地关系的历史过程及今后发展》,《学术月刊》,2003
年第 6 期。

Acemoglu, D., Johnson, S. and Robinson, J. A., 2002, "Reversal of Fortune: Geography and Institutions in the Making of the Modern World Income Distribution", *Quarterly Journal of Economics*, 117(4).

Acemoglu, D., Johnson, S. and Robinson, J. A., 2005. "The Rise of Europe: Atlantic Trade, Institutional Change, and Economic Growth", *American Economic Review*, 95(3).

Adams, R. M. et al., 1990, "Global Climate Change and US Agriculture," *Nature*, 345.

Alesina, A. and Spolaore, E., 1997, "On the Number and Size of Nations", *Quarterly Journal of Economics*, 112.

Alesina, A. and Spolaore, E., 2003, *The Size of Nations*, Cambridge, Mass.: MIT press.

Awokuse, T. O., 2007, "Market Reform, Spatial Price Dynamics, and China's Rice market Integration: A Causal Analysis with Directed Acycllic Graphs", *Journal of Agricultural and Resource Economics*, 32(1).

Bai Y. and Kung, J., 2011, "Climate Shocks and Sino-nomadic Conflict", *Review of Economics and Statistics*, 93(3).

Boyanowsky, E., 1999, "Violence and Aggression in the Heat of Passion and in Cold Blood: The Ecs-TC Syndrome", *International Journal of Law and Psychiatry*, 22(3).

Briffa K.R., Jones, P. D., Schweingruber, F. H. and Osborn, T. J., 1998, "Influence of volcanic eruptions on Northern Hemisphere summer temperature over the past 600 years", *Nature*, 393.

Briffa, K.R., Osborn, T. J., Schweingruber, F. H., Jones, P. D., Shiyatov, S. G. and Vaganov E. A., 2002, "Tree-Ring Width and Density Data around the Northern Hemisphere: Part 1, Local and Regional Climate Signals", *The Holocene*, 12(6).

Brenner, Y., 1962, "The Inflation of Prices in England, 1551—1650", *Economic History Review*, New Series, 15.

Bruckner, M. and Ciccone, A., 2007, "Growth, Democracy, and Civil War", Working Paper，http://ssrn.com/abstract 1/4 1028221.

Bordin，J.，1568(1997)，Response to the paradoxes of Malestroit，Tudor，H. trans.，Tudor，H. and Dyson R. W. eds.，Bristol：Thoemmes Continuum.

Büntgen，U.，Trgel，W. Nicolussi，K.，McCormick，M.，Frank，D.，Trouet，V.，Kaplan，J. O. ，Herzig，F.，Heussner，K.，Wanner，H.，Luterbacher，J.，Esper，J.，2011，"2500 Years of European Climate Variability and Human Susceptibility"，*Science*，331.

Burke，M. B.，Miguel，E.，Satyanath，S.，Dykema，J. A，Lobell，D. B，2009，"Warming Increases the Risk of Civil War in Africa"，*Proceedings of the National Academy of Sciences*，106(49).

Campante，F. R.，Quoc-Anh Do and Guimaraes，B.，2012，"Isolated Capital Cities and Misgovernance：Theory and Evidence"，Working Paper Series rwp12-058，Harvard University，John F. Kennedy School of Government.

Campante，F. R.，Quoc-Anh Do and Guimaraes，B.，2014，"Capital Cities，Conflict，and Misgovernance：Theory and Evidence"，Sciences Po Economics Discussion Papers，2014—13.

Carol，S.，1999，"Grain Trade and Storage in Late Imperial China"，Ph.D Dissertation，Yale University.

Carol，S.，2004，"Local Granaries and Central Government Disaster Relief：Moral Hazard and Intergovernmental Finance in Eighteenth-Nineteenth-Century China"，*Journal of Economic History*，64(1).

Carlsmith，J. M. and Anderson，C. A.，1979，"Ambient Temperature and the Occurrence of Collective Violence：A New Analysis"，*Journal of Personality and Social Psychology*，37(3).

Chen G.Y.，2007，*Table of Natural Disasters and Man-made Disasters in Each Dynasty in China*，Beijing：Beijing Library Press.

Chen Q.，2014，"Natural Disasters，Ethnic Diversity，and the Size of Nations：Two Thousand Years of Unification and Division in Historical China"，Working Paper，School of Economics，Shandong University.

Chen Q.，2015，"Climate Shocks，Dynastic Cycle，and the Conquest of Nomadic Nation"，*China Economic Quarterly*，14(1).

Chen，C. N.，1975，"Flexible Bimetallic Exchange Rates In China，1650—1850：A Historical Example of Optimum Currency Areas"，*Journal of Money，Credit and Banking*，7(3).

Chen，S. and Kung，J. K.，2011. "The Malthusian Quagmire：Maize and Population

Growth in China, 1500—1900", Working Paper.

Christaller, W., 1966, *Central Places in Southern Germany*, New Jersey: Prentice Hall.

Chu, C. Y. C. and Lee, D. R., 1994, "Famine, Revolt and the Dynastic Cycle: Population Dynamics in Historic China", *Journal of Population Economics*, 7(4).

Chu, G., Sun, Q., Wang, X., and Sun, J., 2008, "Snow Anomaly Events from Historical Documents in Eastern China during the Past Two Millennia and Implication for Low-frequency Variability of AO/NAO and PDO", *Geophysical Research Letters*, 35(14).

Chuan, H. S., Kraus, R. A., 1975, Mid-Ch'ing Rice Markets and Trade: an Essay in Price History, Cambridge: Harvard University Asia Center.

Cheung, S. W., 2008, *The Price of Rice: Market Integration in Eighteenth-Century China*, Bellingham: Western Washington University Press.

Crosby, A. W., 1973, *The Columbian Exchange: Biological and Cultural Consequences of 1492*, St. Barbara: Greenwood.

Curriero, F. C., Heiner, K., Samet, J., Zeger S., Strug L. and Patz, J. A., 2002, "Temperature and Mortality in 11 Cities of the Eastern United States," American Journal of Epidemiology 155 (1).

David, P. A., 1985, "Clio and the Economics of Qwerty", *American Economic Review*, 75(2).

Melissa, D., Jones B. and Olken, B., 2012, "Temperature Shocks and Economic Growth: Evidence from the Last Half Century." *American Economic Journal: Macroeconomics*, 4(3).

Deng, K. G., 2008, "Miracle or Mirage? Foreign Silver, China's Economy and Globalization from the Sixteenth to the Nineteenth Centuries", *Pacific Economic Review*, 13(3).

Deschenes, O. and Moretti E., 2007, "Extreme Weather Events, Mortality, and Migration", NBER Working Paper, No. 13227.

Deschenes, O. and Greenstone, M., 2007, "The Economic Impacts of Climate Change: Evidence from Agricultural Output and Random Fluctuations in Weather," *American Economic Review*, 97.

Diamond, J., 1997, Guns, Germs and Steel: the Fates of Human Societies, New York: W. W. Norton.

Diamond, J., 2005, *Collapse: How Societies Choose to Fail or Succeed*, New York: Viking Press.

Dube, O. and VargasJ. F., 2013, "Commodity Price Shocks and Civil Conflict: Evidence from Colombia", *Review of Economic Studies*, 80(4).

Durand, J., 1960, "The Population Stastistics of China, A.D.2—1953", *Population Studies*, 13(2).

Elvin, M., 1973, *The Pattern of Chinese Past*, Stanford: Stanford University Press.

Fagan, B., 2009, *Floods, Famines, and Emperors: El Niño and the Fate of Civilizations*, New York: Basic Books.

Fan, K. W., 2010, "Climate Change and Dynastic Cycles in Chinese History: a Review Essay", *Climatic Change*, 101(3—4).

Fang, J.and Liu, G., 1992, "Relationship between Climatic Change and the Nomadic Southward Migration in Eastern Asia during Historic Times", Climate Change, 22(2).

Field, S., 1992, "The Effect of Temperature on Crime", *The British Journal of Criminology*, 32(3).

Fischer, D. H., 1996, *The Great Wave, Price Revolutions and the Rhythm of History*, Oxford: Oxford University Press.

Fisher, D., 1989, "The Price Revolution: A Monetary Interpretation", *The Journal of Economic History*, 49(4).

Flynn, D. O., 1978, "A New Perspective on the Spanish Price Revolution: The Monetary Approach to the Balance of Payment", *Explorations in Economic History*, 15(4).

Flynn, D. O. and Giraldez, A., 1995, "Arbitrage, China and World Trade in the Early Modern Period", *Journal of the Economic and Social History of the Orient*, 38(4).

Frank, G., 1998, *ReOrient: The Global Economy in the Asian Age*, Berkeley: University of California Press.

Fujita, M. and Krugman, P., 1995, "When is the Economy Monocentric? Von Thünen and Chamberlin Unified", *Regional Science and Urban Economics*, 25(4).

Fujita, M., Krugman, P. and Venables, A. J., 2000, *The Spatial Economy, Cities, Regions and International Trade*, Cambridge, Mass.: MIT press.

Ge, Q., Zhang, J., Man, Z., Fang, X. and Zhang, P., 2002, "Reconstruction and Analysis on the Series of Winter-half-year Temperature Changes over the Past 2000 Years in Eastern China", *Earth Frontier*, 9(1).

Glahn, R. V., 1996, *Fountain of Fortune: Money and Monetary Policy in China*,

1000—1700, Berkeley: University of California Press.

Goldin, C., "Cliometrics and the Nobel", *The Journal of Economic Perspectives*, 9 (2).

Goldstone, J., 1984, "Urbanization and Inflation: Lessons from the English Price Revolution of the Sixteenth and Seventeenth Centuries", *American Journal of Sociology*, 89(5).

Goldstone, J., 1991a, "Monetary Versus Velocity Interpretations of the Price Revolution: A Comment", *Journal of Economic History*, 51(1).

Goldstone, J., 1991b, *Revolution and Rebellion in the Early Modern World*, Berkeley: University of California Press.

Gottinger, H. W., 1998, "A Simple Endogenous Model of Economic Activity and Climate Change", *Metroeconomica*, 49(2).

Guiteras, R., 2007, "The Impact of Climate Change on Indian Agriculture", mimeo, MIT Department of Economics.

Hamilton, E. J., 1934, *American Treasure and the Price Revolution in Spain, 1501—1650*, Cambridge, Mass.: Harvard University Press.

Hersh, J. and Voth, H., 2009, "Sweet Diversity: Overseas Trade and Gains from Variety after 1492", Working Paper.

Hinsch, B., 1998, "Climate Change and History in China", *Journal of Asia History*, 22.

Hsiang, S. M., Kyle, M. and Cane, M., 2011, "Civil Conflicts are Associated with the Global Climate", *Nature*, 476.

Hammarström, I., 1957, "'The Price Revolution' of the Sixteenth Century: Some Swedish Evidence", The Scandinavian Economic History Review, 5(2).

Ho, P. T., 1959, *Studies on the Population of China, 1368—1953*, Cambridge: Harvard University Press.

Homer-Dixon, T. F., 1994, "Environmental Scarcity and Conflict: Evidence from Cases", *International Security*, 19(1).

Homer-Dixon, T. F., 1999, *Environment, Scarcity and Violence*, Princeton: Princeton University Press.

Inikori, J. E., 2002, *Africans and the Industrial Revolution in England: A Study in International Trade and Economic Development*, Cambridge: Cambridge University Press.

Intergovernmental Panel on Climate Change, 2007, IPCC Fourth Assessment Report, Working Groups I, II, and III (http://www.ipcc.ch/).

Irigoin, A., 2009, "The End of a Silver Era: The Consequences of the Breakdown of the Spanish Standard in China and the Eunited States, 1780s—1850s", *Journal of World History*, 20(2).

Jacob, B., Lefgren, L. and Moretti E., 2007. "The Dynamics of Criminal Behavior: Evidence from Weather Shocks", *Journal of Human Resources*, 42(3).

Jia, R., 2014, "Weather Shocks, Sweet Potatoes and Peasant Revolts in Historical China", *The Economic Journal*, 124(575).

Kennedy, P., 1987, *The Rise and Fall of the Great Powers: Economic Change and Military Conflict from 1500 to 2000*, New York: Random House.

Kicker, B. F. and Cochrane, J. L., 1973, "War and Human Capital in Western Economic Analysis", *History of Political Economy*, 5(2).

Ko, C.Y., Koyama M. and Tuan-Hwee Sng, 2014, "United China and Divided Europe", National University of Singapore, Working paper.

Franklin, L., 1933, *Ting Hsien: A Social Survey*, National Association of the Mass Education Movement, Peking: Peking University Press.

Lee, M. P. H., 1921, "The Economic History of China, with a Special Reference to Agriculture", Ph.D dissertation presented to Department of Economics, Colombia University.

Leeper, E. M, Sims, C.A. and Zha, T., 1996, "What Does Monetary Policy Do?" *Brooking Paper on Economics Activity*, 2.

Li, N. and Lin Y. H., 2016, "Why China Became Chinese? An Examination Based on Geography, Political Integration, or Both Perspective", Shanghai University of Finance and Economics, Working Paper.

Lindert, P. H., 1985, "English Population, Wages, and Prices: 1541—1913", Journal of Interdisciplinary History, xv(4).

Liu, G. L., "Wrestling for Power: the State and Economy in Later Imperial China, 1000—1770", Ph.D Dissertation, East Language and Culture Department, Harvard University, 2005.

Locker, J. 1696(1991), *Locke on money*, Kelly, P. H. ed., Gloucestershire: Clarendon Press.

Maddison, A., 1998, *Chinese Economic Performance in the Long-run*, OECD.

Madison, A., 2003, *The World Economy, Historical Statistics*, OECD.

Marks, R. B., 1998, *Tigers, Rice, Silk and Silt: Environment and Economy in Late Imperial South China*, London: Cambridge University Press.

McNeill, W. H., 1979, *A History of the World*, 3rd ed. New York: Oxford University Press.

Mendelsohn, R., Ariel D. and Sanghi, A., 2001, "The Effect of Development on the Climate Sensitivity of Agriculture", *Environmental and Development Economics*, 6.

Melissa, D., Jones, B. and Olken, B., 2008," Climate Change and Economic Growth: Evidence from the Last Half Century", NBER Working Paper, No.14132.

Melissa, D., Jones, B. and Olken, B., 2012, "Temperature Shocks and Economic Growth: Evidence from the Last Half Century." *American Economic Journal: Macroeconomics*, 4(3).

Miguel, E., Satyanath, S. and Sergenti, E., 2004, "Economic Shocks and Civil Conflict: An Instrumental Variables Approach", *Journal of Political Economy*, 112(4).

Mintz, S. W., 1985, *Sweetness and Power: The Place of Sugar in Modern History*, New York: Penguin Books.

Moberg, A. D. M., Sonechkin, K. Holmgren, N. M. Datsenko and W. Karlen, 2005, "Highly Variable Northern Hemisphere Temperatures Reconstructed from Low- and High-Resolution Proxy Data", *Nature*, 433(7026).

Mun, T., 1664(1959), England's Treasure by Foreign Trade, Cambridge: Basil Blackwell.

Needham, J., 1954, *Science and Civilization in China*, Vol.1, Introduction, Cambridge: Cambridge University Press.

Nunn, N. and Qian, N., 2010, "The Columbian Exchange: A History of Disease, Food, and Ideas", *The Journal of Economic Perspectives*, 24(2).

Olson, M., 1984, *The Rise and Fall of Nations: Economic Growth, Stagflation and Social Rigidities*, Yale: Yale University Press.

Olsson, O. and Hansson, G., 2011, "Country Size and the Rule of Law: Resuscitating Montesquieu", *European Economic Review*, 55(5).

Padma, T. V., 2008, "Can Crops Be Climate-Proofed?" http://mtnforum.net/sites/default/files.

Petty, W. 1690(1899), "Political Arithmetic", *The Economic Writings of Sir William Petty*, 1, Hull, C. H. ed., Cambridge: Cambridge University Press.

Playfair, G. M. H., 1910, The Cities and Towns of China, A Geographical Dictionary, Shanghai: Kelly Walsh Limited.

Riley, J. C. and McCusker, J. J., 1983, "Money Supply, Economic Growth, and the Quantity Theory of Money: France, 1650—1788", *Explorations in Economic History*, 20(3).

Sims, C. A., 1992, "Interpreting the Macroeconomics Time Series Facts: The Effects of Monetary Policy", *European Economic Review*, 36(5).

Spence, J. D.,1999, *The Search for Modern China*, New York: W.W. Norton.

Spengler, O., 1926, *The Decline of the West*, New York: Oxford University Press.

Tan, M., LiuT. S., Hou J., Qin X., Zhang H. and Li T., 2003, "Cyclic Rapid Warming on Centennial-Scale Revealed by a 2650-year Stalagmite Record of Warm Season Temperature", *Geophysical Research Letters*, 30(12).

Toynbee, A. J., 1987, *A Study of History*, New York: Oxford University Press.

Turchin, P., 2003, *Complex Population Dynamics: A Theoretical/Empirical Synthesis*. Princeton, N. J.: Princeton University Press.

Turchin, P.and Korotayev A., 2004, "Relationship between Population Density and Internal Warfare in Prestate Societies", American Anthropologist: in Review.

U. S. Riot Commission, 1968, *Report of the National Advisory Commission on Civil Disorders*, New York: Bantam Books.

Wan, G. D., 1978, *The Chronological Table in Chinese History*, Beijing: China Press.

Wang, L., 1990, "The Evolutional Regularity of Chinese Capital City in History, An Examination from Perspective of Marco Environment of Chinese Nation", Study on Chinese Capital City in History, 8, China Conference, November.

Wang, Y. C., 1972, "The Secular Trend of Prices during the Ch'ing Period(1644—1911)",《香港中文大学中国文化研究所学报》,5(2).

Wang, Y. C., 1989, "Food Supply and Grain Prices in the Yangtze Delta in the Eighteenth Century", in Li, Y. and Liu T., eds., *China's Market Economy in Transition*, Taipei: Institute of Economics, Academic Sinica.

Wang, Y. C., 1992,"Secular Trends of Rice Prices in the Yangzi Delta,1638—1935", in Rawski, T. G. and Li, L. M. eds., *Chinese History in Economic Perspective*, Berkeley: California University Press.

Wolfgang K. and Carol, S., 2007: "Market Integration and Economic Development: A Long-run Comparison", *Review of Development Economics*, 11(1).

Warman, A., 2003, "Corn and Capitalism: How a Botanical Bastard Grew to Global Dominance", Foreign Affairs, 82(3).

Yang, B., Braeuning, A., Johnson, K. R., and Shi, Y. F., 2002, "General Characteristics of Temperature Variation in China during the Last Two Millennia", *Geophysical Research Letters*, 29(9).

Yi, L., Yu, H., Xu, X., Yao, J., Su, Q. and Ge, J., 2010, "Exploratory Precipitation in North-Central China during the Past Four Centuries", *Acta Geologica Sinica*, 84(1).

Yi, L., Yu H., Ge J., Lai Z., Xu X., Qin L. and Peng S., 2011, "Reconstructions of Annual Summer Precipitation and Temperature in North-Central China since 1470 AD based on Drought/Flood index and Tree-Ring Records", *Climatic Change*, 110.

Zhang Z. B. et al., 2010, "Periodic Climate Change Cooling Enhanced Natural Disasters and Wars in China during AD 10-1900", *Proceedings of the Royal Society Biological Sciences*, 277(1701).

Zhang, D. D., Zhang, J., Lee, H. and He Y., 2007, "Climate Change and War Frequency in Eastern China Over the Last Millennium", *Human Ecology*, 35(4).

Zhang, D., Brecke, P., Lee, H., He, Y. and Zhang, L., 2007a, "Climate Change, Wars and Dynastic Cycles in China Over the Last Millennium", *Climate Change*, 76(4).

Zhang, D., Brecke, P., Lee, H., He, Y. and Zhang, L., 2007b, "Global Climate Change, War, and Population Decline in Recent Human History", *Proceedings of the National Academy of Sciences*, 104(49).

Zhang, J. C., Crowley, T. J., 1989, "Historical Climate Records in China and Reconstruction for Past Climates", Journal of Climate, August.

Zhao, H. J., 2016, "American Silver Inflow and Price Revolution in Qing China", *Review of Development Economics*, 20(1).

后　记

　　摆在读者面前的这本书,是我过去十年间研究轨迹的一个阶段性总结。其中的有些研究,早在 2013 年申请国家教育部的社科规划基金项目之前就已经展开。比如,书中第三章的内容,写于 2009—2010 年,曾以《公元 11 世纪的气候变冷对宋以后长期经济发展的动态影响》为题发表于 2011 年的《社会科学》杂志。书中第九章的研究写于 2010 年,曾以相同的标题发表于 2012 年的《经济学(季刊)》杂志。但其中更多的研究是我过去几年来不断思考、研究的成果。比如,书中第五章的研究——美洲白银输入、气候变化与江南的米价,发表于 2017 年《中国经济史研究》第四期;书中第十一章的内容,也刚刚在《经济学(季刊)》2018 年发表。除此之外其余章节绝大多数还未发表,有的虽然已经接受发表,但还未见刊,因此,总体上看,这本书的成果是我有关中国历史气候变化政治经济学领域比较前沿,也最新的研究成果。

　　我之所以这么坚信自己的这一判断的原因是,在过去的十年间我坚持不懈、持续跟踪了这一研究领域的每一步进展。早在 2007—2008 年,我访问美国芝加哥大学期间,我的研究路径就已经逐步从最初的纯粹经济学研究,转向了中国经济发展背后广阔的经济、社会、制度背景下相关经济主体互动关系及其机制的深层次研究。因为在我专注于西方经济学理论优美分析框架的最初八年研究之后,我突然发现将西方经济学分析框架应用于中国经济现实背景时,常常让人感到一种莫名的困惑和无奈。

　　原因之一是中国的经济现实是那么的复杂。这不仅是因为中国是一个有着五千年文明和历史积淀的泱泱大国,在如今的现实生活中,在社会、经济发展中,在其制度框架中,往往可能包含着具有相当深厚历史底蕴的政治经济和文化基因;而且从另外一方面看,这个具有深厚历史、文化和社会基因的社会,又在经历着如今世界历史上最为迅速、最大规模,也最激动人心的伟大制度变革。在这一变革中,国内外一切有利于经济发展,有利于人民群众生活改善、有利于生产力解放与发展的改革举措、理论与探索,无论它来自国内还是国外,无论它来自发达地区或欠发达地区,都有可能迅速在中国产生影响甚至得到迅速实践和应用。因此,任何不理解中国深厚历史基因与制度背景,不了解中国文化与制度传承、不了解中国历史细节和伟大转变背景的纯粹经济学研究,都必然面临着在应用西方经济学理论时所导致的那种失落感和困惑感,或者是某种隔靴搔痒般的不痛快。

原因之二是,西方经济学理论恰恰是基于18至20世纪中叶之前的英国、美国经济发达且法治、契约制度相对完善的市场经济框架下诞生的经济理论分析框架。毫无疑问,这种诞生于相对成熟市场经济体制下的经济学理论在被应用到一个完全不同的国家和经济社会系统时,就难免出现各种各样的困惑、不解,甚至遭到不明就里的生搬硬套。

正是基于这样的认识和判断,我在过去的十年间,克服了种种来自各方面的压力,潜心钻研自己认为是“人间正道”的中国长期经济发展之历史演进、气候、经济冲击与制度互动的政治经济学研究。这些研究之所以被归纳在中国历史气候变化的政治经济学分析框架下,原因就在于,从长期发展的视角下,过去千年间的中国经济发展,乃是基于良好的气候地理条件之上的。然而,当这种最为外生的气候条件变化时,中国历代的政府显然并没有完全对此作出迅速和恰当的反应,其结果是,这种渐进、缓慢发生的气候变化,不断影响着历代的经济发展与社会演变,而且也使得有些朝代在气候变化的打击下走向衰亡。在有的朝代,政府虽然明知外部世界发生了可能使中国社会失控的气候冲击和随之而来的外来经济冲击,但由于当时当政者某种程度的无知、无能,也可能是由于某种时代条件下的局限,结果便导致气候冲击—经济冲击—社会动荡—朝代覆亡悲剧的一再发生。

本书就是基于这样的思路,试图展现给读者一幅中国历史气候变化背后之政治经济学画面的全景图。在这幅全景图中,最先出现的是我们有关中国历史气候变化的内涵外延界定、时间范围界定,以及我们所要讨论的中国历史气候变化的政治经济学的缩略图。还有,我们研究这门学科的重大意义与优势。接下来,我们给出了基于 11 世纪气候变化历史经验的案例分析,以诠释我们中国历史气候变化的政治经济学分析框架。再接下来,我们展示了作为外来作物的玉米引种、作为外来货币的美洲白银两种外来经济冲击下的清代气候变化背后的政治经济学关联机制与经验证据。接下来一个部分的内容主要探讨了气候变化与社会稳定、社会动乱、都城地理位置变迁之间的中国经验证据及其可能隐含的中国理论贡献。最后一个部分的研究,主要针对历史气候变化中政府的治理作用进行了评述与国际比较。在此基础上总结了全书的研究结论、政策启示。

在本书研究的过程中,有无数的师友、学者、研究生、博士生提供了诸多的鼓励与帮助。例如,美国芝加哥大学社会学系的赵鼎新教授,多谢他的邀请,使得我能够在 2007—2008 年赴该系进行为期一年多的访问研究。在访问期间,我经常参加他所上的"国家与经济"研究生课程学习与讨论,从中受益良多,同时还经常将自己撰写的论文发给他,与他讨论和交流。美国三一学院的文贯中教授鼓励我从历史视角考察中国长期经济发展问题,他对我研究的部分章节给予了很好的评论与修改意见。目前任职中国香港大学亚洲全球研究院的陈志武教授,曾经多次组织全国性的计量经济史研讨班与暑期学校,我曾经于 2013 年参加了在清华召开的研讨会并报告了论文。他对计量经济史的热情感染了我,也使我更加坚定了从事计量经济史的研究路径,他在韩国首尔的第四届亚洲历史经济学会议上对我论文的评论也使我受益。中国香港科技大学的 James Kung 教授是计量经济史学界的先行者,我与他本人,包括他的多位博士生长期交流,从中受益良多。他们分别是曾任职上海财经大学,如今任职于复旦大学的李楠教授、复旦大学陈硕教授、香港中文大学的马驰骋助理教授、香港大学的白英助理教授、曾任职于上海对外经贸大学如今在复旦大学任教的顾燕峰博士。另外也需要对伦敦经济学院的马德斌教授表示感谢,他作为发起者之一组织了多次的亚洲历史经济学国际会议,我曾参加在韩国首尔举办的第四届亚洲历史经济学国际会议,并报告论文。2018 年,我还参加了中国香港科技大学召开的第六届亚洲历史经济学国际会议，以及在美国麻省理工学院召开的第十八届全球经济史大会，并在会议上报告了自己的研究论文。中国社会科学院经济研究所的魏明孔教授、袁为鹏教授、高超群教授、黄英伟教授对我的有关研究提出了很好的反馈意见。我与山东大学经济学院的陈强教授，北京大学的颜色教授，河南大学经济学院的宋丙涛院长、董保民教授、彭凯翔教授等学者的交流使我受益匪浅，彭凯翔教授曾经将自己的研究数据与我分享，对我的论文进行很好的评论。上海对外经贸大学的章韬副教授，经常与我讨论stata应用与相关的学术问题。我曾经的硕士生胡玉梅，目前博士已从复旦大学经济学院毕业，我最初的很多想法交给她，由她开始最初的研究。上海交通大学的陆铭教授，西安交通大学金禾经济研究中心的俞炜华教授，浙江大学经济学院的朱希伟教授，上海财经大学公共经济与管理学院的冯苏苇教授、吴一平教授、张学良教授等，曾经邀请我报告自己有关历代都城地理位置兴衰变迁、美洲白银与江南粮价的论文。我的三名硕士生陆佳杭、汪竹、杜其航，曾经与我合作研究。我的另外两名硕士生李依婕、江福燕曾经与我合作研究旧海关史料与上海和宁波的贸易互动。广东外语外贸大学的林友宏博士，与我交流，甚至还帮我绘制了相关的地图。日本京都大学的赵来勋教授曾经邀请我赴京都大学报告相关论文，与会的对外经贸大学龚炯教授、南开大学王永进教授等对我的论文进行了很好的评论。还有，我在参加第十七届世界经济史学大会上对我论文进行评论的诸多外国经济学家、我在第四届亚洲历史经济学大会上对我论文进行评论的诸多专家。我曾经先后在复旦大学、上海交通大学、西安交通大学、上海财经大学、中国社会科学院经济研究所、浙江大学、东南大学、西北大学、山东大学、福建农林大学、上海师范大学、厦门大学、河南大学、斯洛文尼亚卢布尔雅那大学、韩国国立首尔大学、日本京都大学、韩国国立仁川大学等报告过我的相关论文，在此对所有对我的文章进行评论的人员表示衷心的感谢。

最后，也要感谢我的爱人沈国仙以及两个可爱的宝贝女儿，还有父母亲朋，没有他们的宽容、理解和帮助，这本书是不可能完成的。我所在单位上海师范大学商学院的各位领导、同仁也应感谢，没有他们的宽容与理解和对工作事务的分担，也没有本书的顺利完成。

当然,2013 年哲学社会科学规划基金一般项目"气候变化对我国经济发展与社会稳定的时空影响研究:来自清代经济史的新经济史学分析"(项目编号:13YJA790159)的资金资助,国家社科基金"中国经济的长期发展:政府治理与制度演进视角"的资助,也是这一艰辛研究得以落实和展开的最大经济支持。

赵红军

2019 年 12 月 10 日

图书在版编目(CIP)数据

中国历史气候变化的政治经济学:基于计量经济史
的理论与经验证据/赵红军著.—上海:格致出版社:
上海人民出版社,2019.12
(当代经济学系列丛书/陈昕主编.当代经济学文
库)
ISBN 978 - 7 - 5432 - 3048 - 4

Ⅰ.①中… Ⅱ.①赵… Ⅲ.①历史气候-气候变化-
政治经济学-研究-中国 Ⅳ.①P467 - 05

中国版本图书馆 CIP 数据核字(2019)第 282710 号

责任编辑 裴乾坤
装帧设计 王晓阳

中国历史气候变化的政治经济学
——基于计量经济史的理论与经验证据
赵红军 著

出　　版　格致出版社
　　　　　上海三联书店
　　　　　上海人民出版社
　　　　　(200001　上海福建中路 193 号)
发　　行　上海人民出版社发行中心
印　　刷　苏州望电印刷有限公司
开　　本　787×1092　1/16
印　　张　21
插　　页　3
字　　数　317,000
版　　次　2019 年 12 月第 1 版
印　　次　2019 年 12 月第 1 次印刷
ISBN 978 - 7 - 5432 - 3048 - 4/F · 1266
定　　价　79.00 元

当代经济学文库

中国历史气候变化的政治经济学——基于计量经济史的理论与经验证据/赵红军著

非瓦尔拉均衡理论及其在中国经济中的应用/袁志刚著

制度及其演化:方法与概念/李建德著

中国经济学大纲:中国特色社会主义政治经济学分析/肖林 权衡等著

中国:增长放缓之谜/周天勇 王元地著

从温饱陷阱到可持续发展/李华俊著

中国居民收入分配通论:由贫穷迈向共同富裕的中国道路与经验/陈宗胜等著

转型中的地方政府:官员激励与治理(第二版)/周黎安著

威权体制的运行分析:政治博弈、经济绩效与制度变迁/郭广珍著

经济体制效率分析导论/刘世锦著

"双轨制"经济学:中国的经济改革(1978—1992)/张军著

新供给经济学:供给侧结构性改革与持续增长/肖林著

权力结构、政治激励和经济增长/章奇 刘明兴著

区域经济学原理(第二版)/郝寿义著

作为制度创新过程的经济改革/姚洋著

企业的企业家—契约理论/张维迎著

融资管理与风险价值(增订版)/肖林著

中国垄断产业的规制放松与重建/白让让著

体制转轨中的增长、绩效与产业组织变化/江小涓等著

市场秩序和规范/洪银兴著

现代三大经济理论体系的比较与综合/樊纲著

国际竞争论/陈琦伟著

社会主义微观经济均衡论/潘振民 罗首初著

经济发展中的收入分配(修订版)/陈宗胜著

中国的奇迹:发展战略与经济改革(增订版)/林毅夫著

制度、技术与中国农业发展/林毅夫著

充分信息与国有企业改革/林毅夫 蔡昉 李周著

以工代赈与缓解贫困/朱玲 蒋中一著

国际贸易与国际投资中的利益分配/王新奎著

中国资金流动分析/贝多广著

低效率经济学/胡汝银著

社会主义经济通货膨胀导论/史晋川著

现代经济增长中的结构效应/周振华著

经济转轨时期的产业政策/江小涓著

失业经济学/袁志刚著

国际收支论/周八骏著

社会主义宏观经济分析/符钢战 史正富 金重仁著

财政补贴经济分析/李扬著

汇率论/张志超著

服务经济发展:中国经济大变局之趋势/周振华著

长期经济增长中的公共支出研究/金戈著

公平与集体行动的逻辑/夏纪军著

国有企业的双重效率损失与经济增长/刘瑞明著

产业规制的主体行为及其效应/何大安著

中国的农地制度、农地流转和农地投资/黄季焜著
宏观经济结构研究：理论、方法与实证/任泽平著
技术进步、结构变化和经济增长/陈体标著
解析中国：基于讨价还价博弈的渐进改革逻辑/童乙伦著
货币政策与财政政策协调配合：理论与中国经验/王旭祥著
大国综合优势/欧阳峣著
国际贸易与产业集聚的互动机制研究/钱学锋著
中国式分权、内生的财政政策与宏观经济稳定：理论与实证/方红生著
中国经济现代化透视：经验与未来/胡书东著
从狭义价值论到广义价值论/蔡继明著
大转型：互联的关系型合约理论与中国奇迹/王永钦著
收入和财富分配不平等：动态视角/王弟海著
制度、治理与会计：基于中国制度背景的实证会计研究/李增泉　孙铮著
自由意志下的集团选择：集体利益及其实现的经济理论/曾军平著
教育、收入增长与收入差距：中国农村的经验分析/邓曲恒著
健康需求与医疗保障制度建设：对中国农村的研究/封进著
市场的本质：人类行为的视角与方法/朱海就著
产业集聚与中国地区差距研究/范剑勇著
中国区域经济发展中的市场整合与工业集聚/陆铭　陈钊著
经济发展与收入不平等：方法和证据/万广华著
选择行为的理性与非理性融合/何大安著
边缘性进入与二元管制放松/白让让著
公有制宏观经济理论大纲/樊纲著
中国的过渡经济学/盛洪主编
分工与交易/盛洪编著
中国的工业改革与经济增长：问题与解释/张军著
货币政策与经济增长/武剑著
经济发展中的中央与地方关系/胡书东著
劳动与资本双重过剩下的经济发展/王检贵著
国际区域产业结构分析导论/汪斌著
信息化与产业融合/周振华著
企业的进入退出与产业组织政策/杨蕙馨著
中国转轨过程中的产权和市场/刘小玄著
企业的产权分析/费方域著
经济转轨中的企业重构：产权改革与放松管制/陈钊著
企业剩余索取权：分享安排与剩余计量/谢德仁著
水权解释/王亚华著
劳动力流动的政治经济学/蔡昉等著
工资和就业的议价理论：对中国二元就业体制的效率考察/陆铭著
居民资产与消费选择行为分析/臧旭恒著
中国消费函数分析/臧旭恒著
中国经济转型时期信贷配给问题研究/文远华著
信贷紧缩、银行重组与金融发展/钱小安著
投资运行机理分析引论/何大安著
偏好、信念、信息与证券价格/张圣平著
金融发展的路径依赖与金融自由化/彭兴韵著